나라는 착각

뇌는 어떻게
인간의 정체성을
발명하는가

그레고리 번스 지음
홍우진 옮김

'나'라는 착각

The *Self* Delusion

흐름출판

나는 생각한다
그러므로 나는 망상이다

"당신은 누구입니까?"

내가 이 질문을 던지면 대부분의 사람은 자신의 이름부터 댄다. 지극히 당연한 반응이다. 하지만 이름은 단지 라벨label, 타인이 붙인 꼬리표일 뿐이다.

얼핏 간단해 보이는 이 질문에는 좀 더 복잡한 의도가 숨어 있다. 바로 당신을 당신으로 만드는 것—또는 존재하게 하는 것—은 무엇일까?

컴퓨터에 자신이 누구인지 생각해 보라고 요청한다면 어떤 답이 돌아올까? 현존하는 가장 뛰어난 인공지능을 탑재한 컴퓨터라도 이 질문에 답하려면 복잡한 계산 과정이 필요하다. 만약 당신이 이런 질문을 받는다면 어떻게 답할 것 같은가? 이 경우에는 당신이 아니라 당신 안에 탑재된 뇌가 대답하게 된다. 이때 '슈뢰딩거의 고양이'를 보는 것처럼 사고를 관찰하는 행위 자체가 사고에 영향을 미친다.

대부분의 사람은 '당신은 누구인가'라는 질문에서 '누구'를 단수로 이해하겠지만, 신경과학자인 내 관점에서 보자면, 인간은 세 가지 다른 버전의 '자신'을 갖고 있다.

첫 번째 버전은 '현재의 당신'으로 가장 익숙하게 '나'라고 받아들이는 존재이다. 현재의 당신이 지금 이 문장을 읽고 있다. 현재의 당신은 감각에 예민하게 반응한다. 자신의 몸무게 때문에 앉아 있는 의자 쿠션이 압축되고 팽창하면서 몸을 받쳐주는 느낌에 대해 인식한다. 만약 이 책을 오디오북으로 듣고 있다면, 낭독자의 목소리 음색을 인식하는 존재가 바로 현재의 당신이다.

자아라는 망상

그러나 앞으로 살펴보겠지만, 현재의 당신은 그저 망상Delusion일 뿐이다. 현재의 당신은 찰나의 순간에만 존재한다. 왜 그럴까? 시간은 앞으로 나아가므로, 의자에 앉아 있는 것과 같은 감각을 처리하는데 걸리는 밀리세컨드millisecond 동안에도, 현재의 당신은 이미 과거로 미끄러져 가고 있다. 지금, 이 순간에도 현재의 당신은 이미, 과거의 당신이 됐다.

우리는 현재를 산다고 생각하지만, 많은 자기 계발 전문가가 지적하는 것처럼 우리는 과거에 갇혀 산다. '과거의 당신'이 당신의 두 번째 버전이다. 생각해 보라. 누군가 당신이 누구인지 물어보면 주로 어떻게 답하는가? '내가 어떤 일을 했으며, 어떻게 살아왔는지' 등 과거의 자아를 내세울 때가 많을 것이다. 과거의 당신은 눈에 보이지 않지만 땅속 깊숙이 뻗은 나무뿌리처럼 당신의 계보genealogy이자 정체성의 단단한 기반이 된다. 따라서 당신은 직업이나 가족에서 맡는 역할과 같은 전통적인 이름표로 자신을 정의할 수 있다. 하지만 '나는 누구인가'라는 자아 정체성에 대한 해답은 그 어떤 이름표보다 더 깊은 기억까지 거슬러 올라간다.

그러나 그 기억들은 다큐멘터리의 기록과는 사뭇 다르다. 그 누구도 기억을 있었던 그대로 재생할 수 없다. 기억의 작은 조각들을 재생할 수 있지만, 그 기억들은 단지 수많은 순간들의 파편일 뿐이다. 우리의 엉망이고 복잡하고 모순된 과거 자아들은 하이라이트 릴highlight reel(스포츠나 엔터테인먼트에서 인상적인 장면들을 편집한 비디오 - 옮긴이)로 선별되어 뇌에 저장된다. 그리고 우리 인간은 이 조각들에 의미를 부여해, 현재의 자아로 끊임없이 이어지는 '듯한' 서사 구조narrative structure를 만든다.

이 서사 구조가 우리를 세 번째 자아로 이끈다. 바로 '미래의 당신'이다. 미래의 당신은 희미한 존재이지만, 그 기능은 무척이나 실용적이며 열망을 대변한다. 우리의 몸이 현재에 머물러 있을 때도, 우리의 뇌는 지난 일들을 평가하여 미래를 예측한다. 냉장고에서 뭔가를 꺼내려고 소파에서 일어나든, 붐비는 거리를 건너든, 우리는 의식적이든 무의식적이든 상당한 계획을 세우고,

그에 따라 행동한다. 뇌는 예측을 통해 우리가 끊임없이 변화하는 세계에 적응하고, 남보다 한발 앞서도록 돕는다. 뇌는 생존을 위해 미래를 예측하도록 진화해 왔다.

정리하자면 자아는 수많은 사건 중에서 특정한 부분을 편집하고 맥락을 이어붙인 기억의 집합이다. 즉, 내가 나와 세상에 들려주는 '나에 대한 편집된 이야기'이며 우리는 무수히 많은 자아를 가진 채 살아간다.

우리 안에는 3명의 내가 산다

일반적으로 과거, 현재, 미래의 자아는 하나의 존재로 매끄럽게 결합한다. 그래서 인간은 자신을 단일한 존재로 인식한다. 앞으로 알아보겠지만 이것 또한 망상이다. 하지만 우리의 일상은 매일 크게 변하지 않기 때문에 유용한 망상이라 할 수 있다. 어제의 당신은 오늘의 당신, 내일의 당신과 아주 비슷해서 오랜 시간이 지나야만 세 자아의 차이점을 구별할 수 있다.

오래된 앨범이나 컴퓨터에 저장된 10년 전 사진을 찾아서 보라. 10년 전의 나는 완전히 다른 사람처럼 보이기도 한다. 사실 10년 전과 비교해 우리는 이미 다른 사람이 됐다. 어릴 때부터 성인이 될 때까지 일어나는 변화들은 매우 심오해서 정신적, 신체적으로, 심지어 세포 수준에서도 과거의 당신과 현재의 당신은 꽤 다른 존재다.

그래서, 당신은 누구인가?

나에게 묻는다면 "당신이 생각하는 대로"라고 답하겠다.

앞으로 이 책에서 알아가겠지만, 자아 정체성에 관한 질문은 결국 자기 인식에 관한 탐구로 이어진다. 즉, 자신을 어떻게 생각하는가에 관한 여정으로 이어진다.

자기 인식에는 어떤 것들이 있을까? 우선 성별이 떠오른다. 성별은 얼마 전까지만 해도 정체성의 고정된, 객관적인 특징이라고 여겨졌다. 그 주장은 이렇다. 당신은 거울을 보고 자신 몸의 형태와 태어날 때부터 가지고 있는 생식기를 직접 확인할 수 있다. 그에 따라 당신의 성적 정체성은 타고난 것이라 볼 수 있다. 하지만 인류는 이제 자신이 느끼는 성 정체성이 자기 성의 물리적 표현과 반드시 일치하지 않으며, 어느 정도 '인식'의 문제임을 알게됐다. 그리고 그 인식의 과정은 뇌에서 일어난다.

인지신경과학은 최근 몇 년 동안 급격히 발전했다. 뇌 영상기술의 발전은 '인지'가 과거의 경험이라는 렌즈를 통해 걸러진 물리적 현실의 혼합물임을 밝혀냈다.

그러나 인지는 완벽하지 않다. 우리의 감각은 세계를 제한된 범위에서 느낀다. 그래서 매 순간, 뇌는 감각 입력의 근원에 대해 최선의 '추측'을 한다. 어떤 물체가 당신의 망막에 닿는 광자를 방출하고 있는가? 어떤 동물이나 기계가 당신의 고막을 진동시키는 음파를 만들고 있는가? 보통은 그 답이 확실하지 않아서, 우리의 뇌는 보거나 듣는 것을 해석하기 위해 과거의 경험을 참고한다.

여기에 더해, 뇌는 저장 용량이 제한된 컴퓨터와 같아서 우리의 기억을 저해상도 비디오와 같은 형태로 압축해 저장한다. 그래서 다시 기억을 떠올릴 때면 오류와 재해석이 빈번히 발생한다. 그러므로 당신이 '자신이라고 생각하는 요소들'은 부정확한 과거의 기억에 크게 영향을 받는다.

계산신경과학이 이끄는 뇌과학의 새로운 물결

이 시점에서 자신의 모든 것을 의심해야 한다고 주장하는 이 책의 저자인 '내'가 누구인지, 그리고 나는 '나'를 누구라고 생각하는지 궁금할 수 있다. 인간의 자아가 필연적으로 오류의 가능성을 가진 기억의 혼합물이라고 주장하는 글을 쓰고 있는 '나'는 누구인가?

나는 내과와 정신과 의사로 교육을 받았지만, 지금은 계산신경과학computational neuroscience이라는 분야를 연구하는 과학자다. 계산신경과학이란 뇌가 어떻게 정보를 처리하는지 알아보는 것을 고상하게 표현한 단어다.

뇌는 인공적으로 만들어진 컴퓨터와 똑같은 방식으로 작동하지는 않지만, 그래도 일종의 컴퓨터다. 인간의 뇌에는 약 800억

개의 신경세포가 있으며, 이들 각각의 세포는 수천 개의 다른 신경세포로부터 입력값을 받아, 그 정보에 따라 다양한 기능을 수행하고, 그 결과를 수천 개의 다른 신경세포에 보내는 일을 한다. 우리가 느끼고 경험하는 모든 것은 뇌가 계산을 통해 산출된 값이라 할 수 있다.

프로 골퍼가 골프공을 300야드 정도 중앙 페어웨이로 치기 위한, 운동 신경과 근육 사이의 조화로운 협력은 뇌의 계산이며, 그 결과 에너지가 몸에서 클럽으로, 클럽에서 공으로 전달된다. 우리가 사랑, 증오, 부끄러움, 기쁨 같은 감정이라고 부르는 느낌도 뇌에서 일어나는 계산의 결과물이다.

물론 일부 과학자들은 뇌의 계산만으로는 주관적인 경험을 모두 설명할 수 없다고 지적하며, 뇌의 활동을 추적하는 것만으로는 정체성이 만들어지는 과정을 이해할 수 없다고 말한다. 나는 좀 더 낙관적인 견해를 가지고 있다. 뇌가 어떻게 작동하는지에 대한 인류의 능력은 놀랍도록 빠르게 발전하고 있다. 나는 계산 신경과학의 도움으로 머지않아 신경 활동의 조화가 어떻게 우리가 느끼는 감정뿐만 아니라 정체성까지도 만들어 내는지 알게 될 것이라고 확신한다. 이런 혁명적 변화가 가능한 이유로는 두 가지 요인을 들 수 있다.

첫째, 뇌 영상과 같은 새로운 기술들이 인류에게 뇌가 수행하는 계산을 관찰할 수 있는 전례 없는 능력을 부여했다. 과학자들은 뇌에서 이뤄지는 계산들이 관찰될 수 있는 행동, 그리고 인간의 내적 경험과 어떻게 관련되는지를 눈으로 확인하고 있다.

둘째, 인공지능의 놀라운 발전이 신경과학에 적극적으로 통합되고 있다. 신경과학은 뇌의 특정 기능을 찾는 것에서 기계 학습이 결합한 데이터 과학으로 변모하고 있다. 뇌의 복잡성 때문에 신경과학 실험은 인간이 처리할 수 있는 수준을 넘어선 엄청난 양의 데이터를 생성한다. 연구자들은 이전이라면 버려졌을 이런 신경 데이터를 인공지능 알고리즘을 활용해 분석하고 있다. 기계 학습이 고도화되면서 이제는 새로운 패턴을 찾는 것이 간단한 작업이 됐다.

자아 정체성(우리가 누구라고 생각하는 것)은 우리의 뇌가 수행하는 계산의 결과물이다. 이 계산들은 뇌 자체를 향하고 있다는 독특한 특징을 가지고 있다 (나는 여기서 '당신'이 뇌에 존재하는지 아니면 몸의 다른 부분에 존재하는지에 대한 질문을 의도적으로 피하고 있다. 나에게 이것은 중요하지 않다. 왜냐하면 모든 감각은 결국 뇌에서 끝나기 때문이다). 앞으로의 도전 과제는 이러한 계산을 해독하는 데에 있다. 이것은 철학자 데이비드 차머스가 '의식의 어려운 문제'라고 부른 논증과 궤를 같이 한다.[1]

자아 정체성이 '의식의 결과'라는 점은 분명해 보인다. 당신이 의식을 잃으면 당신은 자기 자신에 대해서는 물론이고 그 어떤 것도 사고할 수 없다. 하지만 의식이 있으면 자신이 감각을 가진 객체임을 인식할 수 있다. 이러한 의식의 형태는 '현재의 당신'에 해당한다. 이 순간적인 의식의 형태를 과거와 미래에 연결하는 것이 당신에게 독특한 정체성을 선사한다. 따라서 자아 정체성의 비밀을 풀기 위해서는, 우리 뇌가 어떻게 현재의 당신을 과거, 미래의 당신과 연결하는지 이해할 필요가 있다.

이야기하는 인간

인간은 과거, 현재, 미래의 자아를 연결하기 위한 독특한 인지 기술을 발전시켜 왔다. 이야기가 바로 그것이다.

'이야기하기'는 인간의 본능이며, 우리는 이를 지난 수백만 년 동안 발전시켜 왔다. 다른 동물들은 결코 할 수 없는 일들을 우리는 이야기를 통해 이뤄냈다. 우리 종은 '이야기하는 능력'을 활용해 DNA를 발견하고, 우주로 사람을 보냈으며 초월적인 예술 작품을 창조했다. 이야기를 통해 관계를 맺고, 서로를 이해하고, 지식을 후대에 전달했다.

이야기는 일련의 사건을 표현하는 매우 효율적인 방법이다. 이야기는 실제로 일어난 사건을 압축된 형태로 간추린, 현실의 엄선된 버전이라고 할 수 있다. 최고의 이야기에는 관련 없는 정보는 버려지고 중요한 부분만 남는다. 소설가 스티븐 킹의 말을 바꾸어 말하면, 좋은 이야기는 전혀 거짓이 없다.[2]

좋은 이야기는 매우 적은 단어로 만들 수 있다. 어니스트 헤밍웨이가 썼다고 잘못 알려진 다음의 문장은 그런 점에서 훌륭한 예시이다. '팝니다: 아기 신발, 한 번도 안 신음For sale: baby shoes, never worn' 이 문장은 작가이자 언론인이었던 윌리엄 R. 케인이 쓴 것의 변형으로, 원문은 훨씬 더 짧았다. '작은 신발, 한 번도 안 신음Little shoes, never worn'이 그것이다.[3] 단지 네 단어로 이뤄진 문장이지만 여기에 담긴 정보의 양은 놀랍도록 많다.

좋은 이야기는 연속된 사건을 단순히 열거하는 것 이상의 일을 한다. 특히 서사 구조를 갖춘 이야기는 그 사건들이 무엇을 의미하고 왜 일어났는지를 설명한다. 우리는 이야기를 사용하여 우리 주변의 세계와 우리 자신의 삶에 무슨 일이 일어나고 있는지를 이해하고 온갖 복잡한 사건들을 뇌에 저장한다. 또한 이야기를 통해 저장한 정보를 회상하고, 타인에게 이를 전달하며, 우주에서의 우리의 위치를 이해하고, 삶에 가치를 부여한다.

이야기에는 하나의 선택지만 있는 것은 아니다. 때론 이야기는 삶이 무작위적이고 통제할 수 없는 사건들의 연속이라고 말한다. 이는 너무 무서워서 받아들이기가 쉽지 않은 진실이다. 캘리포니아대학교 산타바버라 캠퍼스의 영문학 교수 H. 포터 애보트는 이야기가 '우리 종이 시간에 대한 이해를 조직하는 주요한 방법'이라고 했다.[4]

이런 관점에서 본다면 우리의 자아 정체성은 과거, 현재, 미래의 자아가 한데 엮인 한편의 서사라고 할 수 있다. 이 서사는 당신이 항상 같은 사람이라는 '필요한' 망상을 유지하게 한다. 신경과학자의 관점에서 보자면, 서사는 뇌가 수행하는 계산이다. 그러나 이미지의 일치만을 요구하는 얼굴 인식 알고리즘과 달리, 서사는 우리에게 의미가 있는 주제로 사건들을 순서대로 배열한다. 세상에 일어날 수 있는 무수한 사건들을 고려하면, 무한한 수의 서사가 존재한다고 생각할 수 있지만, 전혀 그렇지 않다. 영화를 보거나 소설 읽기를 즐겨하는 사람이라면 알 수 있듯이, 우리 뇌는 이러한 연속된 사건을 특정한 소수의 서사 구조로 분류하도록 진화했다(이에 대해서는 8장에서 상세히 다룬다).

돌이켜 보면 내가 정신과 의사였을 때 만난 환자들은 자신의 개인적인 서사의 특정 측면이 매우 괴로워서 도움을 청해 온 이들이었다. 당시 나는 환자들을 도울 수 있는 적절한 도구가 부족했다. 약물은 불안과 우울증을 완화하는 데 도움이 됐지만 개인적인 서사를 바로잡을 수 있는 약물은 당시에 존재하지 않았다. 지금은 과거보다 환각제가 더 널리 사용되고 있지만 강력한 약물을 쓴다 해도 자신의 서사를 바꾸기란 쉽지 않다.

인간의 서사는 거대해서 높은 운동량을 가진 초대형 유조선과 같다. 서사의 방향을 바꾸려면 사전 계획과 상당한 에너지가 필요하다. 화물이 가득 실린 유조선이 바다를 항해하고 있다고 상상해 보라. 선장은 자신의 항로에 허리케인이 다가오고 있다는 소식을 듣는다. 충분한 경고가 있다면, 그는 폭풍을 피해 운항할 수 있다. 충분한 사전 시간이나 연료가 없다면, 기적을 바라며 허리케인을 뚫고 나가야 한다.

우리의 서사도 마찬가지다. 충분한 시간과 에너지가 있다면,

서사가 미리 정해진 길로 흘러가야 할 필요는 없다. 하지만, 인간이 서사를 바꿀 수 있는 능력에는 한계가 있다. 특히 오래된 서사는 최근에 만들어진 것보다 바꾸기가 더 어렵다. 또한 독단적이고 규칙에 얽매인 사람들은 인지적으로 유연하고 새로운 경험에 열린 사람들보다 서사를 바꾸기가 더 어렵다. 인간의 인지적 완고함의 일부는 우리가 어릴 때 듣게 되는 '최초의 이야기'에 영향을 받는다. 가령 당신이 접한 최초의 이야기가 주인공이 항상 올바른 일을 하는 도덕주의적인 줄거리를 따른다면, 이 모형이 인생의 무시할 수 없는 잣대가 될 가능성이 크다.

한편, 나이가 들수록 뇌의 유연성이 떨어져 개인적 서사를 바꾸기 어렵다는 연구 결과가 보고되고 있다. 위험 회피적이거나 불안하거나 우울한 사람 역시 그렇지 않은 사람에 비해 개인적인 서사를 바꾸기 어렵다.

이처럼 자신의 정체성에 관한 이야기를 다시 쓰기 어려운 여러 가지 이유가 있지만, 자신의 정체성을 변화시켜 삶의 행로를 바꾸고 싶다면, 바로 그 첫 걸음이 이러한 서사가 어떻게 만들어지고 우리 삶에 영향을 주는지 배우는 것이다.

뇌를 알면 미래를 바꿀 수 있다

이 책은 우리의 뇌가 우리의 삶에 대한 서사를 어떻게 구성하며 그 서사가 어떻게 우리의 자아 정체성을 발명하는지 밝힌다. 이 과정은 꽤 복잡하게 얽혀 있다. 왜냐하면 우리의 서사는 자신에게 일어난 일뿐만 아니라 다른 사람들에게서 듣거나 배운 모든 내용을 포함하기 때문이다. 경험하고, 듣고, 배운 것들이 당신의 뇌 속에 있다면, 그것들이 어떻게 들어왔든 간에 이미 당신의 일부분이다. 여기에 우리가 '몸'이라고 부르는, 끊임없이 변하는 '물리적 기반'이 전달하는 감각까지 더해지면 그야말로 복잡한 과정이 된다. 이것들을 염두에 두고, 이 책에서 나는 (비록 완벽하지는 않지만) 자아 정체성에 대한 답을 찾아줄 다섯 가지 주제에 초점을 맞추었다.

인식하는 뇌 : 인식론

인식론은 지식과 우리가 알고 있는 것을 어떻게 알고 있는지에 관한 철학의 한 분야이다. 비非인식론자들에게는 다소 추상적인 주제로 들릴 수 있지만, 인식의 문제는 우리가 누구인지를 탐구할 때 매우 중요하다. 예를 들어, 나는 나를 의사이자 신경과학자라고 소개했다. 이는 나의 정체성에 대한 합리적인 줄임말이다. 하지만 당신은 그것이 '나'라는 것을 어떻게 알 수 있을까? 내가 그렇다고 말했기 때문일까? 이것이 이 책에서 계속 다룰 질문이다.

축약하는 뇌 : 압축

앞서 언급했듯이, 뇌는 완벽한 기록 장치가 아니다. 뇌는 스트리밍 오디오와 비디오에 사용되는 알고리즘과 유사한 방식으로 기억을 압축한다. 이렇게 압축된 어린 시절과 청소년기의 기억은 미래에 일어날 일을 예측하는 모형이 된다. 우리가 살면서 획득하는 대부분의 경험적 기억은 최초의 경험의 편차로 저장된다. 당신의 기억이 당신이 누구라고 생각하는지의 기초 자료이기 때문에, 압축/재구성 과정을 알게되면 자아 정체성이 얼마나 가변적인지 이해할 수 있다.

예측하는 뇌 : 예측

압축이 과거의 당신을 표현하는 것이라면, 예측은 뇌가 미래의 당신에 대해 어떻게 생각하는지에 관한 것이다. 앞으로 살펴보겠지만 최근 폭발적으로 증가하고 있는 신경과학 연구는 뇌가 예측 엔진으로서 작동하는 수많은 메커니즘을 찾아냈다. 예측은 모든 동물의 뇌에 깊이 각인되어 있어 포식자가 먹이를 잡거나, 먹잇감이 잡히는 것을 피할 수 있게 한다. 인간에게 예측은 기본적인 생존 기능일 뿐만 아니라 다른 사람보다 앞서 나가는 원동력이자, 복잡한 문제를 해결하는 추리 능력이다. 예측은 정체성의 미래지향적 측면을 담당하며 미래에 대한 희망과 불안의 원천이 된다. 우리는 예측을 통해 다른 사람과의 소통 가능성을 가늠한다.

분열하는 뇌 : 해리

자아 분열을 뜻하는 해리dissociation는 정신과적 문제의 부정적인 함의를 내포하는 표현 같지만, 사람이라면 누구나 때때로 해리한다. 해리는 정신과적 증상이 아니라 정상적인 인지 과정이다. 과거와 미래의 자아에 대해 생각할 때, 우리는 현재로부터 해리하여 과거의 나 혹은 미래의 내 입장이 돼보아야 한다. 같은 과정을 통해 우리는 소설이나 영화의 주인공이 된 것처럼 느낄 수있다. 해리는 미래를 상상하는 것뿐만 아니라 기존의 인식을 바꾸는 데 활용할 수 있다.

이야기하는 뇌 : 서사

인식, 축약, 예측, 해리하는 모든 것을 한데 묶어주는 접착제가바로 서사다. 우리는 자신이 누구라고 생각하는지에 대해 자신과다른 사람들에게 이야기하고, 한편으론 청자의 입장이 되어 다른사람의 이야기를 듣는다. 이를 통해 삶의 의미를 찾길 기대한다. 이 책에서, 나는 뇌로 흘러 들어오는 정보를 정리하는 데 서사가어떻게 활용되는지 살펴볼 것이다.

서사는 구술, 그림, 기록, 소설이나 영화 등 어떤 형태로 접하든지 관계없이 뇌를 변화시킨다. 어떤 형태의 이야기라도 당신의 뇌 속에 입력되는 순간, 이미 당신의 일부분이라고 할 수 있다. 우리는 이야기가 어떻게 머릿속에서 떠돌아다니는지, 이러한서사들의 기원이 어떻게 서로 버무려지는지 그리고 그렇게 섞인 이야기의 수프가 어떻게 우리의 자아를 형성하는지 알아볼 것이다. 여기서 나는 당신이 현재의 자아를 알고 있다고 믿더라도, 당신의 서사가 아직 고정되지 않았다고 말하고 싶다. 만약 자신의 서사를 바꾸고 싶다면, 그럴 힘은 당신 손안에 이미 있다. 당신이 듣는 이야기들이 당신의 서사를 형성하므로 당신이 소비하고 생산하는 이야기를 바꾸면, 자아 또한 바꿀 수 있다.

자아를 발명하는 뇌의 특성을 알게 되면 도덕적 나침반을 유지하고, 후회 없는 삶을 살고, 우리를 둘러싼 거짓 서사들을 피할 수 있다. 이 책을 통해 궁극적으로 당신이 누구라고 생각하는가에 대해 더 나은 생각을 가질 수 있기를 그리고 미래의 당신을 위한 서사를 만드는 방법에 대한 감각을 기를 수 있기를 희망한다.

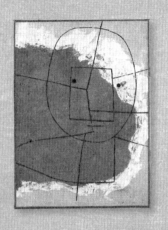

"당신 삶의 이야기를 듣고 싶습니다.
그게 내 귀에 이상하게 들려야만 해요."

셰익스피어의 연극 〈탬페스트〉 중에서

차례

Contents

제2부 • 만들어진 자아

제3부 • 꿈꾸는 자아

제1부

—

편집된 자아

1장

우리는 시뮬레이션이다

해마다 나는 학생들에게 기능적 자기공명 영상법functional Magnetic Resonance Imaging(이 용어는 이 책에서 여러 번 등장한다. 줄여서 fMRI라고 표기하겠다) 실험을 고안하고 수행하는 방법을 가르치는 '뇌신경 영상기술' 고급반 수업을 진행하고 있다.

이 수업은 실습 위주여서, 학생들은 조를 이루어 교대로 뇌를 스캔하는 장치 안에 들어가 뇌를 관찰한다. 자신의 뇌를 바라볼 때 보이는 학생들의 반응은 언제 보아도 흥미롭다. 그들은 처음에는 흥분과 지적 호기심이 뒤섞인 반응을 보인다. 자신의 뇌를 바라보는 경험은 짜릿한 부분이 있다. 그러나 그 황홀한 기분은 자신을 현재의 자아로 만드는 '조직 덩어리'에서 오는 묘한 단절감으로 이내 식어버린다. "저게 다야?"

자아는 뇌의 발명품

인간은 자신의 뇌에 대해 그 어떤 것도 자각自覺할 수가 없다. 기계의 도움을 받지 않고서는 자신의 뇌를 들여다보거나 느낄 수 없다. 그러나 뇌는 몸의 모든 곳에서 오는 감각을 해석한다. 예를 들어, 배가 아프면 뇌가 이 고통을 알아채고 이를 해석한 후 필요한 신체의 부위에 전달해 대응하도록 한다. 그러나 뇌는 그 자체의 촉각과 감각은 느낄 수 없다. 뇌는 몸을 통제하기 위해 그 자체를 제외한 몸의 모든 부분에 대해 복제품simulacrum 즉, '저해상도 시뮬레이션'을 구성한다. 우리가 자아自我라고 지각하는 것도 바로 이러한 '가공의 구성물'이다. 다시 말해, 자아는 뇌의 시뮬레이션이다.

잠깐. 뇌를 느낄 수는 없지만, 뇌는 지금도 내 신체에 연결되어 있고, 내 몸은 확실히 실제라고 생각할 수 있다. 그렇다. 당신은 자신의 손과 발을 볼 수 있고, 얼굴에 내리쬐는 햇빛의 열기를 느끼며, 혀로 초콜릿을 맛볼 수 있다. 몸을 움직일 수도 있다. 그런 것들은 시뮬레이션이 아니다. 예를 들어 보자. 마루 위로 유리컵을 던질 때, 그것이 산산조각나는 것은 물리적인 사실이다. 주위의 모든 사람도 동의할 것이다. 우리는 서로 바라보고, 함께 주변 환경과 상호작용한다. 우리 인간에게는 틀림없이 물리적 실체가 있다.

그러나 분명해 보이는 물리적 실체조차 뇌를 거치면 달라질 수 있다. 두 사람이 똑같은 현상을 보았는데도 서로의 의견이 터무니없이 일치하지 않는 경우를 떠올려보라. 이러한 지각의 불일치는 미술이나 음악, 음식과 같은 주관적인 의견에서 특히나 극심하게 드러난다. 지금 나는 한 사람이 무언가를 좋아하고 다른 이는 그렇지 않은 '취향'을 얘기하는 것이 아니다. 같은 사물과 현상을 보았는데도 당신이 '지각'한 것과 다른 사람이 지각한 것이 다른 적이 있는가? 두 사람이 똑같은 사건을 목격했어도, 그들은 같은 몸에 살고 있지 않으며, 똑같은 눈으로 보고 있지 않으므로, 각자 조금 다른 관점을 가질 수 있다. 그러한 것들이 모여 미묘한 차이가 된다.

그런데 이러한 차이가 아주 극심해질 때가 있다. 자동차 충돌 사고나 폭력 같은 극단적인 상황이 초래하는 높은 각성 상태는 지각과 기억 모두에 뚜렷한 영향을 미친다. 그래서 충격적인 사건의 목격자들의 증언은 때로 상당한 결함이 있을 수 있으며, 진실을 찾기 위해서는 복수의 목격자 증언을 비교분석해야 할 수도 있다.

나는 이후의 장들에서 지각에 관한 문제들을 더 깊이 다룰 것이다. 그러나 이번 장에서는 "당신이 어떻게 자신을 인지하고, 그것이 현재의 자아를 어떻게 결정하는지"에 대해 초점을 맞출 것이다.

당신은 아마도 자신에 관한 지각을 당연한 것으로 여길 것이다. 간단한 예를 들어보자면, (시각이 손상되지 않았다면) 거울 앞에 서보라. 자기 모습이 보일 것이다. 그 이미지가 객관적인 실체처럼 보이겠지만, 사실은 자기가 어떻게 보이는지에 관한 지각은 '나만의 것'이다. 세상 그 누구도 당신이 보는 내 모습으로 당신을 보지 않는다. 그 이유는 거울로 보는 당신은 다른 사람이 보는 (좌우가 바뀐) '거울 이미지'이기 때문이다. 그 누구의 신체도 완전히 대칭적이지 않다. 당신은 머리카락을 한쪽이나 다른 쪽으로 넘긴다. 말하거나 웃을 때, 입은 한쪽으로 좀 더 올라간다. 어쩌면 나처럼 이색증odd-eye을 가져서 양쪽 눈동자의 색깔이 다르거나, 어깨의 높이가 차이가 날 수도 있다. 그렇다면 남이 보는대로 나를 보는 법은 없을까? 사진을 찍으면 된다. 사진은 그 밖의 모든 사람이 당신을 바라보는 방식으로 당신을 포착한다. 이 때문에 자신의 사진을 바라보면, 종종 다른 사람처럼 느껴질 때가 있다.

자아에 대한 오인misperception은 목소리를 녹음해서 들어보면 확실히 더 두드러진다. 대부분의 사람은 자신의 녹음된 목소리에 콧소리가 섞여 있다고 생각한다. 거울 속에 비친 이미지처럼, 당신이 말할 때 듣게 되는 목소리는 나만의 특징적인 지각의 결과물이다. 세상 사람들이 공기를 통해 음파에 실린 당신의 목소리를 들을 때, 당신은 입에서 나오는 소리에 더해서 머리뼈를 통해 진동하는 것까지 듣는다. 이것은 뼈와 같은 고체 물질이 공기보다 소리를 더 잘 전하기 때문에 생기는, 깊게 울려 퍼지는 소리의 전달이다.

이러한 자아의 오인은 목소리를 녹음해 듣는 것 같은 간단한 실험을 통해 어렵지 않게 깨달을 수 있다. 그러나 우리 대부분은 머릿속에서 들리는 목소리를 실제 목소리로 생각하고 거울 속의 얼굴이 사실 그대로의 내 모습인 줄로 알고 살아간다. 이처럼 우리 각자는 우리 머릿속에서만 살고 있는 자신의 모습을 그리고 있다. 내가 선호하는 방식으로 표현하자면, 이 모습은 뇌가 당신의 모습과 목소리에 대해 시뮬레이션을 실행한 결과물이다.

시뮬레이션의 결과는 입력값에 따라 달라진다. 뇌에 거울 이미지들과 저음의 무거운 뼈 전도 소리같이 타인이 인식하는 나와 다른 정보가 꾸준히 입력된다면 내가 아는 나와 남이 아는 나 사이에는 미묘한 차이가 생기게 된다. 이러한 차이를 감안하면 '나'라는 실체적 진실조차 뇌가 만들어낸 왜곡의 결과물이라 할 수 있다.

현재는 2초다

우리 몸 각 부분에서 나오는 신경 활동전위가 뇌에 도달하는 데에는 기관마다 시간 차가 존재한다. 다시 말해 '우리가 물리적으로 연속되어 있다'라는 관념 자체는 마음이 만들어 낸 결과물이다.

간단한 실험을 한 가지 해보자. 신발을 벗고 엄지발가락을 쳐다보라. 빛은 거의 즉시 이동하므로, 광자가 발에 부딪혀 튕겨 나와 우리 망막으로 들어가서 발가락에 관한 즉각적인 인상을 형성한다(빛이 시각 피질에 도달하는 데에는 10~20밀리세컨드라는 극히 짧은 시간이 필요하지만, 지금은 이 사실을 편의상 무시하기로 한다). 이제 욕실로 들어가서 발가락 위로 뜨거운 물을 부어보라. 열과 통증을 전달하는 신경 섬유는 말초신경 중에서 가장 두께가 얇은데, 이 신경 섬유들은 약 1초당 1미터의 느린 속도로 전기신호를 전달한다. 뜨거운 물에 발이 화상을 입고 있음을 뇌가 느끼는 데에 대략 2초가 걸린다.

반면 물이 발가락에 부딪히는 것을 우리는 '즉시(10~20밀리세컨드)' 볼 수 있다. 뇌는 이들 신호 즉, 순간의 시각 신호와 2초 전에 시작된 감각 신호를 어떻게 통합할까? 인간의 뇌는 진화를 거듭하면서 발가락으로부터의 감각 신호전달이 지연됨을 학습하게 됐다. 깜짝 놀랄만한 어떤 일이 발생하지 않는 한, 뇌는 2초 후에 발가락이 무엇을 느끼게 될지 예측하여, 그것을 눈에서 보내는 정보와 일치하도록 진화했다. 대부분의 경우, 우리 뇌는 이런 식으로 작동한다. 시스템이 동기화되지 않을 때는 나도 모르게 책상 모서리에 발가락을 부딪치는 것 같은 사고가 일어났을 때뿐이다.

발가락에 뜨거운 물이 닿는 것을 직접 눈으로 봤다면, 통증이 뇌에 전달되기도 전에 잠시 후 얼마나 많이 아플지를 미리 판단하여 발을 움츠릴 만한 충분한 시간이 있다. 현재의 자아는 일시적으로 통합된 것처럼 보이지만, 반응이 퍼져나가는 데에는 몇

초가 걸린다. 우리의 몸이 동시에 존재하는 것처럼 보이는 것은 순전히 인지 과정과 추측하는 신경 처리 과정의 통합 때문이다.

사실 살아가는데 현재의 자아는 그리 중요하지 않다. 현실을 직시해 보면, 우리의 마음은 현재에 초점을 맞추기보다는 언제나 과거를 향하고 있다. 우리의 주의력은 과거와 미래 사이를 스쳐 지나간다. 현재의 자아는 그저 과거의 자아와 미래의 자아 사이에 존재하는 2초짜리 출입구일 뿐이다.

과거는 편집된 기억이다

이제 과거의 자아를 들여다보자. 과거의 자아에는 두 가지 근원이 있다. 바로, 내부internal적 근원과 외부external적 근원이다.

내부적 근원은 우리의 기억에서 유래한다. 기억의 특성은 여전히 미스터리이지만, 과학자들은 기억에 대해 10년 전보다 오늘날 훨씬 더 많은 것을 알게 됐다. 대체로 기억에는 서로 다른 몇 가지 유형이 있는데 크게 사실, 경험, 근육의 기억으로 분류할 수 있다. 이러한 각각의 기억은 뇌의 서로 다른 곳에 저장된다.

외부적 근원은 크게 두 가지로 분류할 수 있다. 첫째는 사진, 영화, 오디오, 그리고 일기나 신문 같은 문자로 쓰인 매체를 포함하는 '기록'이 있다. 기록은 순간촬영사진처럼 변하지 않는다는 장점이 있다. 초등학교 2학년 때 사진이 남아 있는 한, 그것은 결코 변할 수 없다. 두 번째 외부적 근원으로는 '타인의 기억'을 들수 있다. 기록과는 다르게 기억은 끊임없이 변한다. 우리가 친구, 가족과 함께 과거에 대해 추억하기 위해 모인다면, 이는 시각장애인이 시각장애인을 인도하는 것과 같다. 10년, 20년, 30년 전 추수감사절 저녁 식사에서 무슨 일이 있었는지 누가 정확히 말할수 있겠는가? 당신의 사촌은 당신만큼이나 유년 시절의 사건을 잘못 기억할 가능성이 크다.

인간은 누구나 기억 속에 빈 곳이 있다면 동원할 수 있는 모든 내부적, 외부적 근원을 사용하여 이를 메우려 한다. 이는 본능이다. 신경학자들을 이런 기억 메꾸기를 작화증confabulation(허구로 우리 기억의 빈틈을 채우는 행동)이라고 부른다.

이제 우리에게 문제가 있음이 명확해졌다. 우리의 정신 구조 psyches로 인해 우리는 과거 자아의 기억이 현재 자아와 연속선상에 있다고 믿는다. 그런데 실제로는 그렇지 않다면, 당신은 누구의 기억을 소유하고 있다는 말인가? 신체의 나머지 부위처럼 뇌는 적어도 20대 중반까지 계속 발달한다. 그래서 유년기의 기억을 포함한 과거의 기억은 그 신빙성을 의심해 봐야 한다.

그러나 우리 인간은 일반적으로 출생, 죽음, 중대한 사건과 충격적인 사건처럼 상당히 중요한 기억에 대해서는 그 정확성을 확신하는 경향이 있다. 하버드대학교의 심리학자 로저 브라운과 제임스 컬릭은 인생의 중요한 순간들을 섬광기억flashbulb memory이라고 명명하고 이에 대해 연구했다.[1] 1970년대에 그들은 존 F. 케네

디 암살 사건에 대한 사람들의 기억을 조사했다. 조사 결과, 마치 전구 불빛이 팍하고 켜질 때처럼 그 사건이 조사 대상자들의 뇌에 새겨져, 굉장히 높은 수준의 정확도로 당시의 상황을 회상할 수 있었다.

그러나 다른 연구팀이 시간을 두고 섬광기억의 정확성을 면밀히 검토한 결과, 다른 결론에 도달했다. 섬광기억도 시간에 따라 정확성이 떨어졌다. 9/11 기억에 관한 종단적 연구longitudinal study (기간을 두고 반복적으로 동일한 사람에게서 정보를 수집하는 조사법)에 따르면, 사람들은 1년이 지나자 중요한 세부 사항을 잊어버렸다.[2] 그 후로 기억의 정확도는 느리지만 확실히 떨어졌다. 그러나 10년이 지났는데도 사람들은 자신이 그 일을 정확히 기억한다고 믿었다.

다시 말해서, 시간이 지남에 따라 기억의 정확도가 떨어짐에도 인간은 자신의 기억을 믿으려는 경향을 보였다. 연구 결과, 기억의 정확도만 떨어지는 것이 아니라 부정확한 기억들은 교정되기보다는 계속 왜곡되어 우리 뇌 깊이 되새겨졌다. 우리 삶의 중요 사건에 대한 가장 생생한 기억들조차 높은 정도의 작화증을 겪는다. 기억은 사각지대blind spot가 있어서 뇌는 시뮬레이션을 통해 없는 것, 놓친 것을 채워 넣으려 한다.

미래는 과거의 거울일 뿐이다

과거의 자아가 구멍으로 가득하다면, 미래의 자아는 어떠할까? 미래는 아직 쓰이지 않았으나 그렇다고 완전히 알 수 없는 것은 아니다. 예를 들어, 내일 날씨가 꽤 좋을 것이라는 예보를 들었다고 하자. 큰 이변이 생기지 않는 한 당신은 합리적인 정확도로 당신의 하루가 어떻게 펼쳐질지를 예측할 수 있다. 뇌는 이와 같은 유형의 단기간 예측에는 뛰어나다.

인간의 하루하루만 놓고 보면 그리 큰 변화가 없다. 그래서 우리의 기억 체계가 불완전할지라도, 일주일 후 콘서트에 가거나 저녁 외식을 계획할 수 있다. 우리를 둘러싼 환경과 세상도 하루하루의 단위로 보자면 그리 많이 변화하지 않으므로 우리의 예측 체계는 그런대로 잘 작동한다.

그러나 더 긴 시간을 두고 예측의 정확도를 따져보면 신뢰도가 낮아진다. 지금부터 1년 후에 당신은 무엇을 하고 있으리라 생각하는가? 10년 후에는 어떤 사람이 되어 있을 것 같은가? 나에게 12개월 후의 내 자신을 그려보라고 하면, 나는 어느 정도 확신을 갖고 말할 수 있다. 지금 내가 하는 일과 정확히 똑같은 일 즉, 가르치고 연구하고 글을 쓰는 일을 하고 있을 가능성이 높다. 나는 나의 이런 예측이 확신을 심어줄 수도 불안하게 만들 수도 있음을 알고 있다. 확신을 심어주는 이유는 예측의 안정감이 평안을 주기 때문이고, 불안해지는 이유는 일단 발사되면 경로를 바꿀 수 없는 미사일처럼 그것이 인생 궤도의 유한함을 말해주기 때문이다.

미래는 우리가 결정할 수 없다. 우리가 할 수 있는 일이라고는 과거의 경험과 기억에 의존해 미래의 나를 예측하는 것뿐이다. 싫든 좋든, 우리의 뇌는 과거의 일을 가져다 미래를 투영한다. 따라서 미래의 자아는 시뮬레이션의 가장 순수한 형태라고 할 수 있다. 그리고 내가 앞서 설명했던 듯이 시뮬레이션은 오직 입력값에 따라 설정된다. 그리고 그 입력값이 당신의 기억이라면, 그리고 기억 그 자체에 결함이 있다면, 미래의 자아 또한 허구이다.

그런데 우리 뇌는 과거에 했던 예측을 잘 기억하지 못하는 경향이 있다. 이는 우리 기억 체계의 독특한 특성이다. 쓸 만한 인공지능 알고리즘은 자신의 실수로부터 학습하는 자기 교정 메커니즘self-correcting mechanism을 가지고 있다. 반면 인간은 확증편향confirmation bias(자신의 선입견이나 믿음을 확증하려는 경향 – 옮긴이)이 가득해서 똑같은 실수, 잘못된 예측을 반복하며 고생한다. 우리는 곧잘 우리가 옳았을 때는 기억하고 틀렸을 때는 잊어버린다.

———

지금까지 살펴본 것처럼 당신은 예전의 당신과 똑같은 사람이 아니다. 기억에는 결함이 있고 뇌는 모든 시간 조각을 연결하기 위해 빈 곳을 채우는 방식으로 기억을 보완한다. 그 결과 삶 여정에서 통합된 존재라는 망상이 생기게 된다(만일 이러한 사실이 당신을 괴롭히지 않는다면, 당신은 보기 드문 평온 상태에 도달한 경우로 굳이 이 책을 읽을 필요가 없다).

내 수업이나 강의를 들은 사람들은 우리가 어떻게 이러한 결함 가득한 시뮬레이션 시스템을 가지고 살 수 있는지 궁금해한다. 내가 앞으로 소개할 내용처럼, '새로운 과학'은 실제로 우리가 초대형 유조선을 조종하는 법을 배울 수도 있고, 우리가 '자아'라고 부르는 망상이 뇌에 의해 만들어지는 방식을 통제할 수도 있음을 보여줄 것이다. 과학은 변화를 위한 실낱같은 희망인 셈이다. 나라는 초대형 유조선을 조정하려면, 먼저 뇌가 '나라는 환상'을 만들어 내기 위해 사용하는 요소들 속으로 깊이 파고들 필요가 있다. 기억에는 결점이 있지만, 기억은 이야기를 구성하는 핵심 요소이기도 하다. 그러나 기억의 조각들이 의미를 가지려면 응집력 있는 순서로 이야기 속으로 끼워넣어져야 한다.

다음 장에서는 우리가 어렸을 때 듣는 이야기들이 어떻게 기억을 정돈하기 위한 모형template이 되는지 살펴볼 것이다. 인생 초기의 이야기들은 우리가 살면서 직면하는 '최초의 서사'이기 때문에 인생 전반에 걸쳐 우리와 함께하며, 강력한 영향력을 행사한다.

우리 가족에게는 매년 추수감사절 저녁 식탁에 둘러앉아 행하는 한 가지 전통이 있었다. 파이가 나올 때쯤 아버지는 항상 이런 질문을 던지셨다.

"머릿속에 떠오르는 최초의 기억이 뭐니?"

어렸을 때는 이 질문이 싫었지만, 사춘기쯤부터는 익숙한 농담이 되었고, 우리는 모두 아버지의 심기를 건드리기 위해 터무니없는 얘기를 장난삼아 지어내곤 했다. 솔직히 말해서, 내가 떠올릴 수 있는 최초의 기억을 확실히 말할 수가 없었다. 우리 가족은 이 놀이를 매년 했지만, 내 어린 시절의 첫 기억에 대해 정확히 말하기란 여전히 쉽지 않다.

발달심리학자들의 주장에 따르면, 우리의 정체성이 형성되는

데 영향을 미치는 가장 중요한 시기가 바로 우리의 기억이 뒤죽박죽한 시기와 같다. 이는 참 아이러니하다. 최초의 기억들을 떠올리려고 묵상해 보아도 선명히 떠오르는 장면을 찾기가 힘들 것이다. 왜냐하면 그것들은 한대 으깨어져 우리 인생 이야기의 첫 페이지에 흩어져 있어져 있고, 때론 부모님이나 집안 어른들의 증언과 뒤섞여 오염됐기 때문이다.

이번 장에서 나는 '우리가 어렸을 때 듣는 이야기'라는 일평생의 유산을 조사해 볼 것이다. 부모는 자기 아이들에게 커서 '어떤 사람이 되길 바란다'는 일종의 기대감을 반영해 세상이 돌아가는 방식을 '이야기'로 전달한다. 때론 부모들은 그 이야기를 해주는 이유나 어느 정도까지 아이들에게 이야기를 해줘야 하는지에 대해 의식하지 못하고 이야기를 사용한다. 그러나 부모가 들려주는 이야기를 비롯하여 우리가 생애 초기에 듣는 이야기들이 미치는 영향은 실로 엄청나다. 초기 유년기는 인생 서사의 원천이 형성되는 시기다. 이때의 이야기는 우리가 살아가며 말하고, 듣고, 만들어내는 모든 이야기의 원형이 된다.

유년기에서 청소년기를 거치며 인간의 뇌는 믿을 수 없는 속도로 발달하고 변화한다. 동시에 끊임없이 이야기를 소비하고 만들어 낸다. 이는 우리가 긴 여정(이 여정에서 우리는 영웅이다) 중에 있다는 생각을 갖게 한다.

믿음의 정당화

여기서 잠깐, 기억의 내밀한 세계로 들어가기 전에 짧은 우회로를 타고 지식 자체의 특성을 생각해 볼 필요가 있다. '어떤 것이 사실임을 당신은 어떻게 아는가?'는 이 책 전체에 걸친 궁극적인 질문이다. 왜냐하면 이 질문이 당신이 생각하는 현재의 당신에 영향을 주기 때문이다.

어떤 사람이 무언가를 사실이라고 진술하는데, 정작 당신이 그것에 관한 직접적인 지식이 부족하다면, 이렇게 물어보는 것이 당연하다. "어떻게 아세요?"

철학자이자 수학자, 노벨상 수상자인 버트런드 러셀은 두 가지 종류의 지식 사이에 경계선을 그었던 최초의 사람 중 한 명이다. 자전거 타기처럼 '하는 방법how to do'에 대한 지식이 있다. 러셀은 이를 '직접적인 경험으로 얻은 지식knowledge by acquaintance'이라고 불렀다. 그리고 '간접적인 방식으로 얻은 지식propositional knowledge'이 있는데 2+2=4 같은 것들이다.

그런데 당신은 간접적인 방식으로 얻은 지식이 참임을 어떻게 아는가? 학교에서 배웠고 모든 이가 그렇다고 동의하기 때문이다. 또한 사탕을 세어서 두 개에 두 개를 더하면 네 개가 된다는 것을 경험적으로 알 수 있으므로, 당신은 기초수학에 관한 직접적인 경험지식도 가지고 있는 셈이다.

반면 조지 워싱턴이 미국 초대 대통령이라는 사실은 어떤가?

오늘을 살고 있는 누구도 조지 워싱턴이 살던 시대에는 존재하지 않았다. 그래서 우리는 그런 주장이 사실이라고 '받아들여야 한다.' 간단히 말해서 이는 지식이면서 동시에 '믿음'의 영역에 해당한다고 할 수 있다.

믿음은 진실이라고 생각되는 어떤 것에 대해 취하게 되는 일종의 태도다. 사실의 정확성이 믿음에 종속된 것이기도 하지만 믿음은 사실에 근거한다. 물론 신의 존재에 대한 믿음처럼 증거 없이 존재할 수도 있다. 지식의 철학적 연구인 인식론epistemology에서는 사람들이 믿음을 견지하는 이유를 정당화justification라고 부른다. 당신이 두 눈으로 직접 보았기 때문이거나, 논리적으로 연역해 냈거나 혹은 누군가가 당신에게 그렇게 이야기했기 때문에 무언가를 믿는다.

여기서 중요한 것은, 믿음의 정당화는 오직 서사를 통해서만 이뤄질 수 있다는 점이다. 지식의 특성을 더 가까이서 볼수록 이야기와 지식을 구분 짓기는 어렵다. 이를 기억하고 있어야 우리가 어렸을 때 들었던 '최초의 이야기'의 중요성을 이해할 수 있다. 왜냐하면 최초의 이야기들이 이후의 삶에서 듣고 보고 익히게 되는 다른 이야기들의 판단 기준이 되는 원형이 되기 때문이다.

아버지의 추수감사절 질문에 대답해 보자면, 내 최초의 기억은 흐릿하긴 하지만 다음과 같다. 나는 가파른 언덕 자락에서 몸을 전혀 움직일 수 없었다. 숲이 내 뒤로 어렴풋이 보였고 나는 발밑에서 흙냄새를 맡을 수 있었다. 놀이터로 돌아가는 경사를 오르지 못한 채 무력하게 발로 땅을 차고 있었다. 그러나 나는 이 기억을 100퍼센트 확신할 수 없다. 왜냐하면 이상하게도 내가 어떻게 숲을 빠져나왔는지에 관한 이후의 기억이 전혀 없기 때문이다. 추수감사절을 여러 번 보내면서, 그 기억은 매우 자주 거론되어 축제의 남은 음식처럼 가족 사이에서 흔한 이야기가 되었다. 그러다가 이야기는 점차 개작되고 왜곡되어서 나중에는 내가 기억하는 사실과 정확히 일치하지 않는 이야기가 되었다. 그러나 맞든 틀리든, 이 기억은 내 과거의 자아에 대한 시금석이며, '지금의 나'에 관한 이야기의 필수적인 부분이 됐다.

뇌 구조로 풀어본 기억 저장 알고리즘

뇌에 관한 가장 중요하고 심오한 발견 중 하나는 뇌는 기억을 서로 다른 유형으로 분리해서 처리한다는 것이다. UC샌디에고대학교에서 심리학과 신경과학 교수로 재직 중인 래리 스콰이어는 뇌졸중 환자들의 뇌 병변 위치가 기억에 어떤 영향을 미치는지 연구했다. 이 연구에서 그는 뇌의 기억 체계에 적어도 두 가지 서로 다른 유형이 있음을 확인했다.[1]

첫 번째 유형은 비선언적nondeclarative 체계라고 불리는데, 그 유명한 '파블로프 개 반응'처럼 언어나 라벨링이 필요 없는 기억과 자전거 타기나 악기 연주와 같은 운동기억motor memory이 여기에 속한다.

두 번째 유형은 선언적declarative 체계라고 불리는데, 사실과 사건에 관한 지식을 뜻한다. 미국의 초대 대통령의 이름과 같은 사실 지식fact knowledge은 의미 지식semantic knowledge이라 불리며, 유년기의 기억과 같은 사건 지식event knowledge은 에피소드 지식episodic knowledge이라고 불린다. 스콰이어는 선언적 체계와 비선언적 체계가 뇌의 서로 다른 영역에 기반한다고 보았다.

그의 연구에 따르면, 선언적 기억은 내측 측두엽medial temporal lobe이라고 불리는 부분에 의존하는데 이곳에 해마hippocampus가 있다. 그래서 해마가 손상되면 전방성 기억상실증anterograde amnesia (해마가 손상되면 이후 새로운 기억을 형성할 수 없다)을 겪게 된다. 비선언적 기억은 매우 다양한 형태로 존재하기 때문에 두뇌의 여러 영역에 의존한다.

우리 뇌의 다중 기억 시스템multiple memory systems(인간의 두뇌에 존재하는 다양한 기억 시스템-옮긴이)은 심오하고 복잡하다. 이들 시스템 각각은 우리의 개인적 인생사의 다양한 측면을 포착해 저장한다. 만일 우리의 뇌가 정확한 기록 장치라고 한다면(나는 그렇게 생각하지 않지만, 여기서는 쓸모 있는 비유이다), 다중 기억 시스템은 서로 다른 카메라의 각도, 대사, 음악, 주변 소음, 특수효과처럼 영화의 여러 구성요소와 같다고 할 수 있다. 이들이 합쳐지면 완벽한 몰입형 경험을 만들어 내지만 이들 각각은 단순한 조각을 제공하고 때로는 서로 모순되는 듯 보인다.

뇌는 이 모든 기억의 장면을 꿰매어 균일한 서사를 짜낸다. 영화 제작에 비유하자면 '편집'을 한다. 뇌와 기억의 관계를 다룬 기존 연구들은 주로 뇌가 어떻게 그리고 어디에다 서로 다른 유형의 기억을 저장하는지에 초점이 맞춰져 있었다. 상대적으로 기억들이 어떻게 꿰매어지는지(다시 말해 편집되는지)에 대해서는 연구가 부족했다. 하지만 이제 과학자들은 편집자로써의 뇌에 점점 더 흥미를 느끼고 있다.

사건들이 실시간으로 펼쳐질 때도 뇌는 해석 능력에 있어서 그리 뛰어나지 않다. 뇌에 기억을 저장하는 과정을 과학자들은 암호화encoding라고 부른다. 몇 개월 전에 일어난 일을 기억할 수 있는 능력에서 알 수 있듯 암호화의 일부는 '즉각' 일어난다. 이런 기억은 일시적 저장 버퍼temporary holding buffer(일시적으로 정보를 저장하는 작은 기억 공간 - 옮긴이)에 보관된다. 이 일시적 기억이 오랫동안 보관되려면 뇌의 장기 저장 시스템long-term storage system으로 이동해야 한다. 그렇지 않으면 이 기억들은 말 그대로 영원히 사라진다.

기억 저장의 두 번째 단계는 통합consolidation(기억의 안정화 과정 - 옮긴이)이라고 불리는데, 몇 분에서 몇 시간 때로는 며칠이 걸리기도 한다. 잠은 그날의 기억을 통합하는 중요한 역할을 한다. 기억은 오직 통합이 일어난 후에만 '검색'할 수 있다.

암호화와 통합이라는 두 가지 갈래는 카메라의 녹화 버튼과 재생 버튼에 비유할 수 있다. 최근 연구에 따르면, 이 과정은 과학자들이 한때 생각했던 것처럼 따로 분리되어 있지 않다. 분명한 것은 우리의 뇌는 고高 공간 및 시간적 해상도high spatial and temporal resolution로 모든 사건을 녹화하는 비디오카메라처럼 작동하지는 않는다. 적절한 전이 처리transfer-appropriate processing라고 불리는 최신 이론에 따르면, 상황에 따라 해마는 현재 활성화된 인지 시스템을 활용해 그 패턴을 기록한다.[2] 예를 들면 챌린저호 폭발이나 9/11사건의 기억은 대개 '시각적'이다. (일반적으로 TV 방송을 통해서) 이 사건들이 일어나는 것을 지켜본 사람들의 해마는 과도할 정도로 단발적인 순서staccato sequence로 시각적 이미지들을 함께 묶었다. 텍사스대학교의 신경과학자 마이클 러그에 의하면 이 이미지들이 뇌에서 소환될 때, 해마가 그것들을 재생하기 위해 시각 체계를 가동한다. 즉 충격적 사건과 연결된 에피소드 기억은 그때의 기억을 똑같은 순서로 재활성화시키기 위해 원래의 경험 당시에 작동했던 뇌 시스템 상태로 재설정된다. 그 과정은 원래의 사건과 매우 유사한 경험을 할 때도 촉발될 수 있다. 우리는 이런 경험을 흔히 회상flashback이라고 말한다.

에피소드 기억의 형성에서 해마가 담당하는 중요한 역할을 고려해 보면, 유아의 뇌가 사건을 저장할 만큼 성숙하지 못하다는 것은 전혀 놀랄 일이 아니다. 그 누구에게도 자신의 태어날 당시 첫 순간의 기억은 없다. 유년기의 기억상실은 잘 알려진 현상이고 최근의 연구는 그 이유를 밝혀내기 시작했다. 생물학적 관점에서 뇌를 이루는 각 부분은 서로 다른 속도로 발달한다. 뇌의 성숙을 추적하는 한 가지 방법은 각 영역에서 수초화myelinization가 어느 정도 진행됐는지를 측정하는 것이다.

뉴런neuron은 축삭axon이라 불리는 기다란 돌기로 서로 연결되어 있고, 미엘린myelin이라는 밀랍 물질은 축삭을 덮어서 신경계에서 전기신호 전달을 촉진한다. 유아는 비교적 덜 수초화된 뇌를 가지고 태어나며, 십 대 후반쯤이 돼서야 뇌 시스템의 대부분에서 수초화가 완성된다. 하지만, 그 속도는 뇌의 부위마다 다르다. 해마와 감정적 과정을 담당하는 뇌 구조물의 연결이 가장 먼저 성숙해져 5세 정도의 나이에 완성된다.[3] 같은 시기에 시각 체계는 성인의 연결 정도의 90퍼센트에 이르는 완성도를 보인다. 전두엽은 고등 사고complex thought와 연관이 있는데, 보통 20대 초반쯤이 되면 성인 수준의 수초화에 도달한다.

몇 살까지의 기억을 가질 수 있을까

한때, 인간은 유아기의 기억을 전혀 갖지 못한다고 여겨졌다. 그러나 에모리대학교의 심리학자 로빈 피버쉬가 수행한 연구에서 이는 사실이 아님이 밝혀졌다. 그의 연구에 따르면, 2.5세 정도의 아이들은 6개월 이전에 발생한 일에 대해 기억할 수 있었다.[4] 다만 이는 두 살의 나이가 한계여서 그 이전의 유아는 아무

기억도 저장할 수 없다.[5] 두 살이 지나야 해마 시스템이 연결되고 죽음과 같은 높은 각성 상태를 일으키는 사건들이 뇌에 저장될 수 있다. 4세가 되면 뇌는 거의 완전히 기능하게 되어 유년기의 기억상실은 끝나게 된다.

이전의 통념과 달리 인간은 나이를 먹어가면서 유년기의 기억을 서서히 잊는다. 약 4세에서 10대 초반에 이루어지는 발달상의 중요한 시기에는 기억과 그것을 재생하는 데에 참여하는 시스템 사이에 뇌의 발달 차이에 따른 상대적인 단절이 존재한다. 이 시기로부터의 기억을 회상하는 성인의 뇌는 기억을 암호화한 청소년기의 뇌와는 물리적으로 다르다. 이는 마치 VHS 테이프 기술로 녹화된 영화를 4K 해상도 장치로 관람하는 것과 같다. 이러한 역설은 만일 당신이 의식적으로 유년기의 기억을 회상하지 않으면, 그것들은 낙후된 디지털 매체와 똑같은 운명에 처해질 수 있다는 것을 의미한다.

현재의 성인 자아는 최초의 기억을 암호화했던 어린 자아와 물리적으로 완전히 다른 존재다. 아주 옛날의 자아와 현재의 내가 똑같은 사람인지를 자문해 보라. 그리고 만일 그들이 서로 다르다면, 우리는 지금 누구의 기억을 소유하고 있는 것인가? 그러한 차이가 있다면 우리는 자신이 생각하는 현재의 자신에 관한 일관된 이야기를 어떻게 유지하고, 발전시킬 수 있는가?

오타고대학교의 심리학자 엘린 리스가 수행한 어린이들의 자서전적 기억의 근원에 관한 획기적인 연구는 이에 대해 시사하는 바가 크다.[6] 이 실험에는 19개월 된 50명의 아이들과 그들의 어머니가 참여했다. 연구자들은 아이들이 5살이 될 때까지 대략 6개월에 한 번씩 각 가정을 방문하여 아이들의 기억력에 초점을 맞추어 언어와 인지능력의 변화를 기록했다. 아이의 어머니들은 아이의 기억이 어느 정도 정확한지 보증하는 역할을 했다.

실험 결과는 매우 놀라웠다. 많은 아이가 3세 이전에 발생한 사건을 기억할 수 있었고, 일부는 (비록 그 기억들이 정확할 확률이 반반이었지만) 2살 이전의 일도 기억했다. 이는 그 누구도 그 시기의 기억을 소유할 수 없다고 알려진 당시의 이론을 반박하는 것이었다. 그런데 아이들이 5.5세쯤 되자 초창기 기억의 일부를 잊어버리기 시작했다.

연구의 첫 번째 단계에 관한 결론을 내린 후에도, 리스의 팀은 실험에 참가한 아이들이 12살이 될 때까지 계속 추적 조사했다. 실험팀은 이제는 청소년이 된 아이들에게 초기 유년기의 기억을 회상해 달라고 요청했다. 이전과 마찬가지로 아이들은 생의 초창기 기억을 대략 2.5세까지 떠올릴 수 있었는데, 이것은 성인 대부분이 기억하는 초창기 기억보다 상당히 더 이전의 것이었다. 이를 두고 리스는 청소년들이 자신들의 초창기 기억을 잊어버리는 과정에 있다고 결론 내렸다. 이는 유년기의 기억상실이 갑작스럽게 일어나는 것이 아니라 오랜 기간에 걸쳐 천천히 일어난다는 것을 의미한다.

여기서 한 가지 주목할 점이 있다. 아이들은 저마다 기억을 회상할 수 있는 정도가 다양했는데 리스는 "가장 이른 시기를 기억하는 정도의 차이는 각 아이들이 겪었던 가족사에 관한 그들의 지식과 이를 해석하는 통찰력과 관련이 있다"라고 말한다.[7] 어린 시절의 기억은 양적으로나 세부적으로나 사회성 발달과 직결된 것으로 보였다.

내가 곧 이야기다

유년기에는 신경계 여러 부분의 발달 속도가 제각기 다르며, 기억 시스템이 연결되는 동안 뇌의 나머지 부분도 변화한다. 이러한 성숙 과정은 단순히 기억을 저장하는 데에 집중되어 있지 않다. 기억을 응집력 있는 서사로 만들어내기 위해서는 일부 기억은 삭제돼야 한다. 이런 기억remembering과 잊힘forgetting의 이중 과정은 아이가 이야기를 듣는 단계를 지나 스스로 이야기를 말하기 시작하면서 더 강화된다. '기억의 발달 과정'은 연구자들의 주된 관심사인데, 몇몇 심리학자들은 '아이들은 어떻게 이야기하게 되는가?'라는 연구에 자신들의 경력을 받쳤다. 그들의 연구에 따르면, 자아에 대한 감각은 기억뿐만 아니라 우리가 기억을 엮기 위해 만들어내는 서사에서도 영향을 받는다.

유년기에서 청년기까지의 기간은 기억과 상상력, 잊힘이 자아에 대한 안정된 감각으로 합쳐지는 시기이다. 매사추세츠 윌리엄

대학의 심리학자 수전 엥겔은 "우리는 우리가 경험한 것에 의해서 현재의 우리가 된다. 그러나 현재 우리 자신의 일부는 우리가 상상하는 것에 의해 결정된다"라고 말했다.[8] 엥겔은 아동 연구를 통해 유년기의 스토리텔링이 정교해지는 과정을 다섯 단계로 정리했다.

첫 단계, 유아들은 '확장된 자아'를 가지고 있음을 알게 된다. 리스의 기억 연구가 보여주는 바와 같이 2세에서 3세 사이의 어느 시점에 아이들은 자신들이 과거를 가지고 있으며, 그것을 설명할 수 있음을 깨닫게 된다. 아이들은 자신들의 기억이 그들에게 일어난 일이며, 그 일들이 과거에 존재했음을 인식하게 된다. 이는 지극히 당연한 일 같지만, 과거의 자아를 현재의 자아에 연결하기 위해서는 정신적 시간 여행을 위한 인지적 하드웨어cognitive hardware가 필요하다. 이것이 시간과 공간에서 확장하는 자아에 대한 개념을 만드는 첫 번째 단계인데 이는 인간에게만 발견되는 특징이다.

두 번째 단계는 약 3세쯤에 시작된다. 일단 자아가 확장될 수 있다는 것을 이해하게 되면, 아이들은 다른 사람들 특히 가족 구성원에게 일어나는 동시 발생적인 사건을 자기 삶에 끼워 넣는다. 부모를 비롯한 가족과 이야기를 나누게 되면서 아이는 직접적인 경험뿐만 아니라 공유된 지식을 기반으로 과거의 정보를 흡수하기 시작한다. 이때 가족 구성원과 이야기들을 나누는 정도가 이 시기에 기인한 기억의 가짓수와 밀도에 직접적인 영향을 미친다.

세 번째 단계에서 아이들은 확장된 자아를 팽창시켜 또래 친구들까지 이야기 안에 포함한다. 3~5세까지 아이들은 다른 사람들에게 일어난 일들뿐만 아니라 개인적으로 겪은 사건들을 서로 공유하기 시작한다. 기억의 사회적 공유는 중요한 피드백을 제공한다. 또래 아이들은 재미있다고 여기는 사건들에 반응하고, 무엇이 좋은 이야기를 만들어 내는지 빠르게 익힌다. 점차 아이들은 듣는 사람의 상상력을 끌어모으고 지속적 긴장감을 통해 다음에 무슨 일이 일어날지 알고 싶게 만드는 법을 터득한다. 세 번째 단계에 이르면 아이는 놀이공원에 가는 이야기를 눈으로 본대로 이야기할 수 있다. 다만 아직은 다른 사람의 관점에서 이를 설명하는 능력은 부족하다. 그러나 이 단계의 끝 무렵에 아이들은 사건들이 단순히 발생한 것이 아니며 다른 사람이 했던 행동과 연관이 있다는 것을 깨닫게 된다.

네 번째 단계가 가장 중요하다. 대략 5~9세쯤 되면 이야기의 레퍼토리repertoire를 늘릴 수 있게 된다. 아이들은 어느 이야기가 가장 적합한지 피드백을 받기 위해 부모와 또래 친구들에게 주의를 기울이며 옷을 입어보듯 여러 이야기를 꺼내놓는다. 이 단계의 아이들은 종종 놀라울 정도로 훌륭한 이야기꾼이다. 이는 줄거리를 짜내는 능력 때문만 아니라 자신을 의식하지 않은 채로 개인적인 세부 사항을 회상할 수 있기 때문이다. 다음은 엥겔의 연구에서 소개한 한 아이의 이야기인데, 이 단순한 이야기에서도 이야기꾼으로서 아이들의 관찰력을 읽을 수 있다.

> 나한테는 집 주변에서 타고 다니던 장난감 자동차가 있었어요. 엄마 아빠가 싸울 때면 나는 두 분을 서로 떨어지게 밀어냈어. 얼마 뒤 아빠는 올버니로 이사 가버렸어요. 어렸을 때 목욕통 속에 앉아 있을 때면, 하수구에 빠져 떠내려갈까 봐 무서웠어요.[9]

표면적으로 이 이야기는 서로 관련 없는 세 가지 일련의 사건들과 한 가지 자기성찰인 사고가 나열되어 있는 것처럼 보인다. 그러나 아이가 그 이야기들을 함께 묶기로 선택하면서 이야기는 하나의 주제로 연결된다. 이처럼 서사의 힘은 구성에서 나온다. 엥겔이 주목한 대로, 이러한 순진한 단순함은 멋진 작문의 특징이기도 하다.

헤밍웨이는 특유의 단순한 이야기 구조로 유명하다. 《태양은 다시 떠오른다》에서 그는 1차 세계대전 이후 파리에 살았던 미국 작가 제이크 반즈에 대해 이야기한다. 제이크와 친구 로버트가 술을 진탕 마시고 서로 주먹다짐을 벌였던 어느 밤을 헤밍웨이는 이렇게 썼다.

> (제이크는) 욕실을 찾을 수 없었다. 잠시 후, 욕실을 발견했다. 거기엔 깊이가 깊은 돌 목욕통이 있었다. 수도꼭지를 틀었지만, 물이 나오지 않았다. 목욕통 모서리에 걸터앉았다. 자리를 뜨려고

일어섰는데, 신발이 벗겨져 있음을 알아차렸다. 나는 여기저기 신발을 찾으러 돌아다녔고 이내 발견하고는 그것들을 아래층으로 옮겨놓았다. 나는 내 방을 찾아서 안으로 들어갔고 옷을 벗은 후 침대에 누웠다.[10]

이 글의 구조는 앞서 소개한 아이의 이야기와 유사하다. 술에 취한 이의 목욕하려는 시도는 그 단순함으로 예기치 않게 감동을 준다. 이야기는 우리에게 왜 그런 일들이 일어났는지 말해준다. 혹은 앞의 예에서처럼 우리에게 한 사람의 심리상태를 들여다보게 한다. 어린이의 이야기처럼 헤밍웨이의 글에서도 볼 수 있듯이, 좋은 서사에 반드시 세련된 언어가 필요한 것은 아니다. 이야기의 힘은 내용이나 표현 방식뿐만 아니라 구조에서도 나온다.

5~9세 사이에 아이들은 날마다 새로운 경험을 하고 이를 빠르게 성장하는 두뇌 속으로 통합한다. 리스와 엥겔, 그리고 다른 학자들의 연구에서 스토리텔링이 발달 과정상의 부작용이 아니라 '과정'임이 밝혀졌다. 약 7~9세 사이에는 신체의 다른 부분뿐 아니라 뇌 역시도 성인 수준에 도달하므로, 이때 저장되는 이야기는 아마도 가장 오래 지속되는 기억이 될 것이다.

엥겔의 이론에서 마지막 단계인 약 9세에서 사춘기가 시작될 때까지는, 안정화가 특징이다. 정체성의 근간을 형성하는 모형이 잡혀감에 따라 이야기의 레퍼토리는 점차 감소한다.

산타클로스를 떠올려 보자. 산타클로스의 존재를 믿으려면 사람과 굴뚝 통로의 상대적인 크기에 관한 모순을 모른 척해야 한다. 특정 나이가 되기 전까지, 아이들은 산타클로스가 굴뚝을 타고 내려온다는 서사를 있을 법하다고 믿는다. 그러다 그들이 현실을 깨우치게 되면 1~2년 정도는 뻔한 속임수에 넘어가지만, 그이후에는 더 이상 속지 않는다. 받아들일 수 있는 이야기의 범위가 줄어들면서 편집을 배우게 된다. 그러면, 아이들은 전제조건 없이 있는 그대로의 삶을 경험할 수 없게 된다. 이제 사건과 기억의 조각들은 논리적인 판단을 거쳐 서사 구조에 녹아들게 된다. 이렇게 되면 여러 가지 가능성을 고려할 수 없는 것이 제약으로 느껴지겠지만, 레퍼토리의 폐기와 편집은 호르몬이 급격히 증가하여 자아를 흔들어 놓는 시기가 오기 전까지 자아를 지키는 유일한 방법이 된다.

———

유년기의 이야기는 자아의 형성에 매우 중요해서 사람이 평생에 걸쳐 말하게 되는 이야기의 토대가 된다. 초기의 이야기들이 뒤따르는 모든 이야기의 모형을 형성하므로, 이때의 이야기는 새로운 정보를 인식하는 데에 일종의 가이드이자 방파제가 된다. 다가오는 사건의 중요성은 그 사건의 객관적인 진실이 아니라 사건이 진행 중인 서사에 얼마나 잘 들어맞느냐에 의해 평가된다. 그리고 만일 벌어지는 사건이 진행 중인 서사에 들어맞지 않는다면? 다음 두 가지 방법 중 하나를 선택하게 된다. 이야기를 바꾸거나, 사건을 포기하거나.

다음 장에서, 뇌가 서사의 모형을 사용하여 사건을 편집하고, 정보를 처리하고, 궁극적으로 우리의 자아를 형성하는 방법에 관해 알아볼 것이다.

3장

뇌는 불완전한 편집자

의사는 구하지 못한 첫 번째 환자를 잊지 못한다. 피츠버그에서 가장 큰 병원의 인턴 과정에 있을 때였다. 고령의 환자가 하지 부종으로 내원했다. 그리 복잡한 진료가 아니었다. 환자는 하지 혈액 응고 병력이 있었고, 초음파 검사 결과 '깊은정맥혈전증'으로 보였다. 표준 치료 절차에 따라 레지던트 2년 차 선배와 나는 항응고제를 처방했다.

그러나 우리가 미처 알지 못한 사실이 있었다. 그 환자가 병원에 오기 전에 무릎을 부딪쳤고, 하지 부종은 혈액 응고가 아니라 그 부상 때문이라는 사실 말이다. 우리의 처치로 환자의 상태는 더 나빠졌다. 다리에 멍이 생겨 주변 조직으로 출혈이 퍼졌고, 혈액 순환이 심하게 막힌 상태라서 내부 압력을 낮추기 위해 수술을 해야 했다. 수술은 성공적으로 끝났지만 얼마 후 그는 뇌출혈로 사망했다.

시간을 되돌릴 수 있다면 좋겠다고 자책하며 의자에 주저앉았던 기억이 난다. 물론 시간을 되돌릴 수는 없었다. 지금도 이 환자에 대한 기억은 압축된 버전으로 뇌리에 깊이 박혀 있어서 시시때때로 나를 꼼짝 못 하게 만들거나 자존감을 꺾곤 한다.

인간은 자신의 기억이 실제 일어난 일의 '정확한 기록'이라고 생각한다. 그러나 지난 장에서 논의한 바와 같이 기억은 여러 조각의 묶음이며 그 빈 구멍은 임의로 메워진다. 뇌는 아날로그 비디오와 비슷한 방식으로 기억을 저장한다. 일종의 셀룰로이드 필름의 개별 프레임처럼 순간촬영사진을 찍어 기억하는 것이다. 이들 촬영 사진이 기억 창고에서 소환될 때, 뇌는 편집자로서 사진들의 빈 곳을 꿰매어 균일해 보이는 서사를 만들어 낸다. 서사가 모습을 드러내어 과거의 자아가 함께 연결되는 것은 이러한 편집 과정에서 발생한다.

안타깝게도, 뇌는 불완전한 편집자이다. 우리의 기억은 기껏해야 일어난 사건의 압축된 버전일 뿐이다. 실제 사건을 재구성하기 위해 뇌는 모형 즉, 사진을 나열하는 일종의 스토리보드가 있어야 한다. 지난 장에서 우리가 어렸을 때 들은 이야기가 이러한 스토리보드의 기본 뼈대를 형성한다고 얘기했다. 이제 우리는 이것이 신경학적으로 어떻게 뇌에서 작동하는지, 그 세부 사항 속으로 뛰어들 것이다.

나에 관해 생각하는 나를 생각하는 나

나는 뇌를 컴퓨터와 자주 비교하지만, 컴퓨터와 뇌는 한 가지 중요한 측면에서 큰 차이가 있다. 바로 '사용자'가 다르다.

공학자들은 컴퓨터가 우리를 위해 점점 더 많은 일을 할 수 있도록 계속해서 기계적 기술과 디지털 기술을 발달시키고 있지만 컴퓨터가 만들어낸 결과물에 대해 누가 책임이 있는지는 분명하다. 컴퓨터가 스스로 자기 인식을 할 수 있기 전까지는 컴퓨터는 인간을 위한 도구에 불과하다.

반면 뇌와 인간의 관계는 상당히 다르다. 뇌는 당신을 현재의 당신으로 만드는 컴퓨터이다. 뇌에서 사용자를 분리하는 것은 불가능하다. 우리 몸의 정교한 복잡성을 떠올려 보자. 평균적인 인간의 신체에는 대략 10^{27}개의 분자가 있다. 모든 실용적인 목적을 위해 이들 분자는 무한한 가짓수의 방법으로 배열될 수 있다. 이러한 배열 중 극히 일부만이 생명과 연관이 있으며, 그 일부 중에서도 소수가 지각력이 있는 생명체로 진화하는 데 관여한다. 그리고 그 소수 중의 소수의 배열만이 우리 각자가 '자신'이라고 믿는 독특한 인간을 형성하는 데 쓰인다.

우리 뇌는 인간을 이루는 분자들을 완전히 재구성할 능력은 없지만, 한 사람에 대한 저해상도 사본을 캡처하고 저장할 수는 있다. 예를 들어, 친구를 찍은 사진과 동영상을 떠올려 보라. 그것들은 우리 뇌가 친구의 근사치로 인식하는 물리적 매체 속 분자들의 배열에 불과하다. 그 배열이 뇌에 입력되는 시냅스를 재배열하고 그들에 관한 머릿속 기억을 구성한다.

이야기도 마찬가지다. 우리는 말, 글, 영상 등 온갖 기호로 매일 이야기를 나누며 살아가는데, 만일 이 이야기들이 누군가에게 흥미롭다면, 그 사람은 기억 속에 그 이야기를 담아둘 것이다. 이들 기억의 일부는 뇌에 저장되고 글로 기록되기도 하고, 다른 방식으로 보존되기도 한다.

비록 지금은 내가 하지 부종으로 오진한 그 환자의 이름을 기억하지 못한다 해도 그의 인생 이야기의 마지막 부분은 내 두뇌 속 깊은 곳에 새겨져 있다. 그는 다른 모든 환영과 함께 그곳에 여전히 머물러 있다. 어떤 의미에서 보자면, 그는 여전히 나에게 살아있는 존재이다. 나는 질병의 진행 과정과 치료 계획에 관해서 까닭 없는 가정을 한 것에 대해 나에게 얘기하고 나를 꾸짖는 아바타를 상상할 수 있다. 그리고 이제, 내가 그의 이야기를 책에 기록함으로써 그는 이 책을 읽고 있는 누군가의 머릿속에 존재하게 될 것이다.[1]

받아들이기 힘들겠지만, 우리의 개인적인 서사들은 사실 이러한 환영과 별반 다르지 않다. 나는 나 자신을, 자아 정체성의 구성이 우리 머릿속에 담고 있는 다른 사람들의 저해상도 표현과 다를 게 없다고 믿는, 점점 늘어나고 있는 과학자 중 한 명이라고 생각한다. 컴퓨터 과학자들은 이를 재귀 문제recursion problem라고 부른다. 뇌가 그 모든 일을 한다고 가정해 보자. 계산이 어디에서

그림 1. '나에 관해 생각하는 나'에 관해 생각하는 나
내가 더 깊이 들어갈수록 표현이 더 만화 같아지는 것을 주목하라.

일어나는지는 중요하지 않다. 우리 몸속에서 일어나는 것이기 때문이다. 만일 당신의 뇌가 '당신'을 포함하고 있다면, 뇌는 '당신의 뇌가 당신을 포함하고 있다'고 생각하는 '당신'을 포함하는 것이어야 한다.

관점에 따라 기억은 달라진다

지금까지 설명이 너무 어렵다면, 걱정하지 마시라. 나 또한 사고thinking에 관해 너무 깊이 생각할 때면 언제나 혼란스러워진다. 앞의 내용을 좀 더 간단히 설명해 보자.

뇌라는 컴퓨터가 자신을 완벽히 대변하려면 똑같은 크기의 컴퓨터 한 대가 더 필요하거나 최소한 보조 컴퓨터가 있어야 한다. 원본의 사본과 사본의 링크를 포함하기 위해 더 큰 컴퓨터가 필요할 수도 있다. 그러나 그럴 수 없다. 그래서 물리적 한계 때문에 우리의 뇌는 '자아' 표현을 저해상도 버전으로 기록한다. 그것이 뇌가 처리할 수 있는 능력의 현실이다.

뇌의 한계 때문에, 우리 자신의 서사에 관한 지식을 포함하여 우리가 소유한 모든 지식은 압축되고 축소된 형식으로 기록된다. 자아와 다른 사람들에 대한 우리의 인식은 실제의 '만화 버전'이다. 상세한 디테일 없이 특징만 강조한 만화 같은 인식은 순간순간 일어나는 미세한 변화를 간과하고 오늘의 우리가 어제의 우리와 똑같은 사람이라는 '연속성에 관한 환상'을 갖게 한다. 다시 말해, 뇌는 기억을 적당히 망가하도록 고안되어 있다. 당신이 생각하는 현재의 당신 즉, '자아'에 관한 당신의 개념은 디테일이 제거된 만화 버전이다. 다른 사람들에 대한 당신의 개념 또한 만화 버전이다. 여기서 중요한 것은 이 만화들이 세계에 대한 우리의 정신적 모델과 그 안에서 우리의 위치를 결합하는 '이야기의 접점'을 형성한다는 것이다.

과거 자아와 현재 자아를 결합하는 서사는 '의미 있는 순서'로 시간에 걸쳐 묶여야 한다. 이야기는 일련의 사건의 연속이며 서사는 그 이야기에 인과관계에 따른 의미를 부여한다. 우리는 A 사건이 B 사건보다 먼저 발생하면 A가 B를 일으켰을 수 있지만, 그 반대는 일어날 수 없다고 가정한다. 이처럼 우리가 구성하는 모든 서사는 인과관계의 가정에 근거한다. 이렇게 우리는 세상이 어떻게 작동하는지에 대한 모델을 구축한 후 미래를 예측한다. B가 항상 A의 뒤에 일어난다면, A가 나타날 경우, 곧 B가 따를 것이라고 확신할 수 있다. 그러나 A, B와 같은 추상적인 기호는 기억하기 어렵다. 일이 그런 식으로 일어나는 이유에 관한 이야기를 만들어 기억하는 편이 훨씬 더 쉽다. 한 예로 서구에서는 사다리 아래로 걸어가는 것을 죽음이나 부상에 대한 징조로 보는 금기가 있다(서구에서는 사다리 밑을 지나가는 것을 재수 없는 행동이라고 여기며 어쩔 수 없이 사다리 아래를 지나야 한다면, 불운을 피하기 위해 손가락을 꼬거나 사다리 아래를 통과한 후에 침을 뱉거나 개를 볼 때까지 말을 하지 말아야 한다는 속설이 있다. – 편집자).

이 금기가 전형적으로 미신이 생겨나는 방식이다. 과거 누군가 사다리 아래를 걷다가 그 위에서 떨어진 어떤 물건에 맞아 사고를 당했고, 그 사고의 원인이 사다리 아래를 걷는 행위 때문이라고 믿게 되었고 그런 사건이 반복되거나 회자되면서 일종의 미신이 된 것이다. 잠깐, 혹시 사다리가 떨어져서 사람이 그 아래로 걸어 들어갈 수도 있을까? 잠시 생각해 보면, 이 일이 정확히 일어날 수 있는 시나리오를 상상할 수 있다. 사다리가 떨어지기 시작하면서, 당신은 그것이 창문을 깨지 않도록 막으려고 그 아래로 달려가게 된다. 그렇게 하면 유리 대신 당신이 사다리에 얻어맞게 된다. 여기서 당신은 인과관계에 관한 우리의 개념이 관찰자의 관점에 따라 달라질 수 있다는 것을 알 수 있다. 인과관계의 개념은 사다리가 정지해 있었는지 움직이고 있었는지와 같은 초기 조건에도 의존한다. 그러나 우리는 종종 초기 조건이 무엇인지 모르기 때문에, 인과관계는 반드시 우리 자신의 눈으로 보거나 누군가가 말하는 것에 기반한다.

어떤 일이 일어날 때, 그것에 대한 우리의 인식이 사건 자체와 똑같은 것은 아니다. TV를 통해 타이거 우즈가 출전한 마스터스 토너먼트를 보는 것과 필드에서 이를 직접 보는 것, 그리고 타이거 우즈의 입장에서 보는 것은 차이가 있다. 누구나 같은 이야기를 할 수 있지만 모든 사람의 버전은 다를 수 있다. 그러나 관찰자가 다르더라도 일반적으로 우리는 일이 일어난 순서에 대해서는 합의할 수 있다.

타이거 우즈는 마스터스 대회에서 다른 선수들과 마찬가지로 지정된 순서대로 나흘 동안 72홀을 돌며 골프를 친다. 우즈가 친 공은 페어웨이를 벗어나 티로 되돌아 날아가지 않았고, 홀에서 뛰어나가 퍼터 앞으로 가지 않는다. 시간의 화살은 모두에게 똑같이 적용된다(다행이다. 만약 우리가 시간에 있어서 앞뒤로 움직일 수 있다면 상황이 얼마나 더 난처해질지 생각해 보라. 그렇게 된다면 사건이 더 이상 정해진 순서대로 일어나지 않기 때문에, 이야기의 개념은 의미가 없어지게 된다).

그러나 사건의 순서에 대한 우리의 인식이 완전히 뒤바뀔 때가 있다. 타이거 우즈의 골프채 헤드 부분에 당신이 올라타고 있다고 상상해 보라. 그곳에서 세상을 바라보면 이젠 골프채가 공을 친 것이 아니라 공이 골프채를 친 것이라고 여길 수 있다. 이런 위치에서 보면 당신은 이렇게 생각할 수 있다, '나는 내 일에만 신경 쓰고 있었는데, 갑자기 공이 내 얼굴을 강타했어!' 이처럼 관점에 따라 무엇이 일어났는가에 관한 서술이 매우 달라질 수 있다. 관점은 사건의 해석과 인과관계를 변화시킬 수 있다.

수년 전, 나는 주차장에서 가벼운 접촉 사고를 낸 적이 있다. 일어났던 사건에 관한 나의 기억은 이러하다. 나는 주차 지점에서 차를 후진할 준비를 하고 있었다. 일방통행 구역이어서 다른 차량이 올지도 모르는 뒤쪽과 오른쪽만을 주시했다. 다른 차가 보이지 않았으므로 후진을 시작했다. 그런데 갑자기 금속과 금속이 부딪치는 충돌음이 들려왔다. 즉시 멈춰서 내 차의 왼쪽 사각지대를 바라봤다. 일방통행을 어긴 차량이 거기에 있었다. 이 사고에 대해 상대 운전자가 가진 기억은 나와 달랐다. "당신 차가 갑자기 내 차 옆문 쪽으로 치고 들어왔어요."

다행히 다친 사람은 없었다. 매우 느린 속도에서 일어난 접촉 사고였기 때문에 비록 수리비는 좀 나왔지만 차량의 파손 정도는 심하지 않았다. 보험회사에서는 1년 넘게 이 사고를 중재하기 위해 노력했고 결과적으로 내가 차량을 후진하기 위한 적절한 통로를 확보하지 못했다는 결론이 났다. 나로선 억울한 일이었다. 만일 1초만 더 일찍 후진했더라면, 상대 차량이 나를 들이받은 것이 되어 최종적인 이야기는 달라졌을지 모른다. 우리 자신에게 혹은 다른 사람들에게 어떤 식으로 이야기하는가에 따라 사건 발생 순서에 관한 해석이 이처럼 달라진다. 그런데 사건에 관한 해석이 명백히 유동적이라면, 도대체 어떻게 무언가에 동의할 수 있겠는가?

첫 키스가 모든 것을 결정한다

답은 시간의 화살에 달려있다. 일단 사건이 발생하면 우리는 시간을 되돌려 사건 현장을 재방문할 수 없으므로, 가능한 한 많은 것을 기억하려 한다. 그러나 우리의 뇌는 무한한 기억 저장고가 아니다. 우리는 발생하는 모든 것을 기록할 수 없고, 기록한 것을 원하는 만큼 재생할 수도 없다.

그래서 우리는 사건을 '이야기 형식'으로 구성한다. 시간의 화살 덕분에 우리는 이야기들을 관찰한 순서에 따라 유형별로 분리하고 정리할 수 있다. 이러한 서사 형태들이 우리 머릿속에 있는 우리 자신과 타인에 관한 만화 버전을 포함하는 스토리보드가 된다. 그리고 이런 스토리보드에는 다수의 공간이 남게 된다.

내가 하지 부종으로 잘못 진단했던 환자를 의과대학에서 배운 서사 속으로 끼워 넣었을 때, 나는 그 환자가 다리를 다친 적이 있었다는 것이 얼마나 중요한 정보인지 알지 못했다. 나는 왜 몰랐을까? 그전까지 누구도 내게 그럴 가능성을 이야기해 준 적이 없었기 때문이다. 나는 경험을 통해서 다른 가능성을 배워야만 했다. 마찬가지로 내가 내 차를 후진했을 때, 나는 다른 운전자들도 항상 일방통행 규칙을 준수한다는 믿음에 따라 운전하고 있었다. 나는 그때까지 잘못된 방향으로 운전하는 사람을 만난 적이 없었을 만큼 운이 좋았을 뿐이다. 이제는 그러지 않다는 것을 알게 됐고 바뀐 서사에 따라 주변을 더 상세히 살피고 후진을 한다.

만일 우리가 시간 속의 모든 접합점에서 수많은 가능성을 가진 우주를 고려해야 한다면, 아마도 집 밖으로 한 발짝도 나설 수 없을 것이다. 서사 덕분에 우리는 복잡한 현상을 매우 압축된 형태로 나타낼 수 있다. 여기에 하나의 어구로 압축된 몇몇 서사들이 있다. 이 짧은 문장에 얼마나 많은 정보가 담겨 있는지 생각해 보자.

- 이것은 빈민에서 부자가 된 이야기이다.
- 이는 얼마나 놀라운 현대판 신데렐라 이야기인가.
- 그/그녀는 아버지 콤플렉스가 있다.

어디서 본 듯한 틀에 박힌 이야기 같다고? 맞다. 그러나 모든 이야기는 어느 정도 틀에 박혀있다. 우리의 뇌는 완벽한 비디오 녹화 장치가 아니다. 서사를 만드는 데는 특별히 복잡한 심리학적 메커니즘이 필요치 않다. 필요한 것은 약간의 기억력을 가진 뇌와 이를 그럴듯한 서사로 만들어내는 '틀'이다.

컴퓨터 과학의 세계에서는 이러한 틀을 기저함수basis function라고 부른다. XY 그래프가 대표적인 기저함수이다. XY 그래프를 활용하면 우리는 2차원 평면상의 모든 위치를 좌표로 나타낼 수 있다. 예를 들어 원은 x와 y 좌표를 사용하여 $x^2 + y^2 = radius^2$라는 기저함수로 표현할 수 있다. 심전도상에서의 전기적 활동과 같은 더 복잡한 정보 또한 기저함수로 나타낼 수 있다.

기저함수에 대한 가장 중요한 발견들 가운데 하나는 프랑스 수학자 장-바티스트 조제프 푸리에에 의해 이뤄졌다. 1800년대 초에 푸리에는 어떤 수학적 함수도 서로 다른 진폭과 빈도를 가진 사인sine과 코사인cosine으로 나타낼 수 있음을 발견했다. 이를 푸리에 변환Fourier transform이라고 부른다.

푸리에 변환을 따르면 심전도ECG를 사인과 코사인의 파형으로 표현할 수 있다. 이와 비슷한 과정을 거쳐 만들어진 것이 JPEG 이미지를 만드는 압축 기술이다. 이미지의 개별 픽셀값은 많은 메모리를 차지하지만, 이를 코사인파로 변환하면 원래의 픽셀값보다 훨씬 적은 메모리로 이미지를 저장할 수 있다.

이와 똑같은 과정이 뇌에서도 일어난다. 뇌에는 원본 형태의 모든 에피소드 메모리를 저장할 만큼의 공간이 없다. JPEG(또는 동영상에 해당하는 MPEG)와 같이, 뇌는 기저함수를 사용하여 메모리의 압축된 표현을 저장한다. 즉, 에피소드 메모리를 구성하는 순간촬영사진(스냅샷)들을 저장한다. 심리학자들은 이러한 압축된 표현을 스키마schema라고 부른다.[2]

　스키마는 기존의 정보를 회상하고 새로운 사건을 인코딩하는 데 영향을 준다. 뇌 영상 연구에 따르면, 전두엽의 중앙선을 따라 위치한 복부 전두엽 피질ventromedial prefrontal cortex, vmPFC이 스키마를 사용하여 뇌로 들어오는 감각 정보를 처리한다.[3] 이 과정이 어떻게 일어나는지는 아직 완전히 밝혀지지 않았지만, 전기 활동의 기록은 vmPFC가 세타파(theta waves, 4~8Hz)라고 불리는 상대적으로 느린 진동을 통해 감각 영역의 활동에 영향을 준다.[4] 이러한 세타파는 마치 영화의 오디오와 비디오 트랙을 맞추는 것처럼, 특정한 메모리를 인코딩하는 다른 감각 시스템의 활동을 동기화하는 데 쓰이는 것으로 보인다.

　스키마가 한 번 형성되면, 우리 뇌는 그 이후로 보고 듣게 되는 정보를 스키마와 일치하도록 편향시킨다. 이것이 내가 하지 부종이 있는 환자를 제대로 진찰하지 못한 이유이기도 하다. 스키마는 또한 메모리에 인코딩에도 편향을 준다. 만약 새로 입력된 정보와 경험이 기존의 스키마와 맞지 않으면, 전혀 기억되지 않거나 기존의 모형과 가장 잘 맞는 방식으로 기억이 바뀔 수 있다.

　벨기에 리에주대학교의 심리학자 올리비에 쥬네옴과 아르노 다르험보의 연구는 일상적인 사건들의 연속적인 흐름이 어떻게 조각내어져서 스키마에 적합하게 편집되는지를 밝혀냈다. 그들은 학생들이 캠퍼스 주변을 걸어 다니며 여러 가지 활동을 수행하는 동안 고프로GoPro와 비슷한 카메라를 착용하게 했다.[5] 이후, 학생들은 자신들이 한 일을 회상했고, 연구자들은 그들의 이야기를 음성으로 기록했다. 이후 학생들은 그들이 녹음한 '자신이 한 일'과 카메라로 촬영한 동영상의 프레임을 매치했다. 이 실험을 통해 에피소드 기억은 연속적이라기보다는 '사건 경계'에 의해 정의된다는 것이 밝혀졌다. 여기서 사건 경계란 무엇이 언제 어디서 변했는지를 말한다. 이러한 경계는 여행 중의 중간 기착지 같은 역할을 했다.

쥬네옴과 다르험보는 카메라로 기록된 실제 사건 수와 분당 기억된 사건 수의 비율로 기억 압축 정도를 추정했다. 흥미롭게도, 피실험자가 이동하거나 가만히 앉아 있을 때, 5배나 많이 기억이 압축되었고 반면 그 사이의 행동은 전혀 압축되지 않았음을 발견했다. 그들의 연구에 따르면 스키마에 대한 기저 집합basis set은 우리가 하는 행동과 가는 장소를 중심으로 구성된다.

스키마의 장점은 효율성에 있다. 스키마가 한 번 만들어지면, 새로운 사건은 그 스키마의 편차에 따라 처리되고 저장된다. 첫 키스를 예로 들어 보자. 누구나 자신의 첫 키스를 기억할 것이다. 이 경험은 다른 모든 키스를 참조하는 스키마가 된다. 당신은 두 번째 키스를 기억할 수 있는가? 아마 잘 떠오르지 않을 것이다. 그 기억은 첫 번째 키스의 편차로 인코딩되기 때문이다.

당신의 첫 키스에 대한 기억조차도 어린 시절 이야기를 통해 만들어진 스키마에 영향을 받는다. 키스의 마법적인 힘을 다룬 이야기가 얼마나 많은가. 백설공주, 개구리왕자, 그리고 더 최근에는 영화 〈슈렉〉을 들 수 있는데, 이 영화에서는 오직 '진정한 사랑의 키스'만이 피오나 공주를 오우거(괴물)로 변하게 한 저주를 풀 수 있다. 우리는 유년기에 이 이야기들에서 키스의 마법적인 힘을 배우게 되는데. 이때 키스는 이 이야기들을 풀어내는 기억 태그mnemonic tag가 된다. 그리고 당신이 첫 키스를 뇌에 저장할 때 백설공주부터 〈슈렉〉에 이르기까지 키스와 연관된 세부적인 요소들은 의식하지 못하더라도, 이 이야기들은 당신의 첫 키스(경험적인 기억)와 얽히게 된다.

———

성인기에 이르면 당신의 뇌는 스키마로 가득 찬다. 스키마는 당신이 겪은 일과 다른 사람들이 당신에게 들려준 이야기에 기반하기 때문에 개인마다 다르다. 스키마를 인위적으로 없애는 방법은 현재까지 없다. 대부분의 스키마는 우리가 세상을 이해하는 데 도움을 주는 긍정적인 역할을 한다. 또한 스키마는 무작위로 보일 수 있는 사건들에 대해 이해의 틀을 제공한다. 이런 압축된 표현들은 당신을 '당신'으로 만들거나, 적어도 당신이 생각하는 '당신'으로 만든다.

4장
추측하는 뇌

인간은 보고 싶은 것만 보려는 경향이 있다. 달리 말해, 우리의 순간적인 인식과 판단은 부정확성으로 가득하다. 이번 장에서는 이 이야기를 해보려 한다.

'당신의 현재'는 주변에서 일어나는 일들을 내부적인 표상으로 변환하는 일종의 알고리즘이다. 만약 당신이 인쇄된 텍스트로 이 글을 읽고 있다면, 광자들이 페이지에 부딪히고 당신의 망막 속으로 튀어 들어온 것이다. 오디오북으로 듣고 있다면, 음파들이 당신의 고막을 치고 있는 것이다. 이러한 물리적 반응(감각)들은 뇌에서 '의미 있는 것'으로 변환되어 저장되며 이는 단순한 기록이 아니라 고도로 처리된 표상이다.

당신의 삶이 한 편의 영화라고 한다면, 사건들은 개별 프레임이고, 이러한 프레임들이 '어떻게 연결되는가(어떻게 인식하는가)'가 영화의 줄거리, 즉 이야기를 결정한다. 여기서 '순간적인 인식'은 우리가 일반적으로 그리 많이 생각하지 않는 심리적 과정이며 의식적 인식 수준 아래에서 작동한다. 그러나 이는 우리가 외부 세계와 상호작용하는 방식의 본질이며 감각 기관이 외부 에너지를 신경 신호로 변환하는 과정과 뇌가 그들 신호의 근원을 재구성하는 방식을 포함한다.

예를 들어, '본다'는 것을 생각해 보라. 주변에서 과일이나 좋아하는 머그잔 같은 물건을 찾아보라. 만지지 말고 그것의 모양, 색깔, 질감에 주목하면서 자세히 살펴보라. 볼 수 있는 모든 것을 다 봤다는 확신이 든다면, 거꾸로 돌려서 다시 살펴보라. 이전에 보지 못한 것들을 발견했는가?

이 연습을 통해 한 가지 사실을 발견할 수 있다. 우리가 무엇인가를 바라볼 때, 특히 그것이 익숙한 것이라면 우리는 그 사물을 독특하게 만드는 세부 사항들을 잘 인식하지 못한다. 그렇다. 각각의 개별 사과는 저마다 고유하며 색상, 모양, 크기에 따라 구별할 수 있다. 그러나 사과는 사과다. 범주적 사과를 인식하면 그 세부 사항을 놓치기 쉽다. 사물에 대한 우리의 인식은 우리가 가진 사전 믿음prior belief에 영향을 받는다.

베이즈의 정리, 베이즈 뇌

사전 믿음이 어떻게 인식에 영향을 미치는지에 대한 또 다른 예로 '카니자 삼각형'이라고 알려진 시각 착시를 들 수 있다.

그림 2의 왼쪽 카니자 삼각형을 보자. 처음 이 이미지를 본다면, 가장 먼저 눈에 띄는 것은 세 개의 원과 역삼각형을 가리고 있는 하얀 삼각형이다. 하얀 삼각형의 실제 윤곽선이 보인다고 말하는 사람도 있다. 하지만 이는 뇌가 만들어 낸 착시이다. 시선을 원에 집중한다면 잠시 이 착시에서 벗어날 수는 있지만 쉽지 않다. 하얀 삼각형은 항상 우세한 인식으로 다가온다.

훨씬 더 강력한 착시로는 그림 2의 오른쪽 이데사와 구체가 있다. 이 이미지는 분명 평면임에도 3차원의 가시가 돋친 구체가 종이에서 튀어나와 보인다. 이 착시에서 벗어나는 효과적인 방법은 없다.

이런 착시에 대한 일반적인 설명은 20세기 초반의 게슈탈트 Gestalt 학파에서 나왔다. 게슈탈트는 독일어로 '형태'나 '패턴'을 의미하며, 이 학파의 심리학자들은 인간의 지각은 주로 이미지 전체에 형태를 부여하는 상향식 과정을 따른다고 보았다. 이들의 설명을 따르자면, 지각은 선, 모양, 색상과 같은 시각의 저수준 요소들을 조합하여 정신 속에서만 존재하는 종합 개념을 만드는 전진 과정 forward process 이라는 것이다. 이와 반대되는 개념이 하향식 과정이다.

그림 2. 카니자 삼각형과 이데사와의 구체

게슈탈트 이론의 한 가지 문제점은 환각에서 드문드문 드러나는 시각적 정보로부터 삼각형이나 구체를 재구성하기 위해서는 미리 삼각형이나 구체에 대해 우리가 알고 있어야 한다는 것이다. 다시 말해, 모르는 것은 볼 수 없다. 반면 하향식 과정 이론에도 동일한 결점이 있다. 이미 그것들이 무엇인지 알고 있지 않다면, 삼각형이나 구체, 사과와 같은 물체의 표상을 뇌가 어떻게 인식할 수 있을까? 우리는 세상을 시각적 기본 요소로 인식하는 것이 아니라, 사람과 물건으로 가득한 장면으로 인식한다.

이에 대해 19세기 독일의 물리학자이자 생리학자인 헤르만 폰 헬름홀츠는 지각이 본질적으로 통계의 문제라고 주장했다. 헬름홀츠의 주장에 따르면, 눈으로부터 들어오는 정보가 보고 있는 것을 결정하지 않는다. 대신 뇌는 역문제inverse problem를 풀어야 한다. 즉, "망막에 닿는 광자의 흐름이 주어졌을 때, 가장 가능성 있는 근원은 무엇인가?"에 답하는 것이 뇌의 인식 과정이다.

예를 들어, 복도 끝에 서 있는 사람을 보았다고 상상해 보라. 그는 꽤 키가 커 보인다. 그 사람에 대해 내릴 수 있는 두 가지 가정이 있다. 첫째는 그 사람이 실제로 키가 크다는 것이고 둘째는 평범한 키이지만 당신에게 가깝다는 것이다. 어떻게 판단할까? 우리 뇌는 그 사람과의 거리를 평가할 수 있는 다른 시각적 단서들이 있더라도 결국에는 키가 큰 사람이나 평균 키의 사람을 만날 상대적인 가능성에 기초하여 추측한다.

18세기 영국의 통계학자인 토머스 베이즈는 이러한 현상을 수학 규칙으로 정리했다. 베이즈의 정리Bayes' rule를 따르면, 복도에서 사람을 보는 것처럼 우리가 어떤 사건에 대해 새로운 정보를 얻었을 때, 우리는 그 정보에 근거하여 사전 믿음을 갱신한다.

블랙잭(카드의 합이 21점 또는 21점에 가장 가까운 사람이 이기는 게임-편집자)을 예시로 들어보자. 카드 한 벌로 게임을 시작할 때, 두 장의 카드로 21을 맞출 확률은 약 20분의 1이다. 하지만 첫 번째 카드가 에이스라고 가정해 보라. 이제 10점짜리 카드가 16장 남아있고, 그중 하나를 뽑을 확률은 남아있는 51장의 카드 중 16장이므로, 약 3분의 1이다. 이것이 바로 베이즈의 정리이다. 즉, 당신은 새로운 정보(이미 뽑은 에이스)를 바탕으로 특정 결과의 확률을 최신으로 갱신한다.

2000년대 초, 신경과학자들은 뇌가 베이즈의 정리 방식으로 인식을 구성한다는 증거를 발견함으로써 인지에 대한 확률론적 이론을 진지하게 받아들이기 시작했다. 이후로 증거는 계속 쌓여 갔고 베이지안 뇌Bayesian brain라는 개념이 뇌에 대한 가장 인기 있는 이론이 되었다.

뇌를 속이는 법

뇌는 계속해서 사후 확률을 계산한다는 것이 베이지안 뇌의 핵심 아이디어다. 사후 확률이란, 당신의 망막에 닿는 특정한 이미지 집합을 고려하여 확률을 갱신한다는 것을 의미한다(이 확률은 새로운 정보를 받은 후에 나타나기 때문에 '사후'라고 부르며, '사전' 확률과 반대된다).

다소 복잡해 보이지만, 이 방식이 우리 뇌의 뉴런이 가장 잘 수행하는 수학 연산이다. 베이지안 추론은 특정 확률에 대한 '의식적인 지식'을 요구하지 않는다. 대신 과거의 경험을 기반으로 인코딩될 수도 있으며 의식적인 인식 수준 아래에 존재할 수도 있다. 시각적 사전prior 정보는 당신이 세계의 물리적 현실과 일관되게 연관된 자극들이다. 대표적인 사전 정보 중 하나가 바로 태양 빛이 위에서부터 온다는 자연 현상이다. 우리는 이 정보를 무의식적으로 사용하여 곡면이 볼록한지 오목한지를 인식한다. 또 다른 사전 정보로는 그림자의 움직임이다. 우리는 일반적으로 그림자가 움직이는 이유를 물체의 움직임 때문이지, 빛이 움직여서라

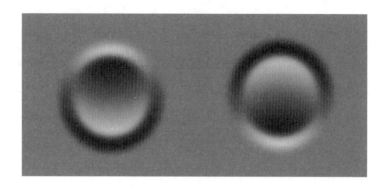

그림 3. 그림자가 있는 도형은 오목하게 보이는 것(왼쪽)과 볼록하게 보이는 것(오른쪽)이 있다. 이미지는 180도 회전한 것을 제외하면 동일하다. 이 환각은 뇌가 빛이 항상 위에서부터 오는 것이라고 가정한다는 것에서 비롯된다.

고 생각하지 않는다. 이는 우리의 시각 시스템이 자연 상태의 공간 주파수에 맞춰져 있기 때문이다.[1] 잠재적으로 모호한 시각 정보를 제시받았을 때, 우리의 뇌는 그것을 자연에서 일어나는 것과 가장 일치하는 방식으로 해석한다.

시각적 사전 정보의 예시로 유명한 것이 크레이터 환각crater illusion이다. 그림 3의 왼쪽 그림을 보자. 사람들은 왼쪽 그림을 대부분 크레이터나 오목한 홈으로 인식한다. 그러나 그림 3의 오른쪽 그림은 해자垓字로 둘러싸인 언덕처럼 볼록하게 인식한다. 이 환각은 우리의 뇌가 빛의 원천이 항상 위에서부터 온다고 가정하기 때문에 일어난다.

이제 도형을 90도 회전시켰을 때 무슨 일이 일어나는지 주목하라. 그림 4의 두 도형 모두 오목하게 보일 수도 있고, 어디에 주

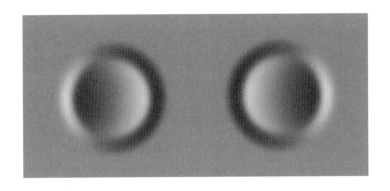

그림 4. 도형을 90도 회전시키면, 오목함이나 볼록함이 불안정해지고 왔다 갔다 할 수 있다.

의를 집중하느냐에 따라 다르게 보일 수 있다. 혹은 하나만 볼록하게 보일 수도 있다. 이는 뇌가 빛이 어디서부터 오는지 가정하는 것에 따라 달라진다. 이러한 환각들은 베이지안 인식의 두 가지 중요한 측면을 드러낸다.

첫째, 사전 확률이 강하면, 빛이 위에서부터 오는 것이라는 가정과 같이 사전 확률이 인식을 지배한다. 사전 확률이 약하면, 빛이 왼쪽이나 오른쪽에서 올 수 있는 경우와 같이 사전 확률은 사물을 인식하는데 상대적으로 적은 영향을 미친다.

둘째, 인식이 왔다 갔다 하더라도, 인간은 한 번에 하나의 인식만 할 수 있다. 볼록하거나 오목하거나 둘 중 하나이다. 중간은 없다. 이는 뇌가 감각 입력에 대해 여러 해석을 할 수 있지만, 의식적인 인식으로 떠올릴 수 있는 것은 하나뿐이라는 뜻이다. 확률 이론에서, 이를 승자 독식winner take all이라고 부르는데, 우리가 사물을 볼 때, 다른 것보다 약간이라도 더 가능성이 높다면 가장 가능성이 높은 인식을 따른다는 것을 의미한다.

이러한 시각적 속임수는 오래전부터 알려져 왔으며, 베이지안 설명은 이런 속임수에 대한 대중적인 해석으로 널리 인정받아 왔다. 그러나 신경과학은 최근에서야 베이지안 뇌라는 개념을 진지하게 받아들이게 됐다. 신경과학자들은 '뇌가 실제로 베이지안 통계를 사용하여 지각을 형성한다는 증거가 있는가?'라는 질문에 답을 찾으려고 노력하고 있다.

답하기 어려운 질문이다. 왜냐하면 우리는 뇌가 사전 지식을 어떻게 인코딩하는지 여전히 정확히 모른다. 그러나 지식 표현에 직접 접근하지 않고도, 뇌가 불확실성을 어떻게 인코딩하는지를 알아내는 것은, 우리가 이 질문의 답을 찾는 데에 몇 가지 단서를 제공한다.

시각 피질의 뉴런 활동을 추적한 다양한 동물 실험 결과, 대조(더 많은 대조는 이미지를 더 확실하게 만든다)나 잡음 추가(이미지를 덜 확실하게 만든다)와 같은 측면들이 시각 뉴런에 측정할 수 있는 변화를 일으켰다. 또한 이미지가 불확실할수록, 뉴런의 반응이 더 다양해졌다.[2] 이처럼 뉴런 자체가 입력된 정보에 따라 다양한 해석을 시도하는 것으로 보인다. 입력이 더 모호할수록, 뉴런은 더 많은 가능성을 고려하는 것으로 보였다.

베이지안 모델에 대한 비판 가운데 한 가지는 '뇌는 확률을 저장하지 못한다'는 지적이다. 완벽한 베이지안 뇌라면, 일어난 모든 일들을 기록하고 그 사건들과 확률을 연관시켜야 한다. 그러나 이를 위해서는, 어떤 일이 이미 일어났거나, 일어날 수도 있었던 다른 모든 일들에 비해 얼마나 많이 일어날 수 있는지를 모두 추적할 수 있어야 한다. 그러나 앞에서도 지적했듯이 뇌는 기억을 저장할 때 그런 식으로 작동하지 않는다.

이를 두고 워윅대학교 인지 과학자 아담 산본과 닉 체터는 뇌가 시각 자극으로부터 인식을 구성하기 위해 완벽한 베이지안 컴퓨터일 필요는 없다는 것을 증명했다. 뇌는 대략적으로만 베이지안 컴퓨터일 수 있으면 된다.[3] 산본과 체터는 인간의 뇌가 베이지안 샘플러Bayesian Sampler라고 설명한다. 쉽게 말해 우리 뇌는 각각의 인식 판단에 대해 몇 가지 확률만 고려하여 판단한다. 이것은 온 세상의 가능성을 고려하는 것보다 훨씬 효율적이다. 크레이터 환상crater illusion(우리가 보는 사물의 모양이나 깊이를 판단할 때 빛의 방향이나 위치에 따라 영향을 받는 것 – 옮긴이)에서, 뇌는 오목하거나 볼록한 두 가지 가능성만 고려한다. 실제로는 평면상의 회색 음영보다는 분명히 더 많은 해석이 가능하다. 그러나 우리의 뇌가 여러 가지 해석을 하지 않는 것은, 이전 경험에 영향을 받기 때문이다.

뇌가 어떤 순간에 얼마나 많은 가능성을 고려하는지에 대한 적확한 해답은 아직 발견하지 못했다. 다만 신경 데이터를 보면, 입력이 더 모호할수록 뇌는 더 많은 가능성을 고려한다. 이 때문에 두 사람이 같은 일련의 사건을 목격하거나 같은 자료를 읽고도 완전히 다른 결론에 이를 수 있다. 우리는 저마다 자신의 경험과 확률 추정probability estimate에 따라 감각 자극을 해석한다. 여기서 주목할 점은 이 모든 과정에서 그 어떤 것도 의식적일 필요가 없다는 것이다.

뇌는 다른 장기와 마찬가지로 최소한의 에너지를 사용하여 자기 과업을 수행하도록 진화해 왔다. 이는 감각 자극에 대한 해석도 에너지 효율적인 경로를 따르는 경향이 있음을 의미한다. 크레이터 자극이 그 모양으로 보이는 것은 우리가 그 모양을 닮은 물체들에 대한 사전 경험이 있기 때문이다. 베이지안 이론에 따르면, 가장 가능성이 높은 것이 인식에 도달하고, 한 번에 하나의 해석만 그 자리를 차지할 수 있다.

시각 환상은 인식의 유연성을 보여주는 가장 손쉬운 예시이지만, 베이지안 추론이 적용되는 감각은 다양하다. 촉각 환상의 예도 셀 수 없이 많다. 일부 학자들은 촉각이 몸과 외부 세계 사이의 경계를 정하기 때문에, 자아 정체성의 기초가 된다고 주장한다. 빈센트 헤이워드 맥길대학교 교수는 수년간 촉각 환상을 연구해 다양한 촉각 유형들을 분류했다.[4] 일부는 시연하기 위해 전문 장비가 필요하지만, 손쉽게 재현할 수 있는 촉각 유형도 있다. 그중에서는 당장 해볼 수 있는 것도 있는데, 그중 하나인 아리스토텔레스 환상Aristotle illusion을 시험해 보자. 먼저 눈을 감고 검지와 중지로 동시에 코끝을 만져보라. 이제 검지와 엄지를 교차해서 같은 동작을 해보라. 교차하지 않았을 때와 교차했을 때 손끝에 느껴지는 감각이 다를 것이다.

또 다른 촉각 환상으로 거리 오인distance misjudgment이 있다. 클립을 펴서 양 끝을 약 2.5cm 벌려 유(U)자 형태로 만들어라. 눈을 감고 클립의 양 끝을 손바닥에 닿게 하라. 두 점을 분명히 느낄 수 있을 것이다. 이제 다리 아래쪽에 클립의 양 끝을 닿게 하라. 대게는 한 점으로 느껴질 것이다. 몸의 특정 부위들은 손이나 얼굴처럼 세상을 고해상도로 느끼지만, 다른 부위들은 저해상도로 느낀다.

시각 환상과 마찬가지로 촉각 환상은 대부분 의식 밖에서 이뤄진다. 당신이 무언가를 느끼면 뇌는 그 감각을 가장 가능성이 높다고 생각되는 사건에 의해 발생했다고 해석한다. 물건을 만지거나 만져지는 일생의 경험을 통해 우리는 세상이 어떻게 느껴지는지에 대한 정신적 모형을 만들어 낸다. 이 과정에서 의식은 끼어들지 않는다.

감각도 경험에 의지한다

마지막 환상은 자아 구성의 핵심을 이해하는데 도움이 된다. 이 환상을 경험하기 위해서는 파트너가 필요하다.

눈을 감고 검지로 가볍게 볼을 만져보라. 이제 파트너가 검지로 당신의 볼을 만지게 하라. 느낌이 다른가? 당연하다. 첫 번째 는 자신이 자신을 만지는 것이고, 두 번째는 다른 사람이 만지는 것이니 다를 수밖에 없다. 당신이 볼을 만질 때, 그 감각은 볼에서 느껴지는가, 아니면 손가락에서 느껴지는가? 답은 둘 다일 것이다. 그러나 다른 사람이 내 볼을 만진다면, 감각은 볼에서만 느껴진다. 무언가를 만질 때, 뇌는 무엇을 느낄 것인지에 대한 사전 표현prior representation을 만들고, 그런 다음 실제 감각과 뇌가 기대하는 것을 비교한다. 이것이 만지는 행위에 대한 사전 확률을 생성하는 베이지안 추론이다.

앞의 실험을 한 후에, 오른손을 머리 뒤로 넘겨 왼쪽 볼을 만져보라. 어떤 느낌이 드는가. 오른쪽 볼을 만질 때와는 조금 느낌이 다를 것이다(이는 앞에서 했던 다른 사람의 만짐 효과를 모방하는 행위다). 왜 이 감각은 다르게 느껴질까? 뇌가 자기 만짐에 대해 가장 가능성 높은 해석은 오른손이 오른쪽 볼을 만지고, 왼손이 왼쪽 볼을 만진다는 것이다. 당신이 손을 교차해 볼을 만지면, 뇌가 이전에 없던 새로운 구성을 만들어야 하고, 그래서 뇌는 이를 다르게 느끼게 된다.

스웨덴의 연구자들이 fMRI를 사용하여 자기 만짐과 다른 사람의 만짐 실험을 분석한 결과, 자기 만짐과 달리 다른 사람의 만짐은 뇌의 감각 영역에서 광범위한 활성화를 유발했다.[5] 이는 대뇌 피질은 물론 시상thalamus과 뇌간brain stem에서도 관찰되었는데, 이는 감각 경험의 조절(자기 만짐의 경우, 둔화)이 척수에까지 확장될 수 있다는 것을 시사한다. 이것은 놀라운 결과다. 이는 당신의 이전 경험과 이를 통해 형성된 스키마가 당신이 세상을 판단하는 방식에 영향을 미치듯이 감각을 받아들이는 신경계 차원에서도 작동한다는 것을 의미한다.

현재의 자아는 단지 1~2초 동안만 존재하지만, 그 순간적인 존재조차도 머릿속에 압축된 스키마와 분리할 수 없다. 현재의 자아는 다음에 무슨 일이 일어날지 예측할 준비를 하기 위해 과거의 지식을 사용하여 지금 무엇이 일어나고 있는지를 해석한다. 따라서 사전 믿음과 경험에 따라 해석이 달라질 수 있다.

———

베이지안 뇌라는 개념은 보통 외부 세계에 대한 인식과 관련하여 논의되지만 우리 자신의 몸에 대한 인식, 즉 '내감각'interoception에도 적용된다. 그리고 내감각에 대한 여러 가지 해석이 가능하다면,―다음 장에서 보게 될 것처럼―우리 정체성도 여러 가지로 구성할 수 있다.

5장

자아를 찾아서

뇌는 자아감을 만드는 장기이지만, 그 구성에 자신을 포함할 수 없다. 뇌가 그 자체에 대해 인식할 수 없다면, 우리는 자아를 어디에 두어야 할까? 논리적으로 생각하면, 당신은 당신의 뇌에 있고, 따라서 당신의 자아는 머리에 있다고 할 수 있다. 그런데 어떤 사람들은 더 상징적인 의미로 자아의 위치를 심장에 두기도 한다. 사람들이 직접 자아의 위치를 표시하도록 한 실험을 보면 크게 네 가지 유형이 나타난다. 사람들은 주로 자아를 눈 사이, 입 주위, 가슴 중앙, 그리고 복부에 있다고 대답했다.[1] 그러나 우리가 생각하는 자아의 위치는 그것보다 더 미묘하며, 감정에 따라 달라진다.

2018년, 핀란드의 연구팀은 1,026명의 참가자에게 신체의 윤

곽에 100가지 감정의 위치를 표시하도록 했다.[2] 참가자들에게는 분노, 수치, 죄책감, 배제감과 같은 부정적인 감정부터 행복, 웃음, 성공, 친밀감과 같은 긍정적인 감정에 이르기까지 다양한 감정이 제시됐다. 또 메스꺼움, 감기에 걸린 것과 같은 병적 상태와 생각하거나 읽는 것과 같은 인지적 상태도 실험에 포함됐다. 그 결과 놀라운 지도가 완성됐다.

감정의 지도는 일종의 확률 지도이다. 예를 들어, 감사함이라는 특정한 감정에 대해, 가슴이라는 특정한 신체 부위에서 이를 느낄 확률을 알려준다. 베이즈Bayes의 용어로 설명하자면, 이것은 감사함이라는 조건 아래에서 가슴에 '느낌이 발생할 가능성'을 보여준다. 하지만 이 지도를 뒤집어서 사후 확률posterior probability 의 관점에서 이런 질문을 던지면 어떨까? '가슴에 느낌이 있을 때, 그것이 감사함 때문에 일어날 확률은 얼마나 되는가'

사후 확률로 조사한 결과, 감사뿐만 아니라 다양한 감정이 가슴에서 느껴지는 것으로 조사됐다. 그래서 평소에 감사함을 거의 느끼지 못하는 사람이 가슴에서 흔들림을 느꼈다면, 그것을 감사함을 느낀 것으로 돌리기는 어렵다. 사람에 따라 흔들림을 불안감으로 해석할 수도 있다.

이런 사후 확률에 대한 아이디어는 1884년 철학자이자 심리학자인 윌리엄 제임스와 그다음 해 의사 칼 랑게에 의해 처음 제안됐다. 제임스-랑게 감정 이론에 따르면, 심장이 떨리는 것과 같은 신체의 생리적 변화가 감정에 대한 인식을 주도한다. 그들이

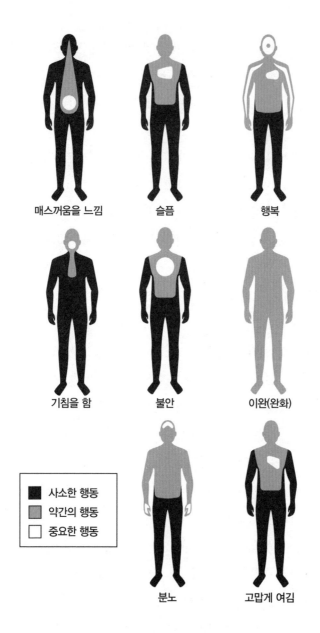

매스꺼움을 느낌   슬픔   행복

기침을 함   불안   이완(완화)

■ 사소한 행동
■ 약간의 행동
□ 중요한 행동

분노   고맙게 여김

그림 5. 감정과 관련된 신체적 감각의 위치

예로 든 곰 난제bear conundrum를 들어보자. 당신은 숲에서 걷다가 우연히 곰을 만난다. 앞뒤 따질 것도 없이 곰을 피해 달리기 시작한다. 이때 당신은 무서움을 느낀다. 그런데 당신이 무서워서 달린 것인가? 아니면 달리기 때문에 무서움을 느끼는 것인가? 제임스와 랑게는 후자라고 말한다. 생리적 변화가 당신이 무서워하게 만드는 것이지, 반대는 아니라는 것이다. 즉 감정은 생리적 변화의 산물이라는 것이 이들의 주장이다.

마음은 어디에 있을까?

그림 5의 감정의 지도를 보면, 긍정적이고 부정적인 감정 모두 가슴과 복부에서 느껴지는 경향이 있다. 이 상관관계가 인과관계의 문제를 해결해 주지는 않지만, 왜 감정이 뇌가 아니라 신체에서 인식되는지에 대해 의문을 제기할 수 있다. 거기서 실제로 무슨 일이 일어나고 있는 것인가? 아니면 이 모든 것이 그저 상상이라는 말인가?

답은 둘 다를 조금씩 포함하고 있는 것 같다. 고高 각성 상태의 감정들은 호르몬 분비와 관계가 있다. 예를 들어 에피네프린epinephrine과 코르티솔cortisol과 같은 스트레스 호르몬은 신체 전반에 걸쳐 다양한 영향을 미친다. 만약 당신이 심한 알레르기 반응을 치료하기 위해 에피네프린 주사를 맞는다면, 순수한 아드레날린의 쾌감이 어떤 것인지 경험할 수 있다. 에피네프린은 심장이 더 빠르고 더 강하게 뛰게 한다. 일부 사람들은 이 경험을 드럼 소리와 비교했다. 1920년대, 아드레날린이 인간 피실험자들에게 처음 주입됐을 때, 몇몇 사람들은 끊임없는 울리는 타악기처럼 심장이 뛰는 것을 느꼈고 통제할 수 없을 정도로 떨었다. 몇몇 사람들은 자신이 죽을지도 모른다고 생각할 정도로 신체에서 분리되는 공포를 느꼈다.[3]

아드레날린은 신체 전반에 걸쳐 실제적인 신체적 변화를 일으키기 때문에, 내부 장기에서 그 효과를 즉시 느낄 수 있다. 이때에도 뇌는 다른 인식 과정과 마찬가지로 이 감각을 해석한다. 외부 인식과 달리, 우리에겐 내부 감각을 검증할 방법이 없다. 누군가가 '배 속에 나비가 날아다닌다'라고 말할 때, 우리는 그것이 비유라는 것을 알지만 그 말을 하는 사람이 어떤 종류의 흔들림을 느끼고 있다는 것을 믿어야 한다. 반면에, '그 꽃은 예쁜 붉은색이다'라는 문장은 즉시 검증할 수 있다.

한편 심리학자 리사 펠드만 바렛은 보편적인 감정이 존재하지 않으며[4] 사람은 자신이 느끼는 방식에 대한 해석에 기반하여 감정을 '구성'한다고 주장했다. 바렛의 설명에 따르면 이러한 해석은 과거의 경험과 감정을 묘사하는 어휘의 양에 영향을 받는다. 따라서, 당신은 머릿속에 라벨이 붙은 감정만 경험할 수 있으며, 이는 감정이 타고난 것이 아니라 학습된다는 것을 의미한다. 바렛 이론의 또 다른 핵심은 특정한 뇌 부위에 감정이 국한되지 않는다는 것이다. 바렛의 이론에서는 감정을 단어로 라벨링하는 것이 중요하기 때문에, 말할 수 없는 사람이나 동물에게는 감정이 없다고 본다. 하지만 이는 분명히 불안과 공포를 경험하는 개와 고양이에 대한 상식적인 관찰과 맞지 않는다.

신경과학자 자크 팽크셉은 감정에 대해 바렛과는 다른 관점을 제시했다.[5] 그는 50여 년 동안 동물들의 감정 표현을 연구했는데, 어떤 동물이든 분노, 공포, 공황, 욕망, 관심, 놀이, 탐색이라는 7가지 감정을 느낀다고 보고했다. 또한 각각의 감정이 별도의 뇌 회로와 신경전달물질로부터 발생한다고 보았다. 예를 들어, 관심은 옥시토신oxytocin과 관련이 있고, 분노는 물질 Psubstance P와 글루타메이트glutamate라는 신경전달물질과 관련이 있다. 또한 팽크셉은 행동에 의해 감정이 유발된다는 제임스-랑게의 주장을 믿는 사람은 누구든지 바보라고도 말했다.[6]

우리가 구성하는 서사에 감정이 얼마나 중요한지를 생각해 보면, 감정이 왜 진화했는지를 이해할 수 있다. 찰스 다윈은 많은 동물이 인간과 비슷한 방식으로 감정을 표현하는 것처럼 보인다고 말했는데, 이는 감정이 수행하는 공통의 기능이 있다는 것을 암시한다.[7] 예를 들어, 배고픔을 생각해 보라. 배고픔은 일반적으로 감정으로 간주하지는 않지만, 음식을 찾는 방향으로 행동을 재조정하는 생리적 신호이다. 배고픔은 특정 운동 행동과 관련되어 있지 않기 때문에 반사적 반응이라기 보다는 행동의 변화를 이끄는 경로 수정으로 봐야 한다. 공포도 경로 수정을 통해 도망

가게—때론 얼어붙게—만든다.

캘리포니아공과대학교 신경과학자 랄프 아돌프스는 바렛과 팽크셉 사이의 중간 지점에서 서서 다음과 같은 견해를 피력했다.[8] "감정은 반사보다는 더 유연하지만, 자발적으로 계획된 행동의 완전한 유연성을 요구하지 않는 방식으로 환경적 도전에 대처할 수 있도록 진화했다." 아돌프스는 감정에 진화적 가치를 부여했다.

지금까지 감정에 대해 다양한 이론을 소개했다. 어떤 관점에서 보든 감정은 우리의 일상적인 경험의 중심이며 우리가 누구라고 생각하는지에 큰 영향을 미친다. 사건의 연속이 우리가 머릿속에서 구성되는 이야기라면, 감정은 동반되는 사운드트랙이다.

많은 언어에서, 감정의 강도는 우리가 감정을 표현하는 방식에 따라 달라진다. 영어를 예로 들면, 우리는 'I am happy[나는 행복하다]'나 'I am sad[나는 슬프다]' 'I am in love[나는 사랑에 빠졌다]'라고 표현한다. 물론, 'I feel happy[나는 행복을 느껴]'라고 말할 수도 있지만, 이는 앞의 예시와는 뜻과 느낌에서 차이가 있다. 당신이 무언가를 느낄 때, 당신은 여러 감각 인식 시스템을 동원하고 베이지안 추론을 사용하여 그 감정이 무엇인지 분류한다. 하지만 당신이 'I am~'이라고 말하는 순간, 당신이 곧 감정이 된다. 그리고 적어도 백 가지의 다른 감정들이 있으므로, 백 가지의 다른 버전의 당신이 있을 수 있다.

이는 문법적인 뉘앙스 차이 정도로 보일 수 있지만, 간단한 연습을 통해 큰 차이가 있음을 알 수 있다. 다음번에 화나거나 기분이 상할 때, 'I am angry[나 화났어]'라고 말하는 대신, 'I feel angry[나는 화를 느껴]'라고 말해보라. 분노가 분산되는 효과를 볼 수 있을 것이다. 감정을 '느끼는 것'은 당신의 내부 상태에 대한 보다 중립적인 평가이다. 이런 문장을 사용하는 것만으로도 감정을 순수한 지각적인 요소로 분리할 수 있다.

만약 당신이 불안에 취약하다면, 이 방법이 종종 기적을 선물할 수 있다. 가슴이 두근거린다면, 'I am anxious[나는 불안해]'라고 결론 내리는 대신, 마치 의사가 환자의 몸을 진찰하는 것처럼 그 감각에 집중하고 느껴라. 그리고 그 상태를 좋게 만드는 것과 나쁘게 만드는 것들에 주목하라. 그것은 배고픔과 같은 느낌인가? 아니면 다른 어떤 것인가? 이 기법을 쓰려면 자아를 몸에서 분리하거나 떼어놓아야 한다. 자신이 몸 위에 떠서 아래를 내려다본다고 상상하는 것도 한 가지 방법이다.

최소한의 자아

뇌의 활동을 기록한 신경 데이터를 살펴보면, 감각 입력이 모호할수록 뇌는 과거의 경험에 더욱 의존하는 것으로 보인다. 하지만 참고할만한 경험이 없어서 무언가를 잘못 해석한다면 어떻게 될까? 이를 인지 오류perceptual error라고 한다. 뇌가 이러한 오류를 사용하면 세계와 자기 몸에 대한 왜곡된 표상을 구축하게 되고 필연적으로 잘못된 예측을 하게 된다. 이를 예측 오류prediction error라고 한다.

앞에서 나는 사전 확률이 감각 경험의 해석에 어떻게 영향을 미치는지 설명했다. 하지만 들어오는 감각 데이터를 단순히 해석하는 것은 외부 세계에 대해 반응하는 효과적인 방법이 아니다. 진화는 훨씬 더 나은 전략을 발견했다. 바로 '예측'이다.

예측은 인간의 뇌에 깊이 박혀있다. 미래에 대해 예측할 수 있는 생명체는 그러지 못하는 생명체에 비해 엄청난 이점을 가진다. 예를 들어, 성공적인 포식자들은 그들의 먹이가 어디에 있을지 예측할 수 있고, 위험을 예상할 수 있는 먹잇감은 더 쉽게 도망칠 수 있다. 또한 예측은 뇌가 감각 경험의 성질에 대한 평가를 다듬을 수 있게 한다. 달리 말해, 당신이 무언가를 잘못 해석하고 이 해석이 잘못됐음을 경험하게 되면, 당신의 뇌는 이 경험을 활용하여 외부 세계에 대한 기존의 믿음을 평가하고 감각 입력의 기준을 갱신한다.

태어나서 처음 해본 낭만적인 키스를 떠올려 보라. 이전에 실제로 키스를 해본 적이 없었던 당신은 키스에 대한 넓은 문화적 지식 덕분에 어느 정도 기대를 하고 있었을지 모른다. 그러나 실제 키스가 주는 감각 경험은 지금까지 없었다. 그래서 당신이 가진 키스에 대한 기대는 다른 사람들과 마찬가지로 잠자는 미녀를 깨우는 왕자의 입맞춤, 혹은 개구리를 다시 왕자로 되돌리는 키스, 제2차 세계 대전이 끝난 것을 축하하는 타임스 스퀘어의 상징적인 키스, 유명한 영화의 키스(〈타이타닉〉, 〈공주의 신부〉, 〈브로크백 마운틴〉 등)에 기반하고 있었을 것이다.

이것들은 허구이지 실제 경험이 아니다. 당신의 첫 번째 키스는 이것들 중 어느 것과도 비슷하지 않았을 가능성이 매우 높다. 예상보다 더 어색했는가? 지저분했나? 혀를 너무 많이 사용했나? 어떠했든 그 첫 번째 경험의 예측 오류를 통해, 당신은 미래에 있을 입맞춤 감각 경험에 대한 기대를 수정하게 된다. 이처럼 뇌는 신체에 관한 내부 감각을 해석하기 위해 예측 오류를 사용한다. 이것은 우리가 자아를 구성하는 또 다른 방법이다. 이를 증명하는 한 가지 실험을 해보자.

먼저, 팔을 양쪽으로 뻗어보라. 그리고 눈을 감고 번갈아 가며 코를 만져보라. 이것은 미국 경찰이 음주 측정 검사를 할 때 사용되는 방법이다. 뇌의 위치 감각을 측정하는 실험으로 자세 감각기proprioceptor로 불리는 특수한 신경 수용체가 근육과 힘줄에 있어서 신체 부위의 위치에 대한 신호를 뇌에 보내는 정도를 보여준다. 당신의 뇌는 코를 만지기 위해 기존 위치 정보를 활용하여 근육을 조절해서, 손가락이 코에 닿게 한다. 이때 손가락이 목표물에 가까워질수록 움직임을 늦추는 경향이 있고, 약간의 떨림을 경험할 수도 있다. 이는 뇌가 경로를 수정하고 있기 때문에 일어나는 신체 반응이다. 경로를 수정하기 위해서는, 목표물이 어디에 있는지 알아야 하고 손가락이 어디로 향하고 있는지 예측해야 한다. 예측된 경로에서 손가락이 벗어난다면 오류가 발생한 것이고 뇌는 이를 통해 경로를 재수정한다.

다소 장황한 설명이지만, 이것이 자아감의 핵심이다. 내가 위에서 설명한 자아의 유형은 모든 동물의 핵심 특징이기도 하다. 어떤 생명체에게도 첫 번째이자 가장 기본적인 과제는 나란 존재가 세계에 무엇을 하는지와 세계가 나란 존재에게 무엇을 하는지를 구별하는 것이다. 어떤 이들은 이를 '최소한의 자아'라고 부르는데, 이는 움직임이 나에 의해 수행되며, 경험이 내 것이라는 느낌이다.[9]

예를 들어, 당신이 커피 머그잔을 집을 때 당신은 그 행동의 주체가 '나'임을 안다. 어떻게 아냐고? 머그잔이 당신의 손 쪽으로 움직이지 않았다. 당신은 머그잔을 보지 않아도 머그잔이 움직이지 않았다는 것을 안다. 이는 코를 만지는 것과 같다. 당신의 뇌가 손이 머그잔에 닿도록 궤적을 만든 것이다. 이런 신체의 예측 모형을 포워드 모델forward model이라고 부른다.

여기서 잠깐, 최소한의 자아도 속일 수 있다. 1998년, 카네기멜론대학교 심리학자 매튜 보트비닉과 조나단 코헨은 '고무손 환각'이라고 알려진 실험으로 이를 증명했다.[10] 먼저, 그들은 참가자가 팔을 탁자 위에 올려 둔 채 앉게 했다. 그리고 참가자의 팔을 참가자가 볼 수 없도록 가림막 뒤로 숨겼다. 그런 다음 연구자들은 고무 팔을 가림막 뒤에서 내밀어서 참가자가 볼 수 있게 했다. 참가자가 고무 팔을 지켜보는 동안, 연구자들은 부드러운 강모 브러시로 실제 팔과 고무 팔을 동시에 쓰다듬었습니다. 그러자 참가자의 80%가 가짜 팔에서도 브러시로 쓰다듬는 것을 느꼈다고 보고했다. 자아가 무생물에까지 확장된 것이다.

고무손 환각은 최소한의 자아도 시각과 촉각과 같은 다중 감각 입력의 통합에 의존한다는 것을 보여준다. 이 두 감각은 몸과 환경 사이의 경계를 정하는 데 핵심적인 역할을 한다. 하지만 시각과 촉각 신호가 충돌하면, 뇌는 고무손에 자아를 확장한 것처럼 주어진 정보를 이해하기 위해 최선을 다해 '예측'한다.

고무손 환각은 단지 재미있는 과학적 장난이 아니다. 이런 신경적 메커니즘은 자동차 운전 같은 일상적인 활동에도 적용된다. 오랫동안 타던 차를 운전할 때, 차량이 당신의 일부분처럼 느껴진 경험이 있는가. 보통 당신의 개인 공간은 당신 몸 주변의 후광 속에서 확장되지만, 차를 운전할 때는 그것이 자동차 자체를 감싼다.[11] 이는 당신이 단순히 자동차 안에 있기 때문에 느껴지는 감각이 아니다. 왜냐하면 당신이 차를 운전하지 않고 보조석에 있거나 새로운 차를 운전하면 이런 감각을 느낄 수 없기 때문이다. 당신이 오랫동안 타던 차를 운전하게 되면 뇌는 당신의 움직임에 따라 핸들, 액셀러레이터, 브레이크 페달이 반응하는 포워드 모델을 만들게 된다. 포워드 예측은 무의식의 형태로 뇌에 기억되며, 이것이 자동차가 곧 당신 신체의 일부분처럼 느껴지게 한다.

고무손 환각과 자동차에서의 자아의 확장은 자아감이 고정된 개념이 아니라는 것을 보여준다. 자아는 상황에 따라 역동적으로 확장되고 축소될 수 있다.

서사적 자아

지금까지 뇌로 들어오는 감각 정보의 흐름을 처리하는 최소한의 자아에 대해 알아보았다. 최소한의 자아가 지금, 이 순간의 당신이다. 내가 앞서 제기했던 질문을 떠올려보자. '이 순간의 당신이 어제의 자아나 어린 시절의 자아와 어떻게 연결되는가?' 답은 서사에 있다.

서사는 일련의 사건들을 연결한다. 당신의 서사는 당신의 삶, 당신에게 일어난 모든 것들을 포함한다. 주관적으로 보면, 이런 자아의 개념은 혼잡한 도로에서 순간적으로 길을 탐색하는 것과 달라 보인다. 이것은 시간에 걸쳐 확장되는 자아로, 현재의 '당신'과 어린 시절의 '당신'을 연결하며, 미래의 자아로 확장된다. 이를 '서사적 자아'라고 부른다. 모든 동물이 최소한의 자아감을 가지고 있지만, 이야기와 언어를 사용할 수 있는 인간만이 '서사적 자아narrative self'를 갖고 있다.

서사적 자아는 다소 추상적인 개념으로, 18세기 이후에야 철학자들이 이에 대해 논쟁을 시작했다. 스코틀랜드 계몽주의 철학자 데이비드 흄은 서사적 자아가 허구, 즉 삶의 순간들을 연결하

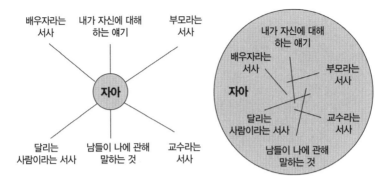

그림 6. 서사적 자아의 두 가지 이론
왼쪽: 데닛의 중력의 중심 모델. 오른쪽: 리코르의 분산된 자아 모델

기 위해 지어낸 동화 같은 것이라고 주장했다. 1990년대에는 철학자 대니얼 데닛이 서사적 자아가 추상적인 '중력의 중심', 즉 당신의 모든 측면을 잇는 연결점이라고 말했다.[12] 한편 프랑스 철학자 폴 리코르는 대안적 견해로 서사적 자아를 분산되고 비중심화된 것으로 정의했다.

나는 개인적으로 리코르의 설명이 타당하다고 생각한다. 최소한의 자아가 확장되고 수축할 수 있다면, 서사적 자아도 그렇게 할 수 있다. 이 개념을 완벽히 설명하기는 불가능해 보일 수 있다. 내가 이전 장에서 설명한 것처럼, 우리의 직관은 우리 자신에 대해 생각할 때 대게 실패한다.

그러나 신경영상학Neuroimaging은 자아를 이야기할 때 직관이 아니라 뇌가 어떻게 보이는지를 통해 설명한다. 자아를 구성하는 요소는 여러 가지가 있지만, 나는 서사에서 감정의 역할을 특히 강조하고 싶다. 그러나 감정은 극히 개인적인 것이어서 사람마다 감정—예를 들어 행복—을 경험하는 방식은 다를 수 있다. 마찬가지로, 내부와 외부의 촉각 감각은 사람마다 자기만의 방식으로 경험할 수 있다. 하지만 이 또한 빙산의 일각에 불과하다. 당신은 무수히 많은 방식으로 자신에 대해 생각할 수 있다. 물론, 신경과학자들은 어떤 방식으로 자신을 정의하든 자아를 생각하는 사람들을 스캔해 왔다.

자아에 대해 생각하는 사람들의 뇌를 스캔해 보면, 눈에 띄는 공통점을 발견할 수 있다. 이런 분석이 처음 시도된 것은 2006년이었는데, 연구자들은 자아에 대해 생각할 때 작동하는 뇌의 독립된 스트림을 발견했다. 이는 뇌의 중앙선을 따라 앞에서 뒤로 이어지는 피질 스트림이다.[13] 이를 피질 중앙 구조물cortical midline structure, CMS라고 부르는데, 이는 물리적 감각(예: 최소한의 자아)을 처리하는 감각 시스템과 기억, 상징적 표현(서사적 자아)에 의존하는 더 추상적인 표현을 연결하는 방식으로 배열된다고 여겨진다. 연구자들은 CMS 내에 자아와 연결될 수 있는 세분화된 영역이 있는지 살펴봤지만, 그 어떤 것도 발견하지 못했다. 나는 이 결과가 리코르가 제안한 분산된 서사적인 자아 모델과 일치한다고 주장하고 싶다.

CMS는 휴지상태 fMRI, 즉 rs-fMRI에서도 자주 나타난다.[14] 이름에서 알 수 있듯이 휴지상태 연구에서는 참가자가 스캔 기기 안에서 그 어떤 것도 하지 않는다. 그들은 편안한 상태에서 약

10분 동안 뇌 스캔을 받는다. 그런 다음 연구자들은 뇌 활동의 패턴을 조사하여 서로 상관관계가 있는 스트림을 찾아낸다. 놀랍게도 패턴이 존재한다는 결과가 나왔다. 일반적으로 마음을 복잡하게 해놓으면, 뇌 활동이 곳곳으로 날아다닐 것이라고 생각하기 쉽다. 그러나 사실은 정반대다. CMS는 실제로 활동에 있어서 변화를 보였지만, 그 변화는 서로 동기화되는 것으로 관찰됐다. 이 패턴이 발견되었을 때, 이것은 뇌가 다른 일을 하지 않을 때 기본적으로 작동하는 패턴이라는 뜻에서 기본 모드 네트워크DMN, Default Mode Network라고 이름 붙여졌다.[15]

결론적으로, CMS는 기본 모드처럼 항상 켜져 있고 자아를 구성하는 모든 시스템을 결합하기 위해 협력한다. 중앙선 활동은 외부 활동에 집중함으로써 감소시킬 수 있는데, 이것이 바로 심리학자 미하이 칙센트미하이가 몰입flow이라고 부른 상태이다.[16]

보고 싶은 대로 보는 것이 인간이다

당신의 베이지안 뇌는 당신이 경험하는 것(내부적이든 외부적이든)에 대해 항상 최선의 추측을 하는 한편, 자신이 얼마나 잘하고 있는지에 대한 피드백도 수집한다. 뇌가 감각을 잘못 해석하면 예측 오차가 발생하는데, 이는 무엇인가 수정되어야 한다는 신호이다. 예측 오차는 다음번에 뇌의 예측을 개선하는 데 사용된다. 이것이 예측 오차의 유일한 역할은 아니다. 당신의 뇌는 예측 오차에 맞춰 감각 입력도 조정한다.[17] 이는 말 그대로 당신이 보고 싶은 것을 보거나, 혹은 당신이 상상하는 대로 세상을 본다는 의미이다. 예를 하나 들어보자.

2015년, 드레스The Dress라고 알려진 인터넷 밈internet meme은 감각 조작이 얼마나 손쉬울 수 있는지를 잘 보여주는 사례다. 이 밈은 채색된 수평 띠로 만들어진 레이스 장식 드레스를 입은 사람의 이미지가 SNS에 올라오면서 시작되었다.

어떤 사람들은 이 수평 띠를 흰색과 금색으로 보았다. 다른 사람들은 파란색과 검은색으로 보았다. 과학자들은 이 현상에 매료되어 이러한 해석 차이를 이해하기 위한 여러 연구를 시작했다. 한 연구에서는 사람들의 57퍼센트가 드레스를 검정색과 파란색으로, 30퍼센트가 흰색과 금색으로, 11퍼센트가 갈색과 파란색으로 보았다고 말했다.[18]

더 흥미로운 것은, 드레스가 놓인 배경색을 바꾸면 사람들의 인식이 또다시 달라진다는 점이다. 베이지안 확률이 예측하는 대로, 사람들의 드레스에 대한 인식은 조명 조건(햇빛 대 형광등)에 대한 그들의 사전 가정에 영향을 받았다. 연구자들은 시각적 단서를 사용하여 다른 조명 조건을 암시함으로써 사전 가정을 수정할 수 있었다. 시각적 지각은 다른 모든 지각과 마찬가지로 능동적인 과정이기 때문에 이 방법이 효과가 있었다. 무엇을 볼지는 보는 사람이 결정한다. 한편 연구자들은 이미지의 다른 부분을 보면 인식이 바뀔 수 있음을 증명했다. 반대로 생각하면, 이미지의 어느 부분에 초점을 맞출지 선택하면 드레스 색상에 대한 기존의 예측을 강화할 수 있다.

시각 인식과 같은 기본적인 것에 대해 이런 식의 작업이 효과가 있다면, 내부적인 감정에 대해서는 더 효과가 있을 것이다. 왜냐하면 당신의 감정과 비교할 외부적이면서 공유된 진실이 없기 때문이다. 예를 들어, 불안해한다면, 그 감각을 불안이라고 해석할 수도 있고, 경험의 다른 측면에 집중하거나 호흡을 바꾸는 것으로 감각을 다른 해석에 맞게 바꿀 수도 있다. 이러한 주체성의 개념은 인지 행동 치료의 기초가 된다.

———

감각이 해석에 따라 바뀔 수 있다면, 자아에 대한 전체 인식도 바꿀 수 있다. 이를 위해서는 당신의 서사에 의식적인 변화를 주어야 한다. 이는 반전이라고 할 수 있겠다. 극단적으로 보면, 다른 사람이 되는 것이 가능하다. 다음 장에서는 우리가 어떻게 그리고 왜 다른 상황에서 다른 버전의 자신을 만들어내는지 알아보겠다.

6장

내 안의 다중 인격들

이 책의 시작 부분에서, 나는 모든 사람이 시간에 따라 세 가지 버전의 '자아'를 가지고 있다는 아이디어를 소개했다. 과거와 현재, 미래의 당신이 따로 또 같이 존재한다.

사실은 이보다 더 많은 '나'라는 버전이 실재한다. 우리는 모두 머릿속에 다양한 자신을 가지고 있다. 예를 들어 혼자 있을 때 버전과 특정 사회적 상황에서 나타나는 버전들이 다를 수 있다. 이렇게 생각하면, 당신은 어느 버전이 '진짜' 당신인지 구분할 수 있겠느냐는 질문이 조금은 잘못된 것임을 깨달았을 것이다. 우리가 가진 분리 능력 덕분에, 그들 모두가 '진짜'이기 때문이다.

분열된 자아에 대한 개념은 새로운 것이 아니다. 일찍이 지그문트 프로이트는 정신을 이드id, 이고ego, 슈퍼이고superego라는 세부분으로 나눴다. 칼 융은 모든 사람이 '그림자' 즉, 의식적인 면을 일시적으로 압도할 수 있는 어두운 면을 가지고 있다고 주장했다. 다만 프로이트, 융 모두 성격의 이러한 부분들이 자체적으로 완전하게 독립된 자아라고는 보지 않았다. 대신 물속에 잠긴 빙하와 같이 의식의 표면 아래에 존재하며 물 위로 드러난 자아에 영향을 미친다고 생각했다.

그러나 19세기 말과 20세기 초가 되면서 점점 더 많은 정신과 의사들이 구별되면서도 완전히 독립된 복수의 인격을 가진 환자가 있다고 보고했다. 다중 인격에 대한 개념은 20세기로 넘어오면서 점차 대중적인 관심을 끌게 됐다. 여기에는 책과 영화의 영향이 컸다. 대중의 높아진 관심에도 불구하고 당시 정신과 의사들은 다중 인격 장애Multiple personality disorder, MPD를 어떻게 해석하고 치료해야 할지 잘 몰랐다.

의료계에서는 지금도 MPD에 대해서는 명확한 해결책을 갖고 있지 않다. 다만 이제는 해리성 정체성 장애Dissociative Identity Disorder, DID라고 불리는 MPD에 대한 이해가 깊어지면서 '내가 생각하기에 나는 누구인가'라는 유동적인 특성에 대해 중요한 단서를 얻게 됐다.

현실판 지킬박사와 하이드, 크리스틴 비첨

인간이 다중 인격을 가질 수 있다는 개념은 1906년, 신경학자 인 몰턴 프린스가 그의 환자 중 한 명에 관한 기록을 출간하면서 알려지게 됐다.[1] 이 책은 다음과 같은 설명으로 시작한다.

크리스틴 L. 비첨(가명이다) 양은 여러 개의 인격이 발달된 사람이다. 진짜, 원래의 자아 즉, 그녀이면서, 자연에 의해서 의도되어 진 자아에 더하여, 그녀는 세 가지 다른 사람 중 어느 한 사람일 수 있다. 나는 세 명의 다른 사람이라고 말한다. 왜냐하면, 같은 몸을 사용하고 있지만, 그들 각각은 생각의 흐름, 견해, 신념, 이상, 성격, 취향, 습관, 그리고 기억에 있어서 확연히 차이를 보였기 때문이다. 세 인격들은 만화경처럼 변화무쌍하게 바뀌었으며, 종종 24시간 동안 여러 번 변화가 일어나기도 했다.

프린스는 의식의 분열을 설명하기 위한 용어를 처음 만들었는데, 그가 만든 용어가 현대 심리학의 일부가 되었다. 프린스는 다중 인격multiple personality이라는 용어를 좋아하지 않았으며, 부차적인 인격들이 원래의 완전한 자아의 일부임을 나타내기 위해 '분리된disintegrated'이라는 용어를 선호했다. 그는 또한 (이후에 널리 통용하게 된 용어인) '교대로 나오는 것alternates' 혹은 '또 다른 것alters'이라고도 불렀다.

처음부터 비첨 양이 자신의 다중 인격에 대해 불평하며 프린스 박사를 찾은 것은 아니다. 그녀는 23살이었을 때, 일련의 신체 증상을 포괄하는 모호한 증상인 신경쇠약neurasthenia을 치료받기 위해 프린스 박사의 진료실을 방문했다. 그녀는 두통, 불면증, 통증, 피로, 영양 부족 등으로 고통받고 있었다.

당시 정신과 의사들은 환자들을 치료하는데 필요한 효과적인 도구가 별로 없었다. 약리학적으로는 주로 모르핀morphine과 클로랄 하이드레이트chloral hydrate와 같은 진정제를 썼다. 이 두 약물은 흥분한 환자들을 진정시키고 잠들게 하는 데 매우 효과가 있어서 19세기 말까지 정신병원의 주요 치료제로 쓰였다. 20세기 초까지도 평상시 불안과 불면증을 겪는 사람들에게 일상적으로 처방됐다. 모르핀은 오늘날도 제한적으로나마 사용되고 있다. 반면 클로랄 하이드레이트는 적어도 1990년대 말 이후로는 일반적으로 사용되지 않는다. 100년 전에도 이 약물은 일명 납치용 약으로 불렸다. 클로랄 하이드레이트를 술에 섞으면 '납치용 약물을 음료에 섞어 누군가에게 몰래 먹인다'라는 의미인 미키 핀Mickey Finn이 된다. 누군가를 기절시키고 그 후에 일어난 일에 대한 기억을 잃게 만드는 데 미키 핀만큼 효과적인 혼합물은 없다.

프린스가 비첨 양에게 모르핀과 클로랄 하이드레이트를 처방했는지는 기록에 남아 있지 않다. 다만 프린스가 "미스 B.가 전통적인 방법에 반응하지 않았다"고 적었기 때문에 두 약물을 모두 사용했을 거라고 보는 편이 타당하다.

약물 처방에도 불구하고 병의 차도가 없자, 1898년 4월 5일, 프린스는 그녀에게 최면을 걸었다. 기록에 따르면, 이 과정은 며칠 동안 반복되었고, 그녀는 즉시 잠을 잘 자고 굶주린 듯이 먹기 시작했다. 그러나 이어지는 몇 주 동안, 프린스는 최면 상태에서 다른 인격들을 발견하기 시작한다. 처음 나타난 인격은 자신을 크리스Chris라고 불렀다. 크리스는 크리스틴Christine을 줄인 이름이다. 이후 그녀는 자신의 이름을 샐리Sally로 바꾸었고, 자신을 제3자로 언급하는 특이한 습관을 보였다.

시간이 지남에 따라 프린스는 샐리가 크리스틴과는 별개의 개성을 가진 인격이라고 확신하게 되었다. 크리스틴은 불안하고 우울했지만, 샐리는 대담하고 활기차며 '장난스러운 악마성'을 보였다. 샐리는 말을 더듬었지만, 크리스틴은 그렇지 않았다. 샐리는 크리스틴을 좋아하지 않았는데, 그녀를 '바보 멍청이'라고 불렀고, 일부러 담배를 피워서 크리스틴이 느낄 수 있도록 입 안에 나쁜 맛을 남기기도 했다. 이 모든 것이 약간 소설 《지킬 박사와 하이드》를 연상시킨다면, 우연이 아닐 수 있다. 로버트 루이스 스티븐슨이 쓴 이 소설은 1886년 출간됐는데 이때는 비첨 양이 프린스 박사에게 찾아가기 13년 전으로 이 작품은 이미 연극으로 만들어질 정도로 대중적 인지도가 있었다. 비첨 양은 어떤 식으로든 지킬 박사와 하이드 이야기를 알고 있었을 가능성이 높다.

《지킬 박사와 하이드》에서 하이드는 단순히 지킬의 악한 인격이 아니다. 지킬은 자신 본성의 이중성을 인식하고, 배의 키를 통제하기 위해 싸우는 두 명의 선장처럼, 하이드와 투쟁했다. 주변 사람들에게 지킬 박사는 진지하고 도덕적인 의사로 보였지만, 사적으로는 삶의 쾌락을 만끽하고 싶어 했다. 지킬 박사의 물약은 그가 부끄러움과 죄책감이라는 족쇄 없이 원하는 삶을 살 수 있게 해주었다. 지킬은 자신이 하이드일 때를 기억하고 있었고, 어떤 사람들은 그가 내내 하이드이기를 원했다고 주장했다.

지킬 박사가 결국 물약 없이도 하이드로 변하게 된 것처럼, 비첨 양도 최면 없이도 샐리로 변하기 시작했다. 샐리는 자신의 다른 자아에게 장난을 치기도 했는데, 예를 들어 비첨 양이 절대 가지 않을 약속에 참석하겠다는 편지를 썼다. 이런 일이 1년 동안 계속되다가, 제3의 인격이 나타났는데, 이 인격은 다른 두 인격에 대해 아무것도 몰랐기 때문에, 샐리는 그녀를 '바보'라고 불렀다. 몇 년간의 밀고 당기기 끝에, 프린스는 반복된 최면 세션을 통해 원래의 비첨 양과 '바보'로 지칭된 인격을 합치는 데 성공했다. 이 통합된 의식은 샐리를 몰아내어, 그녀를 '그녀가 온 곳으로' 추방했다.

이런 변신 이야기는 사실 오랜 역사를 가지고 있으며, 지금도 유행하고 있다. '지킬 박사와 하이드'의 현대판인 브루스 배너는 감마선에 노출된 후 인크레더블 헐크가 된다. 얼마 지나지 않아 배너는 감마선이 없어도 헐크로 변신할 수 있게 된다. 피터 파커는 방사능 거미에 물려 스파이더맨이 된다. 이처럼 인기 있는 슈퍼히어로들의 상당수가 어떤 종류의 마법적인 변신에서 기원했다는 사실은 이러한 이야기가 가지는 힘을 잘 설명한다.

왜 우리는 변신 이야기에 끌리는 것일까? 이유는 어쩌면 간단하다. 변신 이야기는 다른 정체성을 가지고 싶다는 본능적인 욕구를 반영하기 때문이다. 비첨 양의 이야기는 우리가 어떻게 성격을 구성하고 해체하는지에 대해 다음 두 가지 통찰을 제공한다.

첫 번째, '우리'라는 우산 아래에서 다른 인격들이 공존할 수 있다. 이는 얼핏 불가능해 보이는 것 같지만, 나는 비첨 양과 샐리가 서로 다른 사람이라고 진심으로 믿었다고 생각한다. 그녀의 자아는 상황에 따라 바뀌었다. 따지고 보면 우리 모두도 사회적 환경에 따라 자신에 대해 약간 다르게 인식하지 않는가? 직장에서의 당신, 친구들 사이에서의 당신, 가족 안에서의 당신, 그리고 부모, 형제자매, 자녀들 사이에서 서로 다른 당신이 있다. 그리고 혼자 있는 당신도 있다.

비첨 양과 우리 사이에 다른 점이 있다면 그 '정도'의 차이뿐이다. 지킬 박사와 하이드처럼 크리스틴 비첨은 그녀의 다른 자아들에게 각기 다른 이름을 붙였다. 우리 각자 안에 다양한 인격들이 있을 수 있다는 가능성을 인정하고, 각각에게 다른 이름을 붙이는 것은 극단적으로 보이지만, 사실 흔하다. 우리는 나의 다른 인격들을 '별명'으로 표현하곤 한다. 예를 들어, 나의 직업적인 이름은 번스 박사나 번스 교수이다. 이것은 내가 진료실에 앉아 있느냐, 교단에 서 있느냐에 따라 달라진다. 나의 필명은 '그레고리'

지만, 친구들은 나를 줄여서 '그렉'이라고 부른다. 어릴 때는 가끔 '버니' 또는 머리카락 때문에 '컬리Curly(곱슬머리란 뜻으로 내가 가장 싫어했던 별명이다)'라고 불렸다. 우리는 어느 정도까지는 우리의 정체성을 별개의 궤도에 있는 별처럼 유지한다.

두 번째, 비첨 양과 프린스 박사가 '함께' 다중 인격의 틀을 만들었다. 크리스틴 비첨의 다른 자아들이 나타난 방식을 생각해 보라. 그녀의 인격을 분열시킨 트라우마가 있었다는 증거는 없다. 그들은 프린스 박사가 그녀를 최면에 걸기 전까지 존재하지 않았다. 프린스 박사의 최면의 영향으로 그녀는 다른 두 개의 '분리된' 인격을 창조했다. 이는 지금까지 정신과학의 연대기에서 오랜 논란거리가 되고 있다.

프로이트의 거짓말

다중 인격 장애는 허공에서 나온 개념이 아니다. 20세기에 모호한 신체적, 정신적 증상에 시달리는 환자들은 대부분 여성이었다. 다중 인격은 별도의 장애로 간주하지 않았고, 히스테리 증상의 일부로 치부되었다. 히스테리는 휴지상태와 기억상실, 경련 발작, 근육 마비, 거식증, 그리고 마취증을 포함했다. 마취증이란 고통에 무감각해지는 증상을 말한다.[2] 히스테리hysteria라는 용어는 자궁womb을 뜻하는 그리스어에서 유래했으며, 이런 질병들이

'배회하는 자궁'에 의해 야기되었다는 고대의 믿음을 반영한다. 프로이트를 비롯한 20세기의 정신과 의사들은 더 이상 자궁이 돌아다닌다는 것을 믿지는 않았지만, 히스테리를 여전히 '여성의 문제'로 보았다.

다중 인격 장애/해리성 정체성 장애의 증상과 치료법은 프로이트의 동료 중 한 명인 장-마르탱 샤르코의 연구에서 기원을 찾을 수 있다. 의학 역사상 가장 영향력 있는 신경학자 중 한 명인 샤르코는 1860년대부터 1880년대까지 파리의 유명한 살페트리에 병원에서 활동했다. 그 시기에 그는 다발성 경화증과 나중에 파킨슨병이라고 불리게 된 병증을 최초로 기술한다. 또한 감각과 반사의 체계적이고 정확한 진단을 위한 신경학적 검사의 표준화를 선도했다. 해부학적 지식을 결합한 샤르코 검사는 현대의 방사선 영상이 도입되기 전까지 신경학적 문제를 줄이는데 크게 기여했고, 여전히 신경학적 상담에 쓰이고 있다.

프로이트는 샤르코의 연구에 영향을 받았지만, 히스테리의 원인에 대해서는 의견이 달랐다. 샤르코는 히스테리가 외상적 사건에 의해 발생한 신경학적 문제라고 보았고, 치료는 최면을 통해서만 이루어질 수 있다고 믿었다. 반면 프로이트는 히스테리가 정신분석을 통해 치료될 수 있는 정신성적psychosexual 문제라고 보았다.

그로부터 1세기가 지난 지금, 두 가지 견해 모두 그다지 관련이 있어 보이지 않는다. 부분적으로는 환자들이 더 이상 히스테리로 진단받지 않는다. 히스테리는 그 자체로 여성 비하의 뜻이 담겨있다. 현재 정신장애 진단 및 통계 매뉴얼 제5판DSM-5에서는 히스테리를 '전환 장애'라는 중립적 용어로 표기한다.

그렇다고 히스테리가 동반하는 증상이 사라졌다는 의미는 아니다. 몸은 다양한 이유로 신체 증상을 나타낸다. 그리고 소위 유기적 원인이 배제되거나 찾을 수 없을 때, 설명할 수 없는 신체적 고통을 겪는 환자는 과민대장 증후군이나 만성피로증후군 같은 기능성 질환에 시달린다. 이는 실제적인 신체적 고통을 동반하는 실체가 있는 증후군이며 이 병리는 신경계와 깊은 연관이 있다.

정신과학의 모든 분야에서, 프로이트는 지대한 영향력을 미쳤다. 지킬 박사와 비첨 양의 이야기 사이 시기에 프로이트는 다른 신경학자인 요제프 브로이어와 힘을 합쳐 히스테리에 관한 연구를 책으로 출간했다. 그들의《전체 사례집entire volume of case histories》은 정신분석 운동의 기초가 되었는데, 이 책에 등장하는 안나 O.의 이야기는 특히 관심을 모았다. 그녀는 소위 카타르시스 치료의 원형이 됐다.[3]

안나 O.의 이야기를 알아보기 전에 먼저 그녀는 브로이어의 환자였으며 그녀의 이야기는 브로이어의 관점에서 기록됐음을 기억하자.

브로이어의 말에 따르면, 안나 O.는 똑똑하고 매력적인 21살의 비엔나 여성으로 부유한 가정에서 자랐다. 안나의 문제는 그녀가 숭배했던 아버지가 결핵에 걸리면서 시작되었다. 그녀는 몇 달 동안 아버지를 돌보며 건강을 회복시키려 했지만, 그만 자신도 지쳐버렸고 결국 아버지와 떨어져 지내야 했다. 그녀는 장시간 잠을 잤으며 기침 발작을 일으키기도 했다. 그런 상태가 몇 달이 지속된 후 당혹스러운 다양한 신체 증상에 시달리기 시작했다. 시력에 문제가 생겼고 간헐적으로 우측 마비right-sided paralysis를 겪었다. 몸 일부분은 감각이 없었고, 말하는 데에도 어려움을 겪었다. 브로이어는 그녀가 상대적으로 정상적이지만 슬픈 사람과, 검은 뱀의 환영에 집착하는 병적으로 추악하고 흥분한 사람으로 나뉘었다고 썼다.

아버지가 죽자 안나는 완전히 무너졌다. 깊은 혼수상태에서 이틀을 보내고 깨어났지만 더 이상 가족들을 알아보지 못했다. 그녀는 브로이어만 알아보았다. 그녀는 브로이어가 옆을 지키지 않으면 먹기를 거부했다. 그가 일주일 동안 도시를 떠나 있자 상태가 더욱 악화됐다. 브로이어가 돌아왔을 때, 그는 오직 최면을 통해서만 안나의 의식을 회복시킬 수 있었다.

브로이어가 시도한 최면 세션은 일종의 대화 치료법이었는데, 그녀는 이 세션을 '굴뚝 청소'라고 불렀다. 세션 사이에 그녀는 엄청난 불안감에 시달려서 클로랄 하이드레이트를 과량 복용해야만 진정할 수 있었다. 브로이어에 따르면, 안나의 성격은 결국 완전히 무너져 내렸다. 그녀는 상대적으로 정상적 인격과 병적인 인격 사이를 오갔는데, 특이하게도 병적인 안나는 건강한 안나와 1년 차이가 나는 시간대에 살고 있다고 믿었다.

브로이어는 6개월 동안 최면 세션을 계속했으며, 각각의 안나의 증상을 대상으로 카타르시스를 가져오기 위해 노력했다. 증상이 시작된 지 2년 후인 1882년 6월, 브로이어는 안나가 회복했다고 기록했다. 3년 후, 그와 프로이트가 그들의 보고서를 출간했을 때, 안나는 여전히 건강하다고 언급했다.

그들의 보고서에서 안나의 사례가 등장한 이후 70년 동안 그녀는 카타르시스적인 대화 치료의 전형이 되었다. 하지만 불행하게도 안나가 건강을 회복했다는 기록은 진실이 아니다. 프로이트도 이를 알고 있었고, 1925년 융에게 안나가 치유되지 않았다고 말한 것으로 전해진다.[4]

1953년, 안나의 진짜 이름이 베르타 팝펜하임이라는 사실이 밝혀졌다.[5] 팝펜하임의 삶에 대한 세부 사항을 파헤치는 것은 어렵지 않았다. 그녀는 비엔나 유태인 사회에서 잘 알려진 인물이었다. 1880년대, 그녀는 사회 문제에 깊이 관여했는데 이 경험이—지금의 진단으로 보자면—신경 붕괴를 불러온 원인으로 보인다. 그녀는 발트 지역을 다니며, 강제로 성노예로 팔린 유태인 여성들을 거래하는 곳을 찾아내는 활동을 했다. 이러한 버전의 팝펜하임을 브로이어가 묘사한 안나와 조화시키기는 어렵다. 캐나다 정신과 의사 헨리 엘렌버거가 수행한 의학적 탐정 작업으로 비엔나 외곽의 요양원에서의 팝펜하임의 치료에 대한 원본 기록이 발견되었다. 안나 O.에 관해 출간된 보고서에서 주장된 대화 치료와는 달리, 그녀의 얼굴 경련을 진정시키기 위해 고용량의 클로랄 하이드레이트와 모르핀이 과도하게 사용되었음이 밝혀졌다.

안나 O.의 이야기는 그녀의 진짜 삶과 무관하게 몇몇 영향력 있는 의사들의 의제에 맞게 '편집'됐다. 프로이트는 그녀를 대화 치료의 대표적인 사례로 규정했지만, 우리는 그녀가 겪은 증상의 진짜 원인을 결코 알 수 없다. 그녀는 히스테리의 전형으로 '선택'되었지만, 만약 지금이라면 측두엽 발작temporal lobe epilepsy으로 진단받았을 것이다. 안나의 이야기는 프로이트와 브로이어가 홍보하고자 했던 미리 규정된 이야기에 들어맞게 왜곡되었다. 불행하게도, 그 이야기는 거의 1세기 동안 널리 퍼졌고 히스테리의 정신과 치료와 다중 인격 장애에 대한 대중의 인식을 형성하는 데 영향을 미쳤다.

대중이 사랑한 다중 인격 이야기

안나 O.와 비첨 양의 사례는 히스테리에 대한 일반의 이해를 넓히는데 널리 활용되었지만, 처음 출간되었을 당시에는 대중의 관심을 크게 끌지는 못했다. 반면 1950년대의 이브 화이트와 1970년대의 시빌의 이야기는 말 그대로 처음부터 폭발적인 인기를 모았다. 그때까지 히스테리와 그에 따른 인격의 붕괴는 정신과 의사들만의 관심사였다. 그러다 이브와 시빌의 이야기가 대중에게 알려지면서 이브와 시빌이 사전에 등재됐으며 MPD는 어디에서나 보고되는 증상이 됐다.

이브 화이트는 조지아주 시골에 살았는데 그곳은 유명한 마스터스 골프 토너먼트가 열리는 곳에서 멀지 않았다. 심한 두통에 시달리던 이브는 자신이 살던 곳에서는 정신과 의사라고는 찾아볼 수 없었기에, 한때 조지아의 주도였던 오거스타 시의 조지아 의과대학에 가서 건장하고 금발머리인 코르벳 티그펜이라는 의사를 만났다. 티그펜이 이브에 관심을 가지게 된 이유는 두통보다는 두통에 따라오는 기절 때문이었다. 이브가 몽유병적 도피 상태에서 일어난 일들의 기억을 회복하도록 돕기 위해, 티그펜은 브로이어가 안나와 했던 대로, 그리고 프린스가 비첨 양에게 했던 대로 최면을 걸었다.

티그펜이 설명한 최면 치료 과정을 살펴보자.[6] 최면을 걸자 "조용하고 억제된 이브 화이트의 자세가 녹아내려 활기찬 안색으로 변했다. 그녀는 나를 바라보며 부드럽고 놀랍도록 친밀한 웃음소리를 내면서 다리를 꼬았다. 그녀는 소극적이고 부드럽던 보수적인 여성 대신, 어린애 같은 대담한 분위기, 성적으로 장난스러운 시선을 던졌다." 그녀는 자신을 '이브 블랙'이라고 불렀다.

이브의 이야기는 비첨 양의 이야기와 놀랍도록 닮아있다. 이브 화이트는 결혼했지만, 이브 블랙은 그렇지 않다고 주장했다. 블랙은 파티를 좋아했고, 며칠 동안 사라져서 '낯선 사람들과 어울리려고' 했다. 물론, 이브 화이트는 블랙의 행동에 대한 기억이 없다고 주장했다. 티그펜과 그의 동료 허비 클렉리는 뇌파전위기록술electroencephalography로 그녀의 뇌파 패턴을 포함하여 여러 표준화된 테스트를 사용해서 이브의 인격을 평가했다. 뇌파도Erectroencephalogram, EEG는 결론이 나지 않았지만, 화이트는 블랙보다 약간 더 높은 IQ를 보였다. 티그펜과 클렉리가 이브를 치료한 14개월 동안 그들은 100시간 넘게 최면 치료를 했다. 이 치료가 끝날 때쯤 자신을 제인이라고 부르는 세 번째 인격이 나타났다.

이브의 이야기는 티그펜과 클렉리가 언론인들도 참석한 1953년 미국 정신과 의사 협회 대회에서 그녀의 사례를 발표하지 않았더라면, 그저 정신의학의 연대기 속에 덮여 있었을 것이다. 하지만 이브의 이야기가 언론을 타고 퍼지자, 대중은 그 이야기에 매료되었다. 티그펜과 클렉리는 이브를 설득하여 그녀의 이야기에 대한 권리를 넘겨받았고, 1957년 출간된 《이브의 세 얼굴The Three Faces of Eve》은 베스트셀러가 되었다. 같은 해, 조앤 우드워드가 이 책을 각색한 영화로 아카데미 여우주연상을 수상했다. 영화에서는 여러 이브들은 사라지고 제인은 행복하게 살았다.

이브의 이야기가 환상적이라면, 시빌의 이야기는 음란함을 한 단계 더 끌어올린 버전이다.

시빌의 실제 이름은 셜리 메이슨이다. 그녀는 1950년대 미네소타에서 자란 어린 시절부터 다양한 신체 질환과 기절로 고생했다. 제7일 그리스도 재림파 가정의 외동딸이었던 셜리는 인형과 상상 속의 친구들과 놀면서 청소년 시절을 보냈는데, 그녀의 어머니는 그런 놀이를 악마의 짓이라고 보았다.[7] 그러던 어느 날, 주치의의 제안으로, 셜리는 네브래스카 주 오마하에 있는 정신과 의사 코니 윌버를 찾게 된다. 윌버는 야망이 있는 여성이었다. 윌버는 자신이 정신과 의사로서 유명해질 가능성이 낮은 지역에 갇혀 있다고 보았다. 당시 정신분석학의 거점은 뉴욕이었다.

윌버는 다른 환자들과 비교할 때 흔치 않게 똑똑한 셜리에게 호감을 느꼈다. 셜리는 윌버 박사를 언젠가 되고 싶은 세련된 여성으로 이상화했다. 하지만 윌버는 뉴욕에서 자신의 경력을 펼치기 위해 오마하를 떠날 계획을 갖고 있었다. 그들의 치료 세션은 6개월 만에 끝났고, 셜리와 윌버의 인생길이 9년 후에 다시 교차하리라고는 당시에 생각할 수 없었다.

9년이 지난 시점에서 셜리가 뉴욕에서 윌버 박사를 어떻게 찾았는지는 명확하지 않다. 하지만 윌버가 새롭고 강력한 진정제와 정신 치료를 결합한 매우 성공적인 진료소를 운영하고 있었기 때문에 찾는데 어렵지 않았을 것으로 보인다. 그녀가 사용한 약물들은 대부분 바르비투르산염barbiturate, 티오펜탈thiopental, 아모바르비탈amobarbital과 같은 것들이었고 이 약물들은 범죄 수사에서 진실 혈청truth serum으로 불리며 인기를 얻고 있었다. 윌버는 그녀를 찾아온 셜리에게 숙면을 위한 세코날Seconal과 월경통을 위한 아스피린-암페타민aspirin-amphetamine 혼합물을 포함한 진정제 칵테일을 처방했다.[8] 몇 달 동안 각성제와 진정제를 복용한 후, 셜리는 자신이 페기라는 이름의 작은 소녀라고 주장하며 윌버 박사의 사무실에 나타났다. 그다음 주에는 빅키라는 이름으로 나타났고, 이후에는 두 명의 페기 즉, 페기 루와 페기 앤이 되었다.

윌버는 셜리가 다른 인격으로 뉴욕을 돌아다니는 동안 무슨 일이 일어났는지 알고 싶었다. 그래서 그녀는 펜토탈Pentothal(전신 마취약-옮긴이)을 사용한 최면 인터뷰를 시도했다. 그들은 정기적인 세션을 진행했고, 세션 때마다 셜리의 정맥에는 바르비투르산염으로 가득 찬 주사기가 달렸다. 윌버는 이 모든 과정을 녹음했다.

그들의 대화는 환자와 치료사 사이의 비밀로 남을 수도 있었다. 하지만 윌버에게는 다른 계획이 있었다. 윌버는 셜리와 나눈 대화 녹음 테이프와 노트를 모아서 플로라 슈라이버라는 작가에게 책으로 만들어보자고 제안했다. 그녀는 플로라를 셜리에게 소개했고, 셜리 또한 비슷한 문제로 고통받는 다른 사람들에게 자신의 이야기를 전하고 싶었다.[9] 책의 최종 버전에서 그들은 셜리의 이름을 '시빌'로 바꾸었고, 1973년 출간되자마자 베스트셀러에 올랐다. 1976년 시빌 역으로 샐리 필드가 주연한 영화가 만들어졌는데, 이전에 이브 역할을 맡았던 조앤 우드워드는 이번에는 정신과 의사를 연기했다.

이러한 다중 인격 장애 이야기들은 그 자체로 매력적이며, 모든 사람에게 일어날 수 있는 극단적인 예시이다. 현재 정신과 의사들은 '자신이 자신이 아닌 것처럼 느끼는 정신 상태'를 설명하기 위해 해리dissociation라는 용어를 사용한다. 자신의 위에 떠있거나, 제3자의 관점에서 사건을 보거나, 극단적으로는 정신이 다른 인격으로 완전히 분열되는 형태처럼, 해리는 자신의 몸 밖에서 자신을 관찰하는 형태로 나타날 수 있다. 해리는 우리 기억의 유동성을 보여주기에 자아 구성에 중요한 단서를 제공한다. 누구라도 제3자 관점에서의 기억을 가질 수 있다. 하지만 당신은 물리적으로 자신을 볼 수 없으므로, 이는 실제로는 불가능하다.

뇌 과학자가 경험한 유체이탈

내가 가장 선명하게 기억하는 제3자적 기억은 청소년 시절에 겪었던 교통사고이다. 나는 십 대 시절 어디든 자전거를 타고 다니던 아이였다. 16살 때부터는 부모님의 차를 빌릴 수 있었는데도 자전거를 타는 자유를 즐겼다. 그러던 어느 날, 고속도로와 평행으로 나 있는 진입로를 따라 자전거로 달리고 있었는데 갑자기 고속도로의 가장 오른쪽 차선을 달리고 있던 트레일러가 갓길로 치우쳤다. 곧이어 트럭이 철조망을 뚫고 100킬로미터의 속도로 나를 덮쳐왔다. 그 장면을 눈으로 보면서도 나는 도대체 무슨 일이 일어나고 있는지 이해할 수 없었다.

그때가 내 기억이 제3자 시점으로 조각난 순간이었다. 지금 내가 가진 기억은 다음과 같다.

나는 자전거를 타고 있는 내 모습을 볼 수 있을 정도로 나 자신의 뒤 위쪽에 떠 있었다. 운전자가 나를 치지 않으려고 마지막 순간에 방향을 틀 때, 나는 그의 눈에 드러난 공포를 볼 수 있었다. 운전석이 내 바로 앞에 있는 언덕에 세게 부딪히면서 트럭은 느리게 잭나이프처럼 접혔고, 거대한 먼지구름이 일었다. 몇 분 후에 먼지구름이 사라지기 시작했고, 언덕 위에 튕겨 나온 나와 운전사의 모습이 보였다. 나는 그들에게 달려갔다. 둘 다 살아 있었고, 고통에 신음하고 있었다. 하지만 다른 사람들이 도착할 때까지 내가 할 수 있는 일은 없었다. 다만 트럭 운전자가 목이 마르다며 물을 달라고 했기 때문에 내 물병을 준 기억은 있다. 당시에는 몰랐지만, 아마도 그는 충격으로 인해 내부 출혈이 있었던 것 같다. 얼마 후, 한 남자가 내게 다가와서 말했다.

"꼬마야, 내가 언덕 위에서 모든 걸 다 봤어. 네가 죽은 줄 알았다."

잠시 후, 구급대원들이 도착해서 두 사람을 데리고 갔다. 내가 겪은 경험은 의학적으로 비인격화depersonalizatioin라고 불리는 증상이다. DSM-5에서는 비인격화를 '자신의 생각, 감정, 감각, 몸, 행동에 대해 비현실적이거나 분리되었거나 외부 관찰자인 것 같은 경험'이라고 정의한다. 비인격화는 생각보다 흔하다. 1995년 여름 노스캐롤라이나 지역의 조사 결과, 지역 주민의 19%가 지난 1년 동안 비인격화 증상을 경험했다고 보고했다.[10] 비현실화 Derealization는 비인격화와 유사한 증상으로, '꿈같고, 안개 같고,

생기 없는, 또는 시각적으로 왜곡된' 경험을 특징으로 한다. 같은 조사에서 지역 주민의 14%가 비현실화 증상을 경험한 것으로 나타났다.

시간 확장time dilation은 비현실화의 한 형태이다. 비인격화와 비현실화는 다중 인격 장애MPD나 현대 용어로 해리성 정체성 장애 DID라 불리는 증상과 일부 공통점을 가지고 있지만, 완전히 같은 것은 아니다. 비인격화를 겪을 때는 제3자적 시점을 갖게 되지만 관찰 대상이 자기 자신임을 인지한다. 그러나 MPD는 자기 자신으로부터 완전히 분리된다.

인격이 분열되는 원인이 되는 사건은 일반적으로 트라우마 경험이라고 생각되지만, 일부 연구자들은 이를 의심하고 있다. 대안적으로 제시된 해석은 MPD와 DID가 사회적 학습과 문화적 기대에 의해 발현된다는 것이다.[11] 사회문화적 이론으로 보자면, 일부 사람들은 이브와 시빌의 이야기를 듣고서 자신의 인격을 분열시켰다. 실제로, 시빌의 이야기가 출간된 후에 DID와 MPD 보고가 급격히 증가했다. 더 나쁜 사례로는 일부 치료사들이 환자들에게 일종의 신호를 주는 법을 배워서 억압된 기억과 '나와 말을 나누지 않은 내 일부분'을 찾아내려고 했다. 이런 치료사들의 진단을 고려할 때, MPD/DID가 실제로 존재하는지 의문을 가지는 것은 당연하다.

하지만 매년 5명 중 1명은 비인격화 증상을 겪고 있으며 거의 모든 사람이 인생에서 어떤 형태로든 해리를 경험한다. MPD/

DID는 해리의 가장 극단적인 형태다. 대부분의 사람은 트라우마를 유발하는 사건을 경험하더라도 깊고 오래가는 인격 분열을 겪지 않는다. 그러므로 우리는 가끔 발생하는 비인격화부터 드물게 발생하는 온전한 인격 분열에 이르기까지 해리 경험의 스펙트럼을 넓게 잡아야 한다. 우리는 해리가 인간 경험의 정상적인 부분이며 또한 마음의 창작물이란 점을 받아들여야 한다. 물리적으로 우리의 몸을 벗어나서 자신을 관찰할 방법은 없다. 그렇다면 왜 이런 경험이 매우 현실적으로 느껴지는 것일까?

경험의 기억은 실제 일어난 일과 반드시 같지 않다. 실제 경험은 한 번만 일어나고 기억의 조각으로 저장된다. 그러나 기억은 영화 편집자가 프레임을 이어 붙이는 것처럼 회상될 때마다 재구성된다. 그리고 재구성할 때마다, 그 기억은 현재의 조건에 따라 조금씩 변형된다.

내 경우에는, 도로에서 자전거를 타고 있던 경험을 처음으로 회상한 것은 사건을 목격한 남자가 내게 다가와서 내가 죽은 줄 알았다고 말했을 때였다. 실제 사건이 일어난 지 몇 분도 안 되었지만, 그가 '언덕 위에서 모든 걸 다 봤어'라고 말했을 때 내 뇌는 이미 편집을 하고 있었다. 그 말을 듣고서, 나는 그의 시점에서 일어난 일을 목격하는 상상을 했다. 나는 사고 직후에 아드레날린이 넘치는 상태였기 때문에, 첫 번째 기억은 실제 경험과 섞여 버렸다. 나는 사건들이 여전히 진행되고 있는 시점에서 그것을 머릿속에서 재생했기 때문에, 상상 속의 제3자의 기억이 제1

자 기억과 뒤엉킨 것은 놀랄 일이 아니다. 40년이 지난 지금, 나는 나 자신의 진짜 경험과 첫 번째 상상된 재경험의 결과를 구분할 수 없다.

한 번에 여러 버전의 이야기로 자신을 생각하기는 어렵다. 이야기는 공간의 제약을 받기 때문에, 당신은 한 번에 하나의 장소에만 있을 수 있다. 해리는 우리를 이 제약에서 해방시킨다. 만약 내가 내 몸 위로 떠올라 다른 시점에서 나를 관찰한다면, 나는 동시에 두 곳에 존재함으로써 공간의 제약을 정신적으로 벗어날 수 있다. 우리가 다른 시점으로 해리할 수 있다면, 그것은 우리 머릿속에 다른 이야기꾼들이 있다는 뜻이 된다.

배트맨을 생각해 보라. 그는 브루스 웨인으로 정직하게 살고 있다. 그 자신의 하이드 박사인 배트맨이 되기 위해 마법의 물약이 필요 없다. 클라크 켄트로 위장하고 있는 슈퍼맨도 마찬가지다. 토니 스타크(아이언맨)는 자신의 변신을 스스로 발명했다는 점에서 특히 매력적이다.

일단 변신 이야기를 찾기 시작하면, 어디서나 만날 수 있다. 이는 문화적으로 허용된 다른 정체성을 취하는 방법이다. 코스프레와 롤플레잉 게임의 인기를 보라. 누군가는 이들의 정체성이 단지 환상이며 이런 활동들은 오락일 뿐이라고 주장할 수 있다. 하지만 과연 그런가? 코믹콘Comic-Con이나 버닝맨Burning Man과 같은 연례 행사에 참여하는 일부 사람들은 한 해의 대부분을 그 행사를 준비하는 데에 바친다. 그들이 스스로 자아를 정의할 때, 과연 그들의 정체성은 평소의 그들일까, 아니면 축제의 그들일까. 아니면 둘 다일까.

———

　지금까지 우리의 뇌가 우리가 살고 있는 세계를 해석하기 위해 서사를 어떻게 모형으로 사용하는지에 대한 근거를 알아보았다. 이러한 이야기는 우리 자신의 경험에서 나오지만, 그것들은 우리가 살아가는 동안 듣게 되는 이야기들에 덧씌워진다.

　다음 장에서는 우리가 소비하는 이야기들에서 반복적으로 나타나는 익숙한 서사 구조들을 살펴볼 것이다. 우리는 어디에나 있음 직한 이야기들에 우리 자신의 경험을 투영한다. 다중 인격 이야기들도 이런 서사의 변형이며, 정도의 차이는 있을지언정, 해리의 스펙트럼 위에 있다. 우리는 저마다 다양한 정체성을 갖고 있다. 머릿속에 있는 다른 서사의 흐름을 채널 서핑(텔레비전이나 라디오의 채널을 빠르게 바꿔가며 원하는 프로그램을 찾는 행위 - 옮긴이)하는 것처럼, 각 트랙은 과거, 현재, 미래를 통해 서로 다른 궤적을 연결한다.

내가 믿는 이야기가 나를 만든다

7장에서는 시간을 바꾸는 뇌의 교활한 능력을 살펴본다. 당신은 현재를 살아가고 있다고 믿겠지만 사실 당신의 뇌는 지금 이 순간에도 이미 지나간 과거의 정보를 처리하느라 바쁘며, 동시에 끊임없이 다음에 일어날 일을 예측함으로써 남들보다 한발 앞서려고 애쓴다. 뇌의 이런 특성은 다음 세 단어로 정리할 수 있다. 해리dissociation, 압축compression, 예측prediction. 이 세 가지 과정은 개인 서사의 성스러운 삼위일체다. 각 과정은 서로 다른 이유로 진화했으며 거의 모든 포유류에서 어떤 형태로든 발견할 수 있다. 인간은 이 세 가지 과정을 통해 과거, 현재, 미래를 결합하고 삶의 서사를 구성한다.

내가 누구인지 생각해 보라. 이때 떠오르는 모든 것들이 삶의 서사들이다. 출생, 직업, 배우자, 아이들 등에 관한 이야기들 말이다. 다중 인격의 경우에서 보았듯이, 해리, 압축, 예측의 삼위일체는 여러 가지 방식으로 배치되어 다양한 서사를 만들어 낸다. 당신이 나만의 핵심적인 서사라고 생각하는 것도 그 많은 가능성중 하나에 불과할 수 있다. 우리 뇌에서 이러한 이야기들이 어떻게 만들어지는지 이해하기 위해서는, 서사 과정을 분해해 볼 필요가 있다.

미신의 탄생

일련의 사건들이 발생하면 뇌는 그 사건들을 연결해 서사를 구성한다. 이때 그 연결의 인과성은 그리 중요하지 않다. 나와 같은 학자들은 손가락을 흔들며 상관관계가 인과관계와 같지 않다고 말하며, 이러한 종류의 인지 오류를 논리적 오류의 대표적인 예시라고 말할 것이다. 두 사건이 연속해서 일어났다고 해서 첫번째 사건이 두 번째 사건이 일어나는 데 반드시 영향을 미쳤다고 볼 수는 없기 때문이다.

그러나 인간은 명백히 인과관계가 없는 사건들조차 연결해서 해석하는 경향이 있다. 왜 그럴까? 한 가지 가능성은, 우리의 뇌가 인과성의 환상을 만들어내기 때문이다. 이때 서사는 '그렇지않으면 무서울 정도로 무작위적인 세상'을 연결하는 접착제 역할을 한다. 미신은 이런 서사의 전형적인 예이다. 누구나 자신만의 미신 한 두 가지는 가지고 있을 것이다. 나도 마찬가지다. 나는 새로운 실험을 시작할 때마다 특정한 티셔츠를 입는다. 그 옷을 입으면 실험이 잘 되는 것 같다. 말이 안 되는 것을 알지만, 그 느낌은 강렬해서 외면할 수 없다. 해가 되는 것도 아니지 않은가?

프로 야구 선수들은 잘 알려진 대로 다양한 미신을 신봉한다. 일부 미신은 매우 흔해서 게임의 불문율로 통하기도 한다. 어떤 투수들은 선발 등판을 할 때면 면도를 하지 않거나 파울 라인을 밟지 않도록 조심한다. 어떤 타자는 연속으로 안타를 치면 같은 배트를 계속 사용하거나 같은 속옷을 계속 입는다. 이처럼 미신은 인과관계가 없는 사건들이 하나의 서사로 엮이는 강력한 예시라 하겠다.

내 티셔츠 미신을 분석해 보자. 나는 이 미신이 어떻게 생겨났는지 정확히 알고 있다. 2014년, 내가 실험용 개들에게 깨어있으면서 구속받지 않은 상태로 MRI 스캐너에 들어가도록 가르치는 새로운 프로젝트를 시작한 지 2년이 지났을 때였다. 이 프로젝트의 목표는 개들이 무엇을 생각하는지 해독하는 것이었다.[1] 내가 프로젝트에 동원된 개들을 얼마나 사랑하는지 알고 있던 우리 아이들은 아버지의 날을 맞아 '세 마리 늑대 달moon'이라는 문구가 적힌 셔츠를 선물했다. 나는 장난삼아 개들을 스캔하는 날이면 그 셔츠를 입었다. 개의 fMRI를 찍는 일은 매우 까다롭다. 잘 훈련된 개들도 가끔은 실험을 힘들어했고 스캐너 안에서 늘 불안해

했다. 그런데 그 셔츠를 입은 날이면 눈에 띄게 좋은 스캔 결과를 얻을 수 있었다. 아니 그렇게 느껴졌다. 아마도 내 생각에, 셔츠에 뭔가가 있는 것 같았다. 서사는 이런 식으로 만들어진다.

특정 믿음이 미신인지 참인지 따져보기 위해서는 상관관계와 인과관계를 살펴봐야 한다. A와 B 사이의 인과관계가 성립하려면 A가 B에 변화를 일으키는 원인이라는 증거가 필요하다. 시간은 단방향이기 때문에, 원인이 되는 사건은 결과보다 시간적으로 선행해야 한다. 나는 스캔하기 전에 티셔츠를 입었기 때문에, 셔츠와 실험 결과 사이의 시간적 요건은 충족한다. 하지만 둘 사이에 반드시 인과관계가 성립한다고 볼 개연성은 부족하다. 상관관계란 두 사건이 함께 일어날 가성이 있다고 추측되는 경향을 의미하는데 셔츠와 실험 결과 사이에 직접적 관계가 있다는 객관적 증거 역시 부족하다. 왜냐하면 내가 실험 때마다 셔츠를 입기 때문에, 셔츠를 입지 않았을 때도 좋은 실험 결과가 나올 가능성을 테스트할 기회가 없었다. 셔츠와 실험결과 사이에 인과관계 또는 상관관계가 인정되려면 무작위 표본추출을 통해서 정확한 측정값을 측정할 필요가 있다. 예컨대 매 실험 날에 동전을 던져서 앞면이 나오면 티셔츠를 입고, 뒷면이 나오면 입지 않아야 한다. 그리고서 셔츠를 입은 날과 입지 않은 날의 실험 결과를 비교해야 한다. 그런데, 고맙지만 사양하겠다. 좋은 미신은 그대로 두고 싶다.

결과적으로 나는 티셔츠와 실험 결과 사이에서 (스스로 인정한 적은 없지만) 승-유지/패-변경이라고 하는 흔한 '정신적 휴리스틱mental heuristic(정확한 절차를 사용하지 않고 경험과 직관에 의존해 대충 때려 맞히는 방법 – 옮긴이)'을 적용했다. 이 전략은 간단하다. 결과가 좋다면 하던 방식을 계속 유지하고, 나쁜 일이 일어나면 조건을 바꾼다. 이는 프로야구 선수들의 미신 작동 방식과 비슷하다. 프로야구 선수들은 반년이 넘는 긴 시즌과 야구라는 운동의 반복적인 특성 때문에 이러한 믿음에 쉽게 빠진다. 야구는 (축구와 달리) 연속되는 안타, 아웃, 승리, 패배의 기회가 많다. 어떤 선수든지 우연에 의해서 연타와 부진을 겪을 수 있지만, 선수들은 우연을 그저 우연으로 받아들이기 보다는 이유를 찾으려고 한다.

승-유지/패-변경 전략은 인간만이 할 수 있는 복잡한 사후적 설명처럼 들린다. 하지만 동물들도 비슷한 행동을 한다. 19세기 말부터 20세기 초까지 컬럼비아대학교의 심리학자였던 에드워드 손다이크는 다양한 동물들의 행동을 관찰한 결과, 동물들도 '특정 상황에서 만족스러운 효과를 일으키는 행동은 지속하고, 불편한 효과를 일으키는 반응은 하지 않는다'고 했다. 손다이크의 효과 법칙이라고 불리는 이 법칙은 B.F. 스키너가 제시한 운영 조건화operant conditioning 이론의 토대가 됐다. 손다이크와 스키너의 연구는 동물 실험에 기반하고 있는데 한가지 대표적인 사례를 소개한다.

하버드대학교에서 윌리엄 제임스와 함께 공부하던 손다이크는 고양이를 위한 퍼즐 상자를 개발해 제임스의 집 지하실에 두었다.[2] 그 상자는 고양이가 밟으면 열리는 비밀문이 있는 간단한 장치였다. 손다이크는 고양이를 상자 안에 넣고 밖에 우유 접시를 놓았다. 처음에는 고양이가 필사적으로 탈출하려고 하다가 우연히 발판을 밟아 문을 열었다. 손다이크가 실험을 반복할수록, 고양이가 난동을 부리는 시간은 줄어들었고, 결국에는 바로 문을 열 수 있게 됐다.

심리학자들은 효과 법칙을 다윈의 자연선택 이론에 빗대 설명한다. 이 법칙에 따르면, 성공적인 행동은 성공적인 생물체와 마찬가지로 살아남고, 실패한 행동은 살아남지 못한다. 실제로 여러 실험에서 고양이, 개, 비둘기와 같이 이름을 댈 수 있는 모든 동물이 손다이크의 효과 법칙을 따랐다. 그래서 인간도 그렇게 하는 것이 놀랍지 않다.[3] 유일한 차이점이라면 인간은 여기에 사후적인 설명 즉, 서사를 덧붙인다.

동물도 미신을 믿는다

효과 법칙은 습관에 대해 간단하지만 강력한 설명을 제공한다. 손다이크가 명시적으로 표현하지는 않았지만, 동물의 행동과 이로 인해 발생하는 결과는 공간, 시간적으로 붙어 있어야 한다. 미신도 마찬가지다. 예를 들어, 나는 성공적인 실험과 전날 밤에 먹은 저녁 사이에 미신적인 믿음을 형성할 수도 있었지만, 셔츠가 더 가까운 거리에 있었다. 공간적으로, 나는 MRI 시설에서 셔츠를 입고 있었고 시간적으로 좋은 결과가 나왔을 때도 셔츠를 입고 있었다. 스키너의 운영 조건화의 기본 원리는 결과가 행동 바로 뒤에 따라올 때, 학습이 가장 잘된다는 것이다. 마찬가지로 미신적인 믿음은 사건들이 서로 가까이 발생할 때 형성될 가능성이 높다.

손다이크와 스키너의 설명에 따른다면, 동물들도 미신을 가질 수 있을까? 대답은 '그렇다'.

B. F. 스키너의 논문 중에 〈비둘기의 미신〉이라는 제목의 연구가 있다.[4] 이 연구에서 스키너는 50년 전에 손다이크가 고양이에게 했던 것처럼 굶주린 비둘기를 새장에 넣었다. 새장 안에는 솔레노이드 밸브solenoid valve가 있어서 15초마다 음식 알갱이가 밸브에서 나왔다. 처음에는 비둘기들이 새장 안을 돌아다니며 이것저것을 쪼았는데, 효과의 법칙에 따라, 음식이 나올 때에 했던 행동이 강화됐다.

여기서 잠깐, 손다이크의 실험과 달리, 음식물 알갱이가 나오는 것은 비둘기의 행동과 관련이 없다(음식 알갱이는 무조건 15초마다 밸브에서 떨어진다). 그런데도, 비둘기들은 곧 특징적인 행동을 하기 시작했다. 한 마리는 반시계 방향으로 돌아다니기를 강박적으로 했다. 다른 한 마리는 새장의 위 모서리 중 하나에 머리를 반복적으로 밀어 넣었다. 공중에서 머리를 흔들거나 몸을 앞뒤로 기울이는 비둘기도 있었다. 스키너는 이러한 행동들이 초보적인 미신의 형태라고 생각했다. 그는 다음과 같이 말한다. "비둘기는 자기의 동작과 음식의 배출 사이에 인과관계가 있는 것처럼 행동하지만, 그러한 관계성은 부족하다."

스키너는 자신의 실험 결과를 인간 행동을 설명하는 데에도 적용했다. 그러나 1980년대까지는 사람들에게 유사한 실험이 수행되지는 않았다. 캔자스대학교의 심리학자 그레고리 와그너와 에드워드 모리스는 스키너의 실험을 재현하면서, 처음으로 비둘기 대신에 아이들을 관찰했다.[5] 음식 알갱이 대신에 '보보'라는 장난감 광대가 15초나 30초 간격으로 구슬을 나눠주었다. 연구팀은 6세에서 8세 사이의 아이들을 8분에서 10분 동안 광대와 혼자 두고 무슨 일이 일어나는지 촬영했다.

실험 결과, 참여한 아이들 12명 중 7명이 미신적인 행동을 보였다. 이 중 대부분은 입술을 찡그리거나, 엄지손가락을 빨거나, 엉덩이를 흔드는 등 자기지향적인 행동을 보였고, 몇몇은 보보를 만지거나 뽀뽀를 하는 등의 행동을 했다. 같은 해인 1980년, 고마자와대학교의 코이치 오노 교수는 대학생 20명을 대상으로 유사한 실험을 했다.[6] 그는 광대 대신에 세 개의 레버가 있는 부스를 설치했다. 레버에는 실제 기능이 없었고, 30초나 60초 간격으로 학생들에게 무작위로 점수가 주어졌다. 그럼에도 참가자 중 세 명은 레버를 짧게 당기고 길게 잡는 일련의 조작 의식을 반복하는 고정된 패턴을 보였다. 비둘기, 아이, 대학생 들을 상대로 한 실험에서 관찰된 반복 의식이 자기 생성적self-generated이라는 것에 주목하자. 인간은 고양이나 비둘기처럼 자신의 행동에 과도한 중요성을 부여한다. 미신이 생겨나는 원인으로 두 사건이 시간상 서로 근접하여 일어나는 우연의 일치만 있는 것은 아니다. 개인이 통제할 수 있는 행동과 사건의 근접성도 미신이 생겨나는 원인이 된다. "내가 그렇게 했다"라는 느낌은 통제 착각illusion of control을 불러오고 궁극적으로 미신적인 행동을 불러온다. 이는 인간이 시간상 연속된 사건을 이해하기 위해 공간에서의 움직임을 사용한다는 것을 보여준다.

앞에 소개한 모든 실험은 믿음보다는 미신적인 행동을 대상으로 했다. 손다이크와 스키너는 교과서적인 행동주의자로, 객관적으로 측정할 수 있는 것에만 관심을 가졌다. 하지만 인간은 자동화 장치가 아니다. 우리는 모든 것에 대해 '생각'한다. 우리가 마법적인 힘을 우리 행동에 부여하는 것과 같이 우리의 생각에도 부여한다.

보니파스 수녀의 기적

믿음이 가장 뚜렷하게 드러나는 영역이 있다. 바로 질병을 대하는 방식이다.[7] 많은 질병들이 증감하는 성질을 갖고 있다. 오직 몇 가지 상황에서만 의학이 병의 진행을 크게 바꿀 수 있다. 항생

제는 대부분의 세균을 죽일 수 있으며 백신은 심각한 감염으로 돌이킬 수 없는 손상이 발생하기 전에 이를 막을 수 있다. 암 치료는 상당수 악성 종양을 치료하는 수준까지 발전했다. 이 치료법들은 성공적인 사례이다.

그러나 현대의학으로도 손 쓸 수 없는 병이나 이유를 알 수 없는 증상은 많다. 이런 경우, 의사가 할 수 있는 일이라곤 환자가 스스로 회복하기를 바라며 환자의 생명을 유지하는 것뿐이다. 그래서 간혹 마법적인 치유를 목격하면 우리는 이를 '신비한 것'들의 도움으로 돌리기도 한다. '기도' 같은 것들이 여기에 해당한다.

기도를 행동적인 행위로 간주하는 사람들도 있다. 어떻게 하느냐에 따라서 치료 효과가 달라진다는 것이다. 무릎을 꿇거나 손을 모으는 것과 같은 행동적인 표현들이 여기에 해당한다. 그러나 종교인들은 이러한 행위가 기도에서 핵심적이거나 충분조건이라고 말하지 않는다. 진정 중요한 것은 '신과의 내면적인 대화'이다. 간절한 기도를 하는 시기를 생각해 보라. 병든 사람들은 자신의 상태가 가장 나쁠 때 기도할 가능성이 높다. 죽지 않는다고 가정하면, 그들이 나아지기 시작하는 때가 바로 그 시점이다. 그런 상황에서, 신이 당신의 기도를 들으시고 개입하셨다고 결론 내리지 않을 수 있을까? 보니파스 수녀의 이야기가 딱 여기에 맞는 사례다.

1959년 가을, 보니파스 수녀는 병원 침대에서 천장을 바라보고 누워 있었다.[8] 그녀의 손은 또 부어올라서 손가락에 어떤 감각도 느껴지지 않았다. 양팔은 정육점의 소시지 한 줄처럼 가늘어져 있어서 들어 올릴 힘조차 없었다. 그녀는 울기 시작했다. 불가사의한 병 때문에 위안을 주던 묵주를 더 이상 다룰 수 없어 슬펐다. 기도를 읊기 시작했지만, 횟수를 표시해 주는 구슬이 없어서, 이내 몇 번 기도했는지를 셀 수 없었다.

마침 보니파스 수녀는 회진을 도는 의사들이 오는 소리를 들었다. 그녀는 수석 전공의가 의사들이 사용하는 의학용어의 약어로 그녀의 증례를 말하는 것을 들었다. "43세의 미혼 백인 여성으로 재발성 열, 복통, 황반 발진, 그리고 사지의 간헐적인 약화와 저림증을 보입니다." 보니파스 수녀는 고개를 들어 침대 발치에 반원형으로 서 있는 의사들을 보았다. 그들이 어떤 해답을 가지고 있기를 바랐다. 전문의는 뉴욕의 한 의사가 몇몇 환자들의 몸이 특정 장기를 공격하는 단백질을 만든다는 것을 어떻게 발견했는지 설명했다. 피부와 관절이 주로 영향을 받는다고 말했지만 심장, 신장, 신경계에도 일어날 수 있다는 것이다. 이 병은 루푸스lupus라고 불렸다. 치료의 한 방편으로 의사들은 그녀의 비장을 제거하기로 했다.

수술을 하고 2주 동안은 통증과 모르핀의 영향으로 그녀의 의식이 희미해졌다. 병에 걸리기 전에 그녀의 몸무게는 63킬로그램이었다. 외과 의사들이 봉합실을 제거할 때쯤, 몸무게는 39킬로그램으로 떨어졌다. 이렇게 야위었던 적은 막 수도회에 들어갔을 때 뿐이었다. 그때는 1929년으로, 고작 13살이었다.[9] 수도회의 사제인 마리온 하비그 신부는 자주 그녀를 방문했다. 그녀는 죽을지도 모른다는 생각에 신부와 함께 이미 임종의 성사를 했었다. 신부는 그녀에게 누구에게 기도하고 있었는지 물었고 그녀는 성 유다와 성 프란체스카 카브리니라고 대답했다.

그러자 하비그 신부는 보니파스 수녀가 잘못된 성인들에게 기도하고 있다고 말했다. 그들은 이미 천국에 있으므로 그녀의 기도가 필요하지 않았다. 대신 하비그 신부는 '주니페로 세라'라는 이름의 유망한 성인 후보자를 소개했다.[10] 하비그 신부는 그녀의 기도로 세라의 축복을 받을 수 있을 것이라 말했고 기적을 위해 그에게 기도하라고 했다. 그녀는 세라 신부에 대해 들어본 적이 없었지만, 그의 기적이 필요하다고 믿었다. 그리고 그 일이 일어났다.

사실, 기적을 바라던 것은 하비그 신부였다. 캘리포니아에서 그는 세라의 성인 신분을 위한 절차를 물려받은 노엘 마홀리 신부와 함께 올드 미션 산타 바바라의 신학교에서 일했다. 주니페로 세라는 1934년부터 비아티피카티오Beatification(열린사, 성인으로 선언되기 이전 과정)와 카노니제이션Canonization(성인화)의 가능성이 고려되고 있었고, 미션 산타 바바라는 그 일의 중심지였다. 마홀리의 전임자는 바티칸에 세라가 성인이 될 자격이 있다는 증거를 제시하기 위해 캘리포니아, 멕시코, 스페인을 오가며 수십 년을 보냈다.[11] 미션 산타 바바라의 신부들은 수천 페이지의 문서를 쌓아 올렸지만, 성인이 되는 데 필요한 가장 중요한 증거인

'기적'은 여전히 부족했다.

보니파스 수녀가 세라에게 기도하기 시작한 지 일주일 후, 그녀는 침대에서 일어나서 간호사에게 걷고 싶다고 말했다. 그녀는 거의 인식할 수 없는 내면의 떨림, 즉 기적을 느꼈다. 몇 달 만에 처음으로 배가 고프다는 것을 깨달았고 사과가 먹고 싶었다. 2주 후, 그녀는 수도원에서 회복을 마칠 계획으로 병원에서 퇴원했고 봄이 되자 다시 가르치는 일을 할 수 있었다. 보니파스 수녀는 세라의 은총으로 죽음의 문턱에서 벗어나 회복했다.

여기에는 상반된 버전의 이야기도 있다. 그녀의 의사들은 루푸스가 만성 질병이라는 것을 알고 있었다. 증상은 좋아졌다가 나빠졌고 다시 좋아질 수 있었다. 외과 의사들은 그녀의 비장을 제거한 것을 가리키며 치료에 대한 공을 현대 의학에 돌렸다. 보니파스 수녀는 수술 전에는 더 나빠지고 있었지만, 수술 후에는 나아졌다. 그러나 그녀에게는 자신만의 설명 즉, 하비그 신부에 의해 심어진 이야기가 있었다. 그녀의 마음속에서는 주니페로 세라가 그녀의 기도에 응답했다는 믿음에 의심의 여지가 없었다.

여기에 난제가 있다. 모든 사람이 기본적인 순서에는 동의했다. 보니파스 수녀가 아마도 루푸스로 인한 합병증에 걸렸고, 여러 가지 의학적이고 외과적인 개입을 받았으나, 치료에도 불구하고 죽음에 가까워졌다. 그런데 주니페로 세라에게 기도하고 나서 몇 주 안에 나아지기 시작했다. 사건의 순서를 고려할 때, 올바른 인과적 설명은 무엇일까? 자연스러운 회복? 의학적 치료? 아니면 기적일까?

서사를 바꾸는 믿음의 힘

과학과 종교는 오랫동안 경쟁 관계에 있었고, 오늘날에는 과학이 우세한 추세다. 그러나 보니파스 수녀의 기적적인 회복 소식은 종교의 승리로 퍼져나갔고, 캘리포니아의 신부들에게 이 소식이 전해지기까지 오래 걸리지 않았다. 그런데 평생 세라의 성인 사례를 수집해 온 마홀리 신부는 보니파스 수녀의 기적에 대해 회의적이었다. 이미 이전에도 비슷한 기적의 사례로 희망을 키웠다가 실망한 적이 있었다. 그러나 그가 보니파스 수녀의 회복에 대해 더 알아갈수록, 그것은 점점 더 설명할 수 없는 기적으로 보였다.

성인이 되려면 교회에 '설명이 가능한' 기적의 증거를 제시해야 한다. 그러나 이는 정확한 설명이 아니다. 마홀리가 실제로 해야 했던 일은 보니파스 수녀의 회복이 '과학적으로 설명할 수 없는 사례'임을 증명하는 것이었다. 요즘 시대에는 기적을 찾기가 점점 어려워졌지만, 마홀리는 20년 동안 보니파스 수녀의 사례에 매달렸다. 20년이라는 세월이 너무 긴가? 교회의 시간으로는 눈깜짝할 사이다.

보니파스 수녀의 회복에 대한 조사는 그녀의 병이 발병한 지

거의 30년 후인 1987년에 마무리되었다. 수천 페이지의 의료 기록과 의학 전문가들의 증언에도 불구하고, 그녀가 왜 나아졌는지 명확하게 설명할 수 있는 전문가는 아무도 없었다. 그래서 바티칸은 보니파스 수녀가 '세라의 기적적인 중재'를 통해 치유되었다고 결론 내렸다.[12] 1988년 9월 25일, 교황 요한 바오로 2세는 보니파스 수녀가 참석한 의식에서 세라를 '비아티피카티오'로 선포했다.

모든 사람이 보니파스 수녀가 루푸스에 걸렸다고 가정했지만, 의학적으로 증명된 적은 없다. 루푸스를 진단하는 것은 당뇨병을 진단하는 것처럼 간단하지 않다. 1950년대에는 증상만으로 진단했다. 오늘날 의사들은 몸의 다양한 단백질을 공격하는 자가면역 항체의 존재로 루푸스를 판단하지만, 여전히 확정적 진단은 어렵다. 물론 그녀가 루푸스에 걸린 적이 없었을 가능성도 있다.

보니파스 수녀와 주니페로 세라의 이야기는 고전적인 서사 전개의 한 예이다. 즉, 영웅의 여정이다. 모든 사람은 그녀가 세라에게 기도한 후에 일어난 병의 개선이라는 시간적 우연성에 동의했지만, 이야기하는 과정에서 두 가지 구별되는 해석이 가능하다.

신앙심 깊은 사람들에게는 보니파스 수녀의 서사는 세인트 루이스 병원에서 쇠약해져 가는 병든 수녀의 이야기에서 죽은 지 2세기나 된 캘리포니아 출신 신부의 기적으로 변모했다. 반면, 회의론자들에게 이것은 어떻게 현대 의학이 죽어가는 여자를 구했는지에 관한 이야기에 불과했다. 이러한 분열은 서사를 바꾸는 믿음의 힘을 보여준다.

———

우리 마음에서 모든 서사가 동등하게 만들어지지는 않는다. 우리는 어쩔 수 없이 일부 이야기에 호의를 보이지만, 또 어떤 것은 에누리해 듣는다. 다음 장에서, 가장 전형적인 서사의 구조들을 살펴보고, 그것들이 왜 그렇게 널리 퍼지게 됐는지, 그리고 어떤 이유에서 여전히 막강한 힘을 발휘하는지 알아보자.

이론적으로는 무수히 많은 이야기와 이를 전달할 수 있는 무수히 많은 서사 구조가 존재한다. 그러나 우리는 몇몇 익숙한 패턴의 이야기들로 돌아오곤 한다. 살면서 한 번쯤은 들어봤음직한 이런 이야기들은 살아가는 내내 우리와 함께한다. 이 장에서는 특정한 서사 구조들은 왜 다른 것들보다 뇌에 더 강한 인상을 남기는 지 알아본다.

글쓰기는 인류 전체의 시간으로 보면 최근의 발명이지만, 이야기를 전달하는 행위는 훨씬 오래돼서 인류와 거의 함께 해왔다고 보는 것이 타당하다. 글이 없던 시대에도 우리의 조상들이 중요한 사건들을 공유하는 데 열정적이었다는 고고학 증거는 많다. 가장 유명한 예 중 하나가 프랑스 라스코 동굴에서 발견된 수

백 개의 벽화다. 라스코의 벽화는 적어도 1만 7,000년 전의 것으로 추정되며, 문자의 발명보다 1만 2,000년 앞서는 것으로 여겨진다. 동물들과 그것들을 사냥하는 인간들의 모습을 담은 벽화를 보고 있자면, 중대한 사건들을 전달한다는 압도적인 감각이 느껴진다. 나는 라스코 벽화를 볼 때마다 한 무리의 부족들이 위대한 사냥에 관한 이야기를 나누며, 모닥불 주변에 모여 있는 장면을 상상한다.

라스코 벽화의 눈에 띄는 또 다른 측면은 이 이미지들이 이야기를 하고 있다는 것이다. 벽화의 그림은 동적이다. 묘사된 동물들은 서 있는 것이 아니라 움직이는 모습으로 포착되어 있다. 들개들의 무리는 전속력으로 달리고 있고, 사냥꾼들은 창을 던지고 있다. 수천 년이 지난 지금도 그때 무슨 일이 일어났는지 직관적으로 알 수 있다. 실로 놀라운 솜씨다. 이 동적인 표현은 인간이 이야기를 하는 이유의 핵심을 보여준다. 이야기는 세상에 무언가가 움직이면, 그것은 무언가가 변했다는 것을 전하는 역할을 한다.

아이작 뉴턴이 쓴 것처럼, 움직임은 어떤 힘이 세상에 파동을 일으켰다는 증거이다. 총성이 울리고 누군가가 쓰러지면, 그 주변의 세상은 영원히 바뀌게 된다. 이들은 변화의 규모에 의해 표시되는 특별한 사건들이다. 물론, 인과적인 설명이 있고, 그것에 이르기까지의 사건의 순서가 단서가 된다. 하지만 인간은 그 순서를 정확히 기억하지 못한다. 우리는 이야기라는 형태로 매우 편집된, 선별된 버전을 기억할 뿐이다.

끌리는 이야기는 따로 있다

9/11이나 그와 비슷한 중대한 사건들을 역순으로 회상해 보라. 어렵지 않은가? 우리의 기억이 디지털 기록과 같이 명확한 사건의 순서로 구성되어 있다면, 역순으로 재생할 수 있을 것이다. 그러나 우리 뇌는 그렇게 할 수 없다. 이는 우리의 기억에 '구조적인 형태'가 부과되었다는 것을 의미한다. 뇌는 '의미 있는 방식'으로 정보를 구성한다. 그리고 그 구성은 대부분 이야기라는 형태를 취한다. 이야기하기는 인간 뇌의 생물학적 구조와 깊이 얽혀 있다. 단순히 우리가 주변 세계를 이해하기 위해 이야기를 사용하는 것이 아니다. 이야기는 시간적 순서를 부과하여 현실 인식을 지배한다. 그래서 우리는 각자가 이야기의 주인공이라는 환상에 빠진다.

내가 어렸을 때, 부모님은 거실에 양장본으로 된 두꺼운 이야기책을 두셨다. 내 기억에 그 책은 옆에 놓여있던 백과사전과 같은 크기의 짙은 청록색이나 푸르스름한 형태였다. 네 살이었던 어느 날, 나는 양손으로 그 책을 잡고 소파에 앉았다. 그날의 기억이 지금도 생생하다. 그 책은 이제 슬프게도 절판되었는데, 브라이나 언터마이어와 루이스 언터마이어가 편집한《아동 문학의 보물 창고The Golden Treasury of Children's Literature》라는 제목이었다. 책에는 언터마이어 부부가 선별한 서구에서 가장 잘 알려진 동화와 어린이가 읽으면 좋은 글 71개가 실려 있었다. 이솝 우화부터 러드야드 키플링, 그림 형제, 한스 크리스티안 안데르센, 엉클 레머스, 레이 브래드버리까지 모든 것을 포함하고 있었다. 아름다운 삽화는 이 책에서 내가 가장 좋아하는 부분이었다.

나는 이 책에서《푸의 이야기》나《이상한 나라의 앨리스》를 고를 수도 있었지만, 늘 엄마에게《푸른수염》을 읽어 달라고 조르곤 했다. 책에 있는 버전은 17세기 프랑스의 민화를 찰스 페로가 개작한 것이었다.

푸른수염은 부유한 귀족으로 새로운 아내를 찾고 있다. 그의 이전 아내들은 어떤 단서도 남기지 않고 사라졌다. 그런데도 그의 이웃은 자신의 딸을 푸른수염에게 시집보낸다. 푸른수염은 그녀를 자신의 성으로 데려간 다음 곧 사업 때문에 떠나야 한다며 성의 열쇠들을 준다. 그는 그녀에게 어디든 갈 수 있지만 탑 꼭대기의 방은 절대 들어가선 안 된다고 경고한다.

다음에 무슨 일이 일어났는지 짐작할 수 있을 것이다. 호기심을 참을 수 없던 아내는 결국 금지된 방의 문을 열어버리고, 거기서 사라진 아내들의 시체가 고기 걸이에 매달려 있는 모습을 발견한다. 그녀는 공포에 질려 열쇠를 떨어뜨렸고 그만 바닥에 뿌려져 있던 피가 열쇠에 묻고 만다. 열쇠는 마법의 힘이 깃들어 있어서 그녀가 아무리 노력해도 열쇠에 묻은 피는 닦이지 않는다.

그런데 푸른수염이 갑자기 집으로 돌아온다. 피가 묻은 열쇠를 보자마자 그는 무슨 일이 일어났는지 알아채고, 자신에게 복종하지 않았으므로 아내가 죽어야 한다고 말한다. 그녀는 다음 날 아침까지 기다려달라고 간청해, 마침 자신을 보러 온 동생에게 도움을 부탁할 시간을 번다. 동생은 형제들과 함께 돌아와 푸른수염을 물리친다. 그녀는 푸른수염의 재산을 상속받고 재혼하여 행복하게 살았다.

푸른수염 이야기는 (주인공이 고향을 떠나는 여정, 악당과의 만남, 위험, 마법, 그리고 악을 최종적으로 물리치는) 고전적인 동화의 기본 요소들을 모두 갖추고 있다. 그러나 내 머릿속에 이 이야기가 오래 기억되는 것은 푸른수염만의 잔혹함 때문이다. 동화는 어린이를 즐겁게 해주는 이야기 이상의 의미가 있어서 표피적인 서사 자체보다 더 깊은 의미를 살펴봐야 한다(푸른수염은 해석에 따라서 성경에 등장하는 '이브'에 대한 은유나 관습적인 성역할에 대한 반발로 읽힐 수도 있다).

푸른수염뿐만 아니라 거의 모든 동화가 '영웅의 여정'이라는 유사한 서사 곡선을 따르고 있다. 달리 말해 동화를 동화답게 만드는 것은 바로 이 이러한 서사 곡선이다. 동화는 어린이들이 듣는 첫 번째 이야기이기 때문에, 거의 의식하지 못하는 방식으로 뇌에 깊이 각인된다. 그리고 그 이야기가 개인적 서사의 뼈대를 형성한다.

동화가 우리의 상상력에 왜 그렇게 큰 힘을 발휘하는 것일까?

동화는 우리가 듣는 첫 번째 이야기이기도 하지만, 일반적으로 짧아서 아이들의 제한된 주의력에 상관없이 쉽게 스며든다. 비슷한 형식을 따르기 때문에 반복 학습의 효과와 함께 다음에 무슨 일이 일어날지 예측할 수 있는 즐거움을 준다. 이러한 특징 때문에 동화는 구조적으로 분석하기 쉽다.

동화에는 여러 가지 분류 체계가 있지만, 일반적으로 1920년대에 한 러시아 민속학자가 만든 기준이 사용된다. 1895년에 상트페테르부르크에서 태어나고 자란 블라디미르 프롭은 고등학교와 대학교에서 독일어를 가르쳤다. 그러나 그가 열정을 보인 분야는 '러시아 민속 문화'였다. 1928년, 그는 《동화의 형태학 Morphology of the Folktale》이라는 획기적인 책을 출판했는데,[1] 이 책에서 그는 100편의 러시아 동화의 구조를 분석한 결과 모든 동화가 특정한 구조를 따르고 있으며, 그 구조는 31개의 개별 기능으로 나눌 수 있다고 말했다. 이 기능들은 모든 동화에서 동일한 순서로 이어지며, '이야기에서 안정적이고 일정한 요소로서, 누가 어떻게 수행하든 상관없이 독립적으로 작용한다'고 썼다.

예를 들어, 첫 번째 기능은 가족 중 한 명이 집을 떠나는 것에서 시작한다. 이것은 금기禁忌로 이어진다. 이제는 '고전 동화'가 된 영화 시리즈 〈스타워즈 Star Wars〉의 첫 번째 영화(시리즈 상으로는 네 번째 이야기)에서 오웬 삼촌은 주인공 루크 스카이워커의 아버지가 이미 죽었으며 주인공이 아버지를 찾으려는 것을 막는다. 프롭의 모델에서, 이는 항상 영웅이 금기를 어기는 것으로 이어진다.

프롭의 체계에 따르면, 영웅은 집을 떠나 시험을 받으며(루크가 광선검을 사용하는 법을 배운다), 마법적인 요소(포스)를 사용할 수 있게 되고, 악당과 전투를 벌인다(루크와 한 솔로가 레아를 구출하고 죽음의 별에서 탈출하기 위해 싸운다). 이후에, 처음의 불행은 해결된다(R2D2가 반란군에게 죽음의 별의 계획을 전달한다). 영웅은 고향으로 돌아오지만, 이내 쫓기게 된다(타이 전투기가 밀레니엄 팔콘을 쫓는다). 거짓 영웅이 근거 없는 주장을 하면 (한 솔로가 레아 공주를 구출한 보상을 요구한다) 영웅에게 어려운 임무가 제안되고, 그는 그것을 해결한다(루크가 죽음의 별을 폭파한다). 마침내 영웅은 인정받고 악당은 처벌받는다(제국군은 물러나고 루크는 영웅으로 환호받는다).

한편 문학 교수로 유명한 조셉 캠벨은 모든 이야기가 '하나의 형식'에서 기원한다고 주장했다. 1949년, 캠벨은 《천 개의 얼굴을 가진 영웅The Hero with a Thousand Faces》을 출판했는데, 신화의 보편성에 관한 가장 영향력 있는 책으로 평가받고 있다.[2] 캠벨은 민속 이야기뿐만 아니라 다양한 문화의 신화를 분석함으로써 영웅의 여정을 담은 단일 신화가 모든 시대에 걸쳐 가장 인기 있는 이야기일뿐만 아니라 유일한 이야기라고 말했다.

캠벨은 프롭의 구조를 세 가지 주요 부분으로 단순화하여, 현대적 이야기를 만드는 세 가지 행위의 테마에 반영했다. 캠벨이 '분리'라고 부른 첫 번째 행위에서, 영웅(루크 스카이워커)은 모험의 부름에 직면하지만, 처음에는 이를 거절한다. 이는 초자연적인 도움이라는 서사로 이어지고, 영웅이 현실의 한계를 넘어 꿈의 풍경이라는 뜻의 '고래의 배'the belly of the whale에 들어가게 한다.

두 번째 행위인 '입문'에서, 영웅은 시련의 길로 들어선다. 주인공은 여신(레아 공주)을 만나고 유혹(다크 사이드)을 받는다. 그리고 아버지의 모습(다스 베이더)과 직면한다. 이어 누군가가 죽고 신격화가 된다(오비완의 죽음).

'귀환'이라는 세 번째 행위에서, 영웅은 완전히 다른 사람이 되어 집으로 돌아간다. 처음에는 변화를 거부하지만 결국 받아들이게 된다(한 솔로가 절체절명의 순간에 돌아와 다스 베이더가 루크를 공격하는 것을 막고, 루크가 죽음의 별을 파괴하는 임무를 완수할 수 있게 돕는다). 그러면 영웅은 두 세계의 진정한 주인으로서 귀환한다(루크가 마지막 의식에서 영예를 받는다).

〈스타워즈〉에서 이 모든 서사가 꽤 깔끔하게 구성되어 있다. 여기에는 이유가 있다. 이 영화의 창작자인 조지 루카스가 영화를 공부했던 USC에서는 오랫동안 캠벨의 신화 분석을 가르쳐 왔다. 고전 신화에 정통한 루카스는 조셉 캠벨의 영향을 받았다고 자주 언급했으며, 그는 의도적으로 스타워즈에 단일 신화의 현대적인 이야기를 담으려 했다. 스타워즈는 미국에서 영웅 여정의 전형으로 인기를 끌었으며, 지금도 무수히 많은 모방작이 만들어지고 있다.

단일 신화의 보편성을 과소평가해서는 안 된다. 우리가 텔레비전 드라마를 시청하든, 소설을 읽든, 심지어 뉴스를 보든, 우리가 마주하는 거의 모든 이야기는 상당한 정도로 이 형식을 따른다. 우리의 뇌가 이런 구조에 익숙하고 또 원하기 때문이다. 형식에서 벗어난 이야기는 오히려 감각을 어지럽힌다. 물론 가끔 형식을 깨는 이야기에 끌리기는 하지만, 이는 극히 예외적인 경우일 뿐이다.

결국, 우리는 '삶은 여정이다'라는 고전적인 개념으로 되돌아간다. 영웅의 여정은 현재의 우리 이야기와 맞닿아 있으며 이야기는 어린 시절부터 우리의 뇌에 깊이 각인되어 있어서 우리가 인식하는 모든 것에 영향을 미친다.

이야기의 6가지 형태

영웅의 여정은 어린이들이 듣는 첫 번째 이야기일 뿐만 아니라, 모든 인류의 첫 번째 이야기이기도 하다. 영웅의 여정은 너무 오래되어서 인간의 뇌에 깊이 박힌 첫 번째 문화유산이다. 우리가 기록으로 가지고 있는 첫 번째 이야기를 살펴보자.

길가메시 수메르 서사시Sumerian Epic of Gilgamesh는 길가메시라는 영웅의 이야기다.[3] 길가메시 이야기를 만든 수메르인들은 기원전 4000년부터 2000년 사이에 티그리스강과 유프라테스강 사이에 있는 메소포타미아 북부에 거주했으며, 일반적으로 글쓰기를 처음 발명한 것으로 인정받고 있다. 글쓰기에 사용된 문자는 쐐기 모양의 표식을 점토판에 찍는 형태의 쐐기형 문자였다. 이 문자는 이집트 상형문자보다 알파벳에 더 가까운데 오랫동안 해독할 수 없다가 1800년대가 되어서야 페르시아(지금의 이란)의 절벽에서 발견한 고대 기념물 덕분에 읽을 수 있게 됐다. 이 기념물에는 수메르인들이 사용했던 아카드어를 포함해 세 가지 언어가 새겨져 있었는데, 이 덕분에 수메르 점토판의 번역이 가능했다. 이들 점토판 중 12개에 길가메시 서사시가 쓰여 있었다.

길가메시 서사시는 영웅 여정의 완벽한 예시인데, 크게 세 개의 막으로 되어 있다. 첫 번째 막에서, 우리는 우루크의 왕이자 신들의 아들인 길가메시를 만난다. 길가메시는 이전의 모든 왕을 뛰어넘어 존경받고 있다. 그는 지혜로우며 가장 강한 사람이다. 그러나 당시 왕의 권리대로 모든 젊은 여성들은 결혼하기 전에 그와 잠자리를 가져야 했다. 이 풍습이 백성들에게 큰 고통을 주어서 그들은 신들에게 불평한다.

백성들의 항의에 대한 답으로 신들은 길가메시와 동등한 상대인 엔키두를 만든다. 엔키두는 야생에서 태어나 동물들과 함께 벌거벗고 산다. 이 무서운 야인에 대한 소식이 길가메시에게 전해진다. 길가메시는 신전의 창녀인 샴하트를 보내 엔키두를 유혹하고, 일곱 날 동안 정열적으로 교감하게 한다. 그러자 엔키두의 동물 친구들은 그를 버렸고, 그는 야생을 떠난다. 우루크로 가는 길에 엔키두는 한 목자를 만나는데 길가메시가 그의 딸들에게 무슨 짓을 했는지 말해준다. 엔키두는 분노하여 길가메시에게 도전한다. 길가메시가 너무 강하여 엔키두는 패배하지만 둘은 가장 친한 친구가 된다.

두 번째 막에서, 길가메시는 엔키두와 함께 삼나무 숲을 지키는 괴물인 훔바바를 죽이러 간다. 훔바바는 산에서 고함을 지르고 지진을 일으키며 길가메시와 엔키두에 대항한다. 길가메시는 신들에게 도움을 요청한다. 태양 신이자 가장 강력한 신인 샤마시는 먼지 폭풍을 보내준다. 신들의 도움을 받은 길가메시는 훔바바를 물리친다. 길가메시가 한 일을 본 사랑의 여신 이슈타르는 그와 결혼하여 아이들을 낳고 싶어 한다. 하지만, 길가메시는 그녀의 청을 거절한다. 이슈타르는 이성을 잃고, 길가메시를 저주하지만, 그녀의 저주는 길가메시 대신에 그의 친구에게 닿고 만다. 엔키두는 열병에 시달리다가 12일 만에 죽는다.

세 번째 막에서, 길가메시는 자기 대신 죽은 친구를 애도한다. 그리고 자신도 죽을 수밖에 없는 존재라는 것을 깨닫고, 불멸을 찾아 나선다. 과거의 대홍수에서 살아남았으며 신들이 불멸을 부여한 유일한 인간인 우트나피시팀을 찾기 위해 여정을 떠난다. 그 여정 중에 태양신인 샤마시를 만나는데, 샤마시는 길가메시가 결코 얻을 수 없는 것을 구하는 이유를 이해할 수 없다고 한다. 여기서 우리는 모든 영웅이 마주치게 되는 여정의 핵심에 도달한다. 즉, 인간은 결국 죽음과 대면한다.

길가메시 서사시는 여러 지점에서 《오디세이》나 성경의 〈창세기〉와 비슷하며 인류 문명이 시작되는 시기의 공통 인식을 담고 있는 것으로 보인다. 길가메시는 현재까지 발견된 글로 기록된, 가장 오래된 이야기지만 길가메시, 오디세이, 창세기의 구전 버전은 아마도 인류가 도시를 만든 이후로 수천 년 동안 입에서 입으로 전해진 이야기의 한 버전일 것이다.

적어도 약 5천 년 전, 길가메시 이후부터를 영웅의 여정이 인류의 일부가 됐다고 말하는 것이 안전한 해석이겠지만, 그 기원은 훨씬 더 과거로 거슬러 올라갈 수 있다. 수천 년에 걸쳐 집단적으로 그리고 우리의 일생에 걸쳐 개별적으로, 인간은 여정의 형식에 반응하도록 진화했다. 우리의 뇌는 영웅의 서사 곡선에 따라 이야기를 해석하는 것을 피할 수 없다. 태초에 주인공이 있어야 한다. 외부적인 사건이 주인공의 삶을 뒤엎고, 이것이 행동으로 이어진다. 여러 가지 고난에 직면하면서 무언가를 원하는 욕망을 추구한다. 결국, 영웅은 선택하고, 그 결과 영원히 변신한다.

영웅의 여정이 인간의 뇌에 집단적으로 박혀있는 유일한 서사 체계는 아니다. 영웅의 여정 외에도 소년이 소녀를 만나는 이야기와 그 변형들, 빈털터리에서 부자가 되는 이야기, 그리고 다른 다양한 서사 구조들이 존재한다. 과연 몇 개나 될까? 문학 학자들은 이 질문에 대해 끊임없이 논쟁해 왔는데 2017년 버몬트 대학교의 연구자들은 구텐베르크 프로젝트Project Gutenberg(저작권이 만료된 도서를 무료로 공개하는 프로젝트)에 올라온 소설책 1,327권

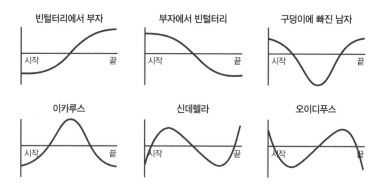

빈털터리에서 부자 　　부자에서 빈털터리 　　구덩이에 빠진 남자

시작　　　끝　　　시작　　　끝　　　시작　　　끝

이카루스 　　　　　신데렐라 　　　　　오이디푸스

시작　　　끝　　　시작　　　끝　　　시작　　　끝

그림 7. 여섯 가지 기본적인 이야기 곡선

의 서사 곡선 형태를 분석한 결과, 오직 여섯 가지의 서사 구조만 존재한다고 결론지었다.[4]

첫 번째, 빈털터리에서 부자가 되는 구조. 이 범주에는 셰익스 피어의 《겨울 이야기》와 《좋아하는 대로》, 잭 런던의 《야성의 부름》, 러드야드 키플링 《정글북》, 오스카 와일드의 《진지함의 중요성》이 포함된다.

두 번째는 첫 번째의 반대 형식인 부자에서 빈털터리가 되는 구조다. 로미오와 줄리엣, 햄릿, 리어 왕, H.G. 웰스의 《타임머신》이 대표적인 작품이다. 이러한 이야기들은 고전적으로 비극으로 간주하며, 영웅의 운명은 처음부터 결정돼 있다.

세 번째 형식의 대표작인 《구덩이에 빠진 남자》에서는 주인공이 좋은 상황에서 시작하지만, 곧 궁지에 몰리고, 그런 다음 거기서 벗어난다. 잘 알려진 예로는 《오즈의 마법사》, 《왕자와 거지》,

《호빗》이 있다.

네 번째 구조인 이카로스Icarus는 상승과 하강의 곡선을 따른다.《크리스마스 캐럴》과《실낙원》이 이에 해당한다.

다섯 번 째는 길가메시, 〈스타워즈〉의 주인공이 따랐던 영웅의 여정으로 신데렐라(상승-하강-상승) 구조라고 한다. 여기에는 《보물섬》과《베니스의 상인》이 포함된다.

마지막으로 여섯 번째는 오이디푸스Oedipus라고 이름 붙여진 하강, 그다음 상승, 그리고 하강의 구조가 있다.

이 여섯 가지 구조를 그래프에 표시하면, 각자 다른 궤적을 드러내지만, 평생에 걸쳐 소비하는 이야기 대부분의 기본 구조가 이 여섯 가지 패턴을 따르고 있다. 나는 영웅의 여정이 우리의 개인적인 서사에서도 지배적인 구조라고 보고 있지만, 지난 장에서 봤듯이 다른 정체성을 채택할 때면 다른 서사 구조를 사용할 수도 있다. 예를 들면 하이드나 이브 블랙처럼 알터 에고alter ego(또 다른 자아)들은 그들이 주인공과 반대되기 때문에 다른 곡선을 따랐다. 주인공이 신데렐라 곡선을 따르고 있다면, 그들의 알터 에고는 오이디푸스 곡선을 따를 가능성이 높다.

이들 여섯 가지 서사 구조가 익숙한 사람들이라도 이들 구조로 만들어진 이야기들의 줄거리는 잊어버렸을 수 있다. 하지만 줄거리는 그다지 중요하지 않다. 이야기의 놀라운 특징 중 하나는 많은 정보를 간결한 형태로 압축한다는 것이다. 훌륭한 이야기는 이런 면에서 매우 효율적이어서 주인공의 전체 이야기를 구체화할 수 있다. 《위대한 개츠비》의 정확한 줄거리는 기억하지 못해도, 제이 개츠비가 아메리칸 드림의 공허한 열망을 대변한다는 것 혹은 데이지 부캐넌과 그녀의 미모, 그리고 불완전한 신분의 상승을 잊기는 힘들다. 혹자는 등장인물들이 저자의 주제 의식을 대표하는 상징이라고 말할 수 있다. 하지만 이는 너무 단순화한 해석으로 복잡한 캐릭터들을 지나치게 평면적으로 바라본 것이다. 나는 상징보다 더 깊은 의미가 있다고 생각한다. 그것들은 정교한 사회적 투쟁의 압축된 표현이며 그들은 우리의 기억 저장소에 감겨 있다가 상황에 따라 우리의 서사 구조 안으로 들어온다.

따라서 중요한 질문은 '어떻게 캐릭터가 우리의 인생 서사에 주도적인 모형이 될 수 있는가?' 일 것이다. 물론 허구적인 캐릭터들은 오락 이상의 목적을 가지고 있지 않다고 주장할 수 있다. 그러나 잘 만들어진 주인공이 유년기와 청소년기에 특히 강력한 인상을 남길 수 있다는 것은 부인할 수 없는 사실이다.

서사가 과거, 현재, 미래를 연결한다

한 번쯤은 나와 너무 잘 맞는 주인공을 만나서 '그 사람은 나와 똑같아'라고 생각한 적이 있을 것이다. 또는 의식적으로든 무의식적으로든 '나는 그들처럼 되고 싶어'라고 생각한 적이 있을 것이다. 성장기에 읽었던 책들과 가장 편안하게 느껴졌던 캐릭터들을 떠올려 보라. 해리 포터, 헤르미온느 그레인저(이상《해리포터》의 주역들), 폴 아트라이데스(《듄》의 주인공), 카트니스 에버딘(《헝거게임》의 주인공), 엘리자베스 베넷(《오만과 편견》의 주인공), 찰리 버킷(《찰리와 초콜릿 공장》의 주인공)은 어떤가? 이들은 모두 영웅적이며, 더 나은 사람이 되기 위한 여정의 승리자들이다.

청소년기와 청년기라는 성장기는 자신이 어떤 여정을 걷고 있는지 파악하는 중요한 시기다. 경고의 의미로 창조된 캐릭터지만, 제이 개츠비나 다스 베이더는 이 시기 동안 자아 정체성에 흡수될 수 있다. 나는 이것이 청소년기의 흔한 결과라고 생각하지는 않지만, 비극적인 캐릭터를 삶의 모델로 채택하는 것은 충분히 자주 발생하는 일이기 때문에 언급할 가치가 있다. 다만 나는 이런 선택이 건강한 방향이라고 보지 않는다. 어두운 캐릭터를 받아들인 사람들은 자신을 피해자와 동일시하는 경향이 있다.[5] (실제이든 상상의 산물이든) 고통스러운 경험이 있는 이들이 다른 사람들의 불운에 대해 더 공감할 수 있다고 생각할 수 있지만, 그 반대의 경우도 많다. 피해의식이 너무 커져서 다른 사람들의 고통에 무감각해질 수도 있다. 또한 피해자로서의 상태는 과거에 머물러 과도한 반추를 유발할 수도 있다.

제이 애셔의 소설 《13가지 이유》는 피해자의 서사가 가장 높은 수준으로 표현된 작품으로 2007년에 출간된 이후 많은 인기를 모았고 넷플릭스에서 〈루머의 루머의 루머〉라는 제목으로 영상화됐다. 우리는 이 소설의 출발점에서 이미 이 세상 사람이 아닌 한나 베이커를 만나게 된다. 그녀의 고통스러운 이야기는 그녀가 죽기 전에 녹음한 카세트테이프 13개에 담겨 있다. 테이프 상자는 그녀의 친구 클레이 젠슨에게 보내지고, 테이프를 듣고 다음 사람에게 넘겨주라는 지시도 함께 전달된다. 그녀는 테이프의 수령인들에게 자신이 테이프의 복사본을 숨겨두었으며, 상자가 마지막 사람인 그녀의 선생님, 포터 씨에게 도달하지 않으면 '매우 공개적인 방식'으로 알려질 것이라고 경고한다. 클레이와 한나의 서사를 앞뒤로 오가며, 애셔는 고통스러운 고등학교 생활의 모습을 그려낸다. 한나는 소문과 괴롭힘으로 대표되는 청소년기의 고통을 겪는다. 여기에 성폭력도 더해진다. 한나는 이 모든 일을 겪으면서 자살 계획을 세운다.

소설에서 한나의 운명은 처음부터 결정돼 있다. 그녀는 이야기가 시작된 시점에서 이미 죽은 사람이며 이 서사에서 그녀가 승리와 함께 돌아올 가능성은 애초 없다. 정신과 의사인 내 관점에서 보면, 그녀는 많은 청소년이 겪는 문제들로 고민하는 우울하고 자기중심적인 소녀이다. 그녀가 택한 자살은 해결책이 아니며 테이프가 전달되는 방식 또한 복수심이 강한 사람의 전형을 보여준다. 수령인들에게 고통을 주고 싶지 않다면 왜 모든 테이프를 녹음했겠는가?

이 소설이 인기를 모으자 청소년들에게 나쁜 영향을 줄 수 있다는 우려가 제기됐다. 실제로 책이 출판된 지 몇 년 후, 그리고

2017년 넷플릭스에 방영된 후에 청소년 자살률이 증가했다는 연구가 발표됐다.[6] 그러나 다른 연구자들은 이 소설과 청소년 자살률 증가 사이에 인과관계가 있다는 어떠한 증거도 발견할 수 없다고 반박했다.[7] 하지만 청소년 자살률의 급증이 이 소설 때문이라고 할 수 없다고 해도, 한나라는 캐릭터가 청소년들과 어떻게 공명할 수 있는지는 걱정해야 한다. 청소년기는 자기 흡수적인 시기이다. 따라서 《13가지 이유》를 한나와 비슷한 상황에 처한 청소년이 표면적으로 읽으면 과도한 영향을 받을 수 있다. 심하게는 자신의 서사에 한나를 편입하면 실제적인 위험에 노출될 수 있다. 결코 청소년 고민에 관한 책을 금지해야 한다는 뜻은 아니다. 오히려 정반대다. 그런 책은 청소년들이 중요하게 생각하는 문제에 관해 대화할 기회를 제공하면서, 그 안에 포함된 잠재적으로 부정적인 서사에 대한 반론을 제시할 수 있다. 다만 신중하게 다뤄져야 한다.

이러한 서사 곡선들은 영웅의 여정이든 다른 다섯 가지 형식 중 하나이든, 우리가 시간 속에서 사건들을 연결하게 돕는 기본 함수들의 집합을 구성한다. 그리고 우리가 의식적으로 그것들을 생각하지 않더라도, 서사 곡선들은 과거, 현재, 미래의 자아를 연결하는 모형으로 작동한다. 다시 말해, 우리가 인류 역사에서 유일하다고 믿게 되는 우리 자신의 이야기는 사실 몇 가지 매우 흔한 서사의 변주에 불과하다.

1부에서 자아 정체성이란 개념이 망상인 이유를 알아보았다. 당신이 생각하는 당신은 '뇌가 구성한 것'이다. 당신은 10년 전의 사람과 물리적으로 다르며 뇌 또한 변했기 때문에, 이전 자아의 기억을 담고 있는 물리적 기반은 사라졌다. 기억의 신뢰성이 낮다는 것을 보여주는 다양한 연구를 통해, 이제 우리는 자신이 과거의 버전과 같은 사람이라는 믿음이 그 자체로 허구적인 서사라는 진실을 알게 됐다. 우리는 또한 모든 경험이 자신의 기대에 의해 색칠되는 방식을 살펴보았고, 이 기대가 형성되는 서사 방식을 살펴보았다.

우리가 소비하는 이야기들이 자아감을 형성한다면, 우리는 어떻게 자신의 경험과 우리가 읽거나 듣는 것들 사이의 경계를 그어야 할까? 특히 청소년들에게는 이는 희미한 구분일 수 있는데, 부분적으로 그들이 자신의 것이라고 부를 수 있는 많은 경험을 아직 하지 못했기 때문이다. 하지만 성인이 되어도, 자신과 타인 사이의 경계는 우리가 생각하는 것만큼 분명하지 않다.

2부에서는 우리가 어떻게 서로의 머릿속에 들어가서 자신의 생각과 타인의 생각 사이의 경계선을 흐리게 하는지 살펴보자.

제2부

—

만들어진
자아

9장

진화는 개인주의를 싫어한다

인간 외에도 고도의 사회적 체계를 갖춘 생명체들이 있다. 그러나 타인의 사고를 유추할 수 있는 능력은 오직 인간만이 갖고 있다. 이 능력은 우리가 다른 사람들의 아이디어를 자신의 것으로 흡수하는 데 도움을 준다. 연구자들은 이를 정신 이론Theory of Mind이라고 부르는데 간단히 ToM이라고도 쓴다. ToM은 협력을 가능케하는 강력한 진화적 적응이다. 그러나 그 때문에 개인의 생각이 집단에 편입되어 다른 구성원들에게 재분배되는 현상이 발생한다. 쉽게 말해, 우리의 뇌는 다른 사람들의 의견에 쉽게 물들도록 진화했다.

큰 수의 법칙The law of large numbers(표본의 크기가 클수록 표본의 평균이 모집단의 평균값에 가까워 진다는 법칙 - 편집자)에 따르면,

그룹이 개인보다 정확한 판단을 내릴 가능성이 더 높다. 대부분의 상황에서 자신의 길을 가기보다는 군중을 따르는 것이 더 나은 선택일 수 있다는 것이다. 그래서 오랜 진화의 과정을 거치면서 인간의 뇌에는 무리를 추종하는 습성이 생존 전략의 하나로 녹아들었다.

확고한 개인주의자라면 이러한 주장이 불편하겠지만, 나는 인간의 집단적 사고 경향을 결함이 아니라 장점이라고 생각한다. 장기적 수익을 위해서는 개별 주식보다는 지수 기금에 투자하라는 재정 상담가들의 조언을 들어봤을 것이다. 높은 수익률을 달성한 스타 펀드 매니저들도 긴 시간을 두고 보면 시장의 평균 수익률로 회귀한다. 장기적으로 보면, 시장 전체에 투자하는 것보다 더 나은 수익률을 얻기란 쉽지 않다. 우리 뇌는 본능적으로 이를 알고 있다. 그러나 우리가 머릿속에서 만들어 낸 서사가 이 본능을 방해한다. 영웅은 무리의 안락함을 떠나 여정을 떠나고, 자신만의 길을 개척하고, 괴물들을 쓰러뜨리고, 결국 고향으로 돌아와 공동체에 자신의 지혜를 나눈다. 이것은 열망의 신화이다. 분명 유용한 신화이지만, 그래도 신화일 뿐이다.

사슴 사냥 딜레마

우리 뇌가 달라지기보다 비슷해지도록 진화한 또 다른 이유가 있다. 비슷한 마음을 가지면 협력에 유리하다. 다른 사람의 관점에서 사물을 보는 능력은 사회의 중심축을 형성한다. 이 기술은 너무나 중요해서, 다른 사람들의 관점을 이해하지 못하거나, 거부하는 사람들이 늘어나면 사회가 불안정해질 수 있다.

1755년에 출간된 《인간 불평등 기원론》에서 장 자크 루소는 사회 속에 위치한 개인의 문제를 다루었다. 야생 동물처럼 자신의 생존(자기 사랑amour de soi même, love of self)에만 관심이 있는 '자연 상태의 인간'을 루소는 '고귀한 야만인'으로 표현했다. 루소에 따르면, 야만인들이 다른 이들과 살아가면서 복잡한 문제에 직면하게 된다. 어느 시점에서, 고귀한 야만인은 사라지고 인간은 자신의 이익을 자신이 살고 있는 환경에까지 확장해, 토지 한 덩어리를 차지하고 이렇게 선언한다. "이것은 내 것이다." 루소는 이 행위가 사회와 인류 문명화의 시작을 가져왔다고 주장했다. 이는 부자(토지를 소유한 자들)와 부자가 아닌 자들 사이의 계급 불평등을 법으로 규정한 선언이다.

루소의 관점에서 보면, 소유와 비소유의 분리는 부유하지 않은 자들의 자유를 허용하는 사회를 만들고자 하는 이들에게 한 가지 의무를 지웠다. 이 의무를 루소는 사회 계약social contract이라고 불렀다.*

---

* 루소는 자연 상태의 인간은 자유롭고 평등하지만, 그 자유와 평등이 불완전하기 때문에 사회계약을 통해 국가를 형성하고, 국가는 사회 구성원의 자유와 평등을 보장해야 한다고 주장했다. - 편집자

그의 주장은 계몽 시대의 상징이자 미국 독립 선언과 독립 전쟁에 지적 근거가 됐다. 미국인들 입장에서 보자면 본질적으로, 영국의 조지 왕은 식민지와의 사회 계약을 깨뜨렸고 이에 대한 유일한 대안은 국민의 의지를 반영하는 새로운 정부를 구성하는 것이었다.

미시적 수준의 사회 상호작용, 즉 개인이 다른 이들에 대해 어떻게 행동했는지에 관해서도 루소는 언급했다. 소위 '사슴 사냥 딜레마'는 자기 이익과 공동 이익 사이의 긴장을 잘 설명한다. 야만인은 주로 자신의 복지에 관심이 있다. 따라서 다른 사람의 행동에 관심을 기울이지 않는다. 그런데 어느 순간 다른 사람들이 자신과 비슷한 방식으로 행동하는 경향이 있다는 것을 깨닫게 된다. 이때부터 야만인은 남도 자신과 같이 생각할 것이라고 추론하고 각 개인의 복지를 증대시키기 위해 공통의 규칙을 준수하는 것이 서로에게 유리할 수 있다고 생각하게 된다.[1] 또한 '다른 사람과 협력하는 것이 도움이 될 때'와 '이해 상충이 일어날 수 있는 때'를 구분하게 된다. 루소는 이 아이디어를 증명하기 위해, 사슴 사냥 비유를 제시했다. 다음은 루소의 주장을 정리한 것이다.

사슴은 개인이 혼자서 소비할 수 있는 것보다 더 많은 고기를 제공한다. 그러나 사슴은 매우 경계심이 강해서 사냥꾼들을 피하는 데에 뛰어나다. 그래서 팀을 이뤄 사냥해야 잡을 확률이 높아진다. 두 명의 사냥꾼이 각각 다른 지점을 맡는다면, 성공 확률은 더 증가한다. 루소는 이렇게 썼다. '성공하기 위해서는 자신의 역

할을 충실히 해내야 한다는 것을 모든 사람이 알고 있다.'

그러나 루소는 인간의 이기적인 면도 지적했다. '만약 토끼 한 마리가 그들 중 한 명의 범위 안에 들어온다면, 그는 양심의 거리낌 없이 토끼를 혼자 소유하려 할 것이다.' 그는 토끼를 발견한 사람은 사슴 사냥에서 자신의 역할과 동료들의 기대를 저버릴 수 있다고 보았다.

루소는 이 예시를 들면서 사슴과 토끼 사냥에 관한 상대적인 성공 확률이나 사냥꾼의 수를 구체적으로 명시하지 않았다. 사슴 사냥 딜레마의 핵심은 사슴 고기의 공유가 토끼 한 마리가 제공하는 것보다 더 가치 있다는 것이다. 토끼를 혼자 소유하는 것은 즉각적인 만족을 주지만, 공동체에는 이익이 되지 않는다. 루소와 동시대인인 스코틀랜드 철학자 데이비드 흄은 배에 대한 은유로 비슷한 주장을 했다.[2] 두 명의 남자가 노를 젓는 배에 함께 갇혀 있다. 둘 다 노를 저으면, 원하는 곳에 갈 수 있다. 만약 한 명만 노를 저으면, 배는 원을 그리며 제자리를 맴돌게 된다. 노를 젓는 사람만 에너지를 낭비하게 되어, 둘 다 노를 젓지 않았을 때보다도 나쁜 결과를 초래한다.

사슴 사냥에서는 자기 이익과 공동 이익이 완전히 일치한다(반면, 더 잘 알려진 죄수의 딜레마라는 다른 고전적인 사고 실험에서는 자기 이익과 공동 이익이 상충한다). 개인에게 가장 좋은 것이 모두에게도 가장 좋다. 그러나 사람들은 종종 사슴 사냥에서 협력하지 않는다. 따라서 가장 좋은 결과(사슴을 함께 사냥하는 것)

는 전적으로 상대방의 행동에 달려 있다. 사냥 참가자들은 둘 다 사슴을 사냥하거나, 둘 다 토끼를 사냥할 수 있다. 게임 이론game theory에서, 이를 '균형'이라고 부른다. 왜냐하면 둘 중 어느 결과에 도달하더라도 개인은 반대되는 것을 선택함으로써 더 나빠질 수밖에 없기 때문이다. 그러나 사슴을 사냥하자는 상호 합의에 도달하기는 쉽지 않다. 모두가 그것이 가장 좋은 결과라고 동의할지라도, 각 개인은 다른 사람이 협력할 것이라는 신뢰가 있어야 사슴 사냥을 한다. 이때 다른 사람이 어떤 선택을 할지 알 수 없는 불확실성을 전략적 불확실성strategic uncertainty이라고 한다. 서로에 대한 불신은 개인들이 가장 좋은 결과를 포기하게 만든다 (이 경우, 사슴을 포기하고 토끼를 잡는 것이다).

이 시점에서, 당신은 궁금해 할 수 있다. 이 모든 것이 '나'라는 망상과 도대체 무슨 관련이 있단 말인가?

게임 이론으로 알아보는 협력 메커니즘

사슴 사냥 딜레마는 현실 세계에서도 지속적으로 등장하는 문제다. 팀워크를 포함한 어떤 활동도 사슴 사냥에 빗댈 수 있다. 각 개인은 보상을 얻기 위해 공동 이익에 기여해야 하지만, 규모가 커질수록 조정 능력이 약해지고 결국 공유재의 비극tragedy of the commons이 일어난다. 공유재의 비극이라는 원론적인 예시는 영국의 농부들이 전통적인 관습대로 공유된 토지에 자신들의 소 떼를 방목하던 이야기를 담고 있다. 개별 농부가 키우는 소의 마릿수가 늘어나면, 더 많은 돈을 벌 수 있다. 그러나 모두가 이렇게 하면, 초지는 고갈되고 모두가 고통을 겪게 된다. 결국 개인의 이익을 위해 공동의 이익이 파괴되는 비극이 발생한다. 이런 역학적 상황이 지금도 일어나고 있다. 기후 변화가 대표적이다.

게임 이론은 사슴 사냥을 수학적으로 분석하는 방법을 제공하며, 게임 참가자들이 특정 전략을 다른 전략보다 선호하는 이유를 설명한다. 가장 간단한 형태로 보자면, 사슴 사냥은 두 사람 사이의 게임이라 할 수 있다. 각자는 한 가지 행동 즉, 토끼를 사냥하거나 사슴을 사냥하는 행동을 선택해야 하고, 그 결정에 따라 보상이 정해진다. 게임 참가자들이 서로 소통할 수 있는지는 중요하지 않다. 왜냐하면 사람들은 때때로 거짓말을 하기 때문이다.

중요한 것은 각 사람이 '실제로 무엇을 하는가'이다. 게임 이론으로 보자면, 두 명의 게임 참가자가 모두 사슴을 사냥하거나 모두 토끼를 사냥할 때, 균형이 이뤄진다. 사슴 사냥은 최대 보상이며, 보상 우세 균형payoff-dominant equilibrium이라고 부른다. 토끼 사냥은 보상은 작지만, 빈 손이 될 위험을 최소화하므로 이를 위험 우세 균형risk-dominant equilibrium이라고 부른다.

게임 참가자가 무엇을 선택하느냐는 두 가지 요인에 달려있다. 사슴과 토끼의 상대적인 보상 크기와 불확실성에 대한 각 개인의 허용도tolerance가 그것이다. 사슴이 토끼보다 훨씬 더 큰 가치가 있다면, 다른 사람이 무엇을 할지에 대한 불확실성을 감내할 수 있다. 반면, 사슴이 토끼보다 조금만 가치가 있다면, 위험을 감내할 이유가 줄어든다. 경제학자들은 전략적 불확실성이 위험에 대한 인간의 일반적인 태도인지, 아니면 개인의 경향에서 비롯되는 개별적인 특성인지를 두고 다양한 해석을 내놓고 있다.

세 번째 가능성도 있다. 인간은 협력을 위해 행동을 조정해야 하는 상황을 맞으면 다른 사람의 생각과 더 비슷하게 생각하기 위해 자신의 마음을 바꾸기도 한다.

사회적 결정을 내리는 동안 뇌에서 무슨 일이 일어나는지 살펴볼 수 있다면, 어떤 메커니즘이 선택 조정에 더 깊이 관여하는지 그리고 개인이 특정 상황에 맞게 자신의 생각을 어느 정도로 바꿀 수 있는지 더 잘 알 수 있을 것이다.

뇌 실험으로 찾아낸 진화의 흔적들

그래서, 2012년 우리 연구팀은 fMRI와 사슴 사냥 게임을 조합해 타인과 상호 작용할 때 개인의 위험 태도가 어떻게 변하는지 알아보는 실험을 기획했다. 사슴 사냥 문제에서 위험 우세 결과를 피하려면, 사냥 참가자들이 서로의 생각에 대해 따져봐야 한다. 이는 당연한 과정처럼 보이지만, 루소가 말한 야만인 같은 사람이라면 타인의 생각에 관심을 가지지 않을 수도 있다. 그러나 그렇게 하면 영원히 토끼사냥에 만족해야 한다.

다른 사람이 무엇을 생각하는지를 따져보는 것을 멘탈라이징 mentalizing이라고 한다. 이는 엔터테인먼트 일종인 최면술사들만의 멘탈리즘mentalism과는 다른 개념이다. 멘탈라이징은 우리 모두가 어느 정도 소유하고 있는 기술로, 다른 사람의 관점에서 사물을 보는 능력이다. 다시 말해, 정신 이론ToM이다.[3] 그러나 멘탈라이징을 하려면, 다른 사람의 마음이 어떻게 작동하는지에 대한 나름의 판단 모델을 갖고 있어야 한다. 그러나 인간은 자신의 마음에만 접근할 수 있기에, 다른 사람들의 마음도 나와 비슷한 방식으로 작동한다고 가정하고 멘탈라이징을 하게 된다.

멘탈라이징의 이런 복잡성을 감안하면, ToM에 뇌의 여러 영역이 관여한다는 것은 놀라운 일이 아니다. 일부 연구자들은 뇌에 특수한 ToM 네트워크가 있다고 주장하지만, 나는 모듈식 관점을 선호한다.[4] 대부분의 뇌 영역, 특히 대뇌 피질 영역은 다양한 인지 기능을 수행하기 위해, 필요에 따라 다양한 역할을 맡는다. ToM도 다르지 않다. ToM은 1부에서 논의한 뇌의 예측의 한 버전이다. 차이가 있다면 ToM은 나의 미래가 아니라 다른 사람이 무엇을 생각하는지 예측하는 능력이다. 이때 다른 사람이 무엇을 생각하는지는 결코 진정으로 알 수 없기 때문에, 다른 사람의 마음에 대한 추론은 순수한 시뮬레이션이며 그 복잡성을 감안할 때 다양한 뇌 회로를 동원해야 한다. 예를 들어, 상대방의 물리적 감각과 행동을 시뮬레이션하기 위해서는 감각 운동 영역sensorimotor region이 필요하다. 편도체amygdala와 대뇌섬insula 같은 영역은 타인의 내적 상태를 시뮬레이션하는 데 필요하다.

　은행에 가면을 쓴 남자가 들어가는 것을 보면, 어떤 가정을 하겠는가? 코로나 전이라면 그가 은행을 털기 위해 자신의 정체를 숨기고 있다고 추측할 수 있다. 2020년 3월이라면 그저 치명적인 바이러스를 피하려는 나름의 노력이라고 생각할 수 있다. 그런 인과적 추론은 가면을 쓴 남자의 잠재적인 정신 상태를 시뮬레이션하는 데 의존한다. 그러나 그의 정신 상태 중 어느 것이 당신의 마음에 떠오르느냐는 나의 경험과 편견에 의해 결정된다. 다시 말해, 자신이 가진 서사에 의해 좌우된다. 이것이 ToM이 작동하는 방식이다.

　그러므로, ToM이 사슴 사냥에서 위험 우세 결과를 피하는 방법을 제공할 수 있다는 가설은 합리적이다. 다른 사냥꾼의 입장이 되어보면, 협력의 상호 이익을 제대로 평가할 수 있다. 그러나 이것이 유일한 방법은 아니다. 사슴 사냥을 하는 사람들은 다른 게임 참가자들의 선택을 무작위 과정으로 볼 수도 있다. 그렇다면 다른 참가자들의 정신 상태를 시뮬레이션할 필요가 없다. 참가자들이 사슴을 사냥할 확률이나 토끼를 사냥할 확률을 기계적으로 할당하고, 상대적인 보상과 자신의 위험 허용도에 따라 선택하면 그만이다. 이 세계관에서, 다른 사람들은 주사위 굴리기와 같은 단순한 행동을 하는 자동화 장치일 뿐이다.

　우리 팀은 사람들이 사슴 사냥을 할 때, 선택의 기준으로 멘탈라이징을 사용하는지, 아니면 기계적으로 확률을 배당하는지 알아보기로 했다. 만약 멘탈라이징을 한다면, 위에서 언급한 기능과 관련된 뇌 영역이 활성화할 것이다. 반면, 다른 플레이어를 일종의 복권으로 간주한다면, 위험과 보상에 관여하는 영역이 활성화할 것이다.

우리 연구팀은 실험 참가자들의 뇌를 스캔하는 동안 사슴 사냥과 비슷한 게임을 진행했다.[5] 일부 참가자들은 실제 사슴 사냥과 마찬가지로 다른 사람과 대결했다. 한편 다른 참가자들은 사람 대신 동일한 지불 가능성을 가진 복권을 가지고 게임을 했다. 이 두 조건에서 뇌의 활성화 패턴이 같다면, 그것은 사람이 사슴 사냥을 단순한 운의 게임으로 본다는 가설을 뒷받침한다. 그러나 활성화 영역이 다르다면, 사슴 사냥은 무작위 선택과 다른 과정이 작동한다는 것을 의미한다.

우리 연구팀은 복권 게임과 사슴 사냥 게임을 각각 실행해 참가자들의 선택을 살펴보았다. 실험 결과, 복권 게임에서는 참가자들이 보상 우위 결과를 43퍼센트의 비율로 선택했다. 사슴 사냥에서는 이 비율이 73퍼센트로 증가했다. 즉, 다른 사람의 존재를 아는 것만으로도 협력 선택의 비율이 거의 두 배로 높아졌다. 우리가 예상했던 것처럼, 이것은 사슴 사냥에서 다른 인지 과정들이 작동한다는 것을 시사했다.

실험에 참가한 사람들의 뇌를 스캔한 결과, 각각의 실험 조건에서 보상 우위를 선택한 참가자들 모두에서 뇌의 뒷부분에 있는 후두엽 피질occipital cortex에서부터 위쪽으로 확장되어 두정엽parietal lobe까지 넓은 영역의 활동을 확인할 수 있었다. 이들 영역은 시각 주의visual attention와 관련되어 있다. 이에 대한 가장 간단한 설명은 보상 우위 선택을 하는 것은 그렇지 않은 선택보다 상대적인 보상의 정도를 더 자세히 보게 하고, 이 때문에 뇌의 시각주의 영역이 활성화 됐다는 것이다.

그렇다면, 사슴 사냥과 복권 사이에 주목할 만한 뇌 활성화 패턴의 차이는 없었을까? 쐐기소엽cuneus이라는 영역이 사슴 사냥에서 훨씬 더 활발하게 반응했다. 쐐기소엽은 머리 뒷부분의 후두엽 피질 중앙선을 따라 내부 접힘에 묻혀 있는 영역이다. 이 부분은 시각 시스템의 일부이며, 사회적 정보, 특히 ToM을 요구하는 작업에서 민감하게 반응하는 것으로 관찰됐다.[6] 이 밖에도 사슴 사냥에서는 뇌의 얼굴 처리 시스템의 핵심 영역인 방추형 이랑fusiform gyrus이 활성화됐다.

여기서 잠깐, 우리 연구팀이 실시한 사슴 사냥 실험에서는 피실험자가 다른 사람의 존재를 알고 있다 하더라도 그 상대가 실제로 눈에 보이지 않았음을 밝혀둔다. 연구팀이 피실험자에게 두 명의 참가자가 있다는 게임의 조건을 알려주었을 뿐이다. 그렇다면 왜 뇌의 얼굴 처리 영역의 활동이 증가했을까?

한 가지 가능한 설명은 피실험자들이 보이지 않더라도 게임 참가자들이 있다는 정보만으로도 멘탈라이징을 했다는 것이다. 이러한 종류의 멘탈라이징은 두 가지 단계를 거쳐야 한다. 즉, 다른 사람의 존재를 상상하고, 그들이 무엇을 할 것인지 예측해야 한다. 앞에서 언급했듯이 시각적 상상만으로도 뇌의 시각 회로가 활성화된다. 눈을 감고 일몰을 상상하면, 눈으로부터의 입력 없이도 시각 피질이 활성화된다. 마찬가지로 사슴 사냥을 하는 누군가를 상상하는 것만으로도 시각 피질이 활성화한 것이다. 한편 활성화의 크기를 참가자들이 실험에 얼마나 열심히 참여했는지의 척도로 삼는다면, 이는 참가자들이 얼마나 자주 보상 우위 선택을 하는지와 상관관계가 있었다. 이것은 멘탈라이징을 더 잘하는 사람들이 더 자주 협력한다는 것을 시사했다.

루소의 이야기로 돌아가보면, 야만인이 이웃들도 마음이 있다는 것을 깨달았을 때, 모든 것이 바뀌었다. 멘탈라이징을 협력의 도구로 사용한 사람은 번영했고, 그렇지 못한 사람은 혼자 토끼를 사냥하게 되었다. 진화의 모델들은 어떤 인간 집단에서도 여러 특성을 가진 개인이 섞여 있을 것이라고 가정한다. 모두가 토끼 사냥에 몰두할 때, 사슴을 함께 사냥하는 소수의 사람들은 상당한 이점을 갖게 된다. 만약 모두가 사슴을 사냥한다면, 고집스러운 개인주의자는 그룹의 노력에 무임승차하는 것이고 그 집단은 '진화적 안정 전략'evolutionary stable strategy을 발견할 때까지 두 극단 사이에서 흔들리게 된다.

현대 사회는 협력을 선호한다. 그래서 우리는 개인주의적인 경향을 억제하기 위해 정치, 경제, 종교 기관을 만들었다. 이들 기관의 규범은 공동체의 비극을 피하고 더 큰 이익을 보호하는, 유일하게 입증된 방법이다. 뒤에서 이것들이 어떻게 신성한 가치로 보호되는지 살펴볼 것이다.

루소가 깨달은 것처럼, 사회에서 살아가는 이점은 개성을 잃는 대가로 얻어진다. 멘탈라이징과 ToM은 강력한 인지 기능이며, 인간의 뇌 구조에 매우 밀접하게 엮여서 어떤 생각도 정말로 당신만의 것은 없다고 할 수 있다. 협력이라는 선택의 순간을 맞을 때마다, 당신은 자신의 생각과 당신이 생각하기에 다른 사람이 생각하고 있는 것 사이를 계속해서 왔다 갔다 해야 한다. 멘탈라이징은 여기서 한 단계 더 나아가서, 그들이 당신에 대해 어떻게 생각하는지를 시뮬레이션하는 지점까지 갈 수 있다. 즉, '당신에 대해 생각하는 누군가'에 대해 생각한다. 그러므로 어떤 사회적 환경에서든, 당신은 머릿속에 여러 버전의 자신을 가질 수 있다. 당신의 버전과 당신이 생각하기에 다른 사람들이 당신에 대해 가지고 있는 버전이 그것이다.

그렇다면 우리는 다시 원래의 질문으로 돌아간다.

"당신은 누구인가?"

여기서 정답은 없다. 다만 단일한 자아라는 개념 자체가 서사적 허구일 뿐이다. 과거의 자아, 미래의 자아, 다른 사람들이 생각하는 당신이라는 자아 그리고 사회에서 발현되는 당신의 모든 개성이 있을 뿐이다.

10장과 11장에서는 이 다중 우주가 어디까지 뻗어나가는지 살펴보고, 실제로 변하지 않는 핵심 자아가 있는지를 알아볼 것이다.

나의 선택이라는 착각

타인의 마음을 시뮬레이션하여 상대방 입장이 되어 보는 것은 엄밀히 말해 개성을 억압하는 일이다. 그러나 여기에는 진화적 이점이 있다. 인간은 멘탈라이징이나 ToM 능력을 갖고 태어나지 않는다. 이러한 기술은 유년기 초기에 발달한다. 4살 정도가 되면 다른 사람들이 자신의 생각을 읽을 수 없다는 것을 깨닫는다. 성인은 자신의 내부와 외부 세계 사이의 구분을 당연하게 여기지만, 아이들에게 내면의 발견은 혁명이다. 자신의 생각이 자신의 것이라는 인식은 자아를 형성하는데 중요한 이정표가 된다.

이 이정표를 발견하면, 우리 앞에 '인지 과정'이 펼쳐진다. 이 정표를 발견한 아이는 자신의 생각을 전달하기 위해서는 말하기를 배워야 한다는 것을 알게 된다. 곧이어 자신이 머릿속에 떠오르는 모든 생각을 말할 필요가 없다는 것을 알게 된다. 일부 생각은 비밀로 남겨둘 수 있다. 발언utterance이 반드시 생각과 일치할 필요가 없다는 것을 깨닫는 데는 많은 시간이 필요하지 않다.

자신의 생각을 마음이라는 금고 안에 숨길 수 있다는 깨달음은 강력한 힘이 된다. 자신의 생각 중 무엇을 다른 사람들과 공유할지 결정하는 것이 자신의 통제 아래에 있다는 깨달음은 그 자체로 권력이다. '나의 생각'은 개인 정보 보호의 마지막 장벽이다. 아직은 그 어떤 기술도 타인의 생각을 완전히 엿듣지 못하며, 뇌의 어떤 알고리즘이 여기에 관여하는지 파악하지 못했다. 이를 깨닫고 나면 우리는 자신의 생각이 나만의 것이라는 개념에 매달리게 된다.

그러나 이 믿음 또한 허구이다. 내 것으로 믿는 생각들은 어디서 왔을까? 온전히 우리 머릿속에서 만들어진 생각은 아니다. 아니 오히려 그 정반대에 가깝다. 이 장에서는 우리 뇌 속에 있는 오즈의 마법사의 커튼을 걷어내고, 우리의 생각이 얼마나 충격적으로 평범한지 살펴볼 것이다. 여기에 더해 우리 뇌는 타인의 의견을 너무 쉽게 흡수하는 나머지 그것이 내 머리에서 나왔다고 착각한다는 것을 알게 될 것이다.

애쉬의 실험: 반대편에 서는 두려움

사회심리학은 사람들이 서로의 사고에 어떻게 영향을 미치는지 연구하는 학문으로, 비교적 새로운 분야다. 제2차 세계대전 직후 열린 뉘른베르크 재판 당시, 많은 독일인이 유대인 대량 학살이라는 나치 이념에 따랐던 이유에 대해 답하기 위해 집단적인 의식 탐구가 이루어졌다. 그들은 단순히 명령에 따랐던 것일까, 반대 의견을 내기 두려웠던 것일까. 아니면 전쟁이라는 극한 상황이 세상을 바라보는 방식을 바꾼 것일까?

1950년대, 스워스모어대학교 심리학자 솔로몬 애쉬는 제2차 세계대전이 끝난 후 10년 동안, 이 질문에 대한 답을 찾으려고 했다. 애쉬는 다른 사람들의 의견이 우리 자신의 인식을 형성하는 데 얼마나 영향을 주는지를 보여주는 일련의 세밀한 실험을 설계했다. 그중 가장 유명한 실험을 살펴보자.

실험참가자들이 시력 검사를 위해 8명씩 강의실에 들어온다. 그들은 모두 독립적인 사고를 할 수 있음을 자부하는 젊은 남성들이다. 애쉬가 제시한 과제는 사소해 보인다. 남성들에게 네 개의 선이 그려진 일련의 카드를 보여주고 가장 왼쪽에 있는 선이 기준이라고 알려준다. 그들이 해야 할 일은 다른 세 개의 선 중에서 기준선과 같은 길이의 선을 고르는 것뿐이다. 애쉬는 주어진 과제가 간단하다는 것을 증명하기 위해 방 안을 돌아다니면서 각 사람에게 답을 말하라고 한다.[1]

사실, 이 실험에 참가한 사람들 중에 오직 한 명만이 피실험자이다. 8명 중 7명은 애쉬가 고용한 사람들이었고, 그들은 18장의 카드 중 12장에서 '잘못된 답'을 고르기로 미리 약속했다. 그렇게 하고는 한 명의 진짜 피실험자가 어떻게 행동하는지 살펴보았다. 과연 피실험자는 다른 7명이 명백히 틀린 답을 하더라도 그룹의 의견을 따를 것인가? 아니면 올바른 답을 할까?

실험 결과, 그룹이 올바른 답을 선택한 경우, 피실험자들의 95퍼센트도 정답을 선택했다. 하지만 7명이 모두 틀린 답을 고른 경우, 피실험자들 가운데 오직 4분의 1만이 올바른 답을 선택했고, 나머지는 사람들은 그룹의 선택과 같은 답을 했다.

이 실험을 바탕으로 애쉬는 인간이 주변 그룹에 받는 영향을 과소평가하는 경향이 있지만, 실제로는 많은 영향을 받는다고 결론 내렸다. 일부는 자신의 인식이 잘못되었다는 근거로써 그룹의 (잘못된) 판단을 수용했다. 일부는 자신이 틀렸다는 것조차 인지하지 못했다. 이런 의미에서, 애쉬의 실험은 사람들이 '왜' 그룹과 같은 선택을 하는지에 대한 명확한 답을 주지는 못하지만, 사람들을 양처럼 행동하도록 설득하는 것이 얼마나 쉬운지를 분명하게 보여주었다. 피실험자들은 자유의지를 갖고 있다고 믿었지만 충분한 사회적 압력이 가해지면 대부분은 혼자 반대편에 서는 두려움에 굴복했다.

우리는 순응하도록 진화했다

2004년, 나는 애쉬의 실험을 재현해 보기로 했다. 다만 피실험자의 행동을 관찰하는 대신에, 그들의 뇌에서 어떤 변화가 일어나는지 알아보기 위해 fMRI을 사용하기로 했다.[2] 1부에서 보았듯이, 이전의 경험은 인간의 인식에 영향을 주며 이야기는 개인적인 서사의 모형을 형성하는데 영향을 미친다. 여기서 이야기는 다른 사람들로부터 비롯되기 때문에, 나는 다른 사람들의 의견이 사람이 세상을 보는 방식에 근본적인 변화를 일으킬 수 있는지 궁금했다. 만일 그렇다면, fMRI는 뇌의 인식 영역에서의 변화를 감지할 것이다. 반면에, 순응적인 행동이 순전히 개인의 판단에 의해 발생한다면 뇌의 의사 결정 영역이 활성화할 것이다.

애쉬의 시나리오를 따라 피실험자의 역할을 할 배우들을 고용했다. 속임수를 더 철저히 감추기 위해 배우들이 서로 다른 시간에 실험실에 도착하게 했다. 그런 다음 모두에게 함께 지시 사항을 전달했다. 수행할 작업은 애쉬의 실험과 거의 유사했는데 선 대신에 컴퓨터 화면에 쌍을 이룬 테트리스 같은 모양을 사용했다.

참가자들은 화면에 뜨는 도형의 모양이 같은지 다른지 판단해야 했다. 시험의 절반은 혼자 판단을 내렸고 나머지 절반에서는 다른 사람들이 뭐라고 말했는지 들은 후 선택을 했다. 진짜 피실험자가 작업을 수행하기 위해 스캐너 안으로 들어갔을 때, 배우들은 주로 잘못된 답을 하라고 지시받았다.

실험 결과, 진짜 피실험자가 혼자 답한 경우 86퍼센트가 정답을 맞혔다. 그러나 배우들이 잘못된 답을 제시하면, 정답률은 59 퍼센트 아래로 떨어졌다. 59퍼센트는 통계적으로 우연보다 못한 수치였다. 실험 후 가진 피실험자 면담에서 그들은 자신들의 선택에 대해 다양한 설명을 내놓았다. 일부는 그룹의 영향을 받지 않았고, 다른 일부는 거의 100퍼센트 그룹의 의견을 따라갔다고 했다. 대부분은 이 두 대답 사이의 어딘가에 있었다. 그들은 때때로 그룹과 같은 의견을 가졌다는 희미한 기억을 가지고 있었지만, 또 어떤 때는 그렇지 않았다고 답했다.

fMRI의 결과는 어떠했을까? 참가자들이 그룹의 의견 없이 작업을 했을 때는 두정엽에서 전반적인 활동을 관찰할 수 있었다. 이 영역은 시각 피질로부터 입력을 받아 정신적 이미지를 구성하는 데 중요한 역할을 한다. 두정피질parietal cortex은 정신 회전mental rotation 작업에서 특히 활발하게 작동하는데 이를 통해 사람들은 정신적으로 이미지를 구성하고 눈이 전송하는 이미지와 비교한다.

피실험자에게 그룹의 응답을 보여줬을 경우에는, 두 가지 변화가 관찰됐다. 첫째, 두정엽의 정신 회전 작업이 감소했다. 이것은 피실험자가 다른 사람들의 의견에 따르다 보니 스스로 정신 회전 작업을 하지 않았다는 해석이 가능하다.

둘째, 참가자가 그룹에 반하는 선택을 했을 경우, 편도체의 활동이 증가했다. 대뇌 피질과 별개로, 편도체는 감정적으로 자극적인 상황에서 자주 활성화된다. 따라서 자신의 믿음을 밀고나가는 결정이 상당한 스트레스를 불러왔음을 알 수 있다. 그러나 피실험자들은 대부분 스트레스가 증가했다는 것을 의식적으로 인식하지 못했다.

눈에 띄는 실험 결과였지만, 내가 진행한 순응 실험에는 허점이 있었다. 실험심리학자들의 오랜 전통에 따라, 우리는 피실험자들을 속였다. 그리고 피실험자들이 올바른 답을 하더라도 어떤 대가도 지급하지 않았다. 그래서 그들이 실제로 생각한 대로 행동(선택)하게 할 진정한 동기가 부족했다.

해결책은 참가자들이 작업에 대해 최선의, 가장 정직한 판단을 내리도록 동기를 부여하도록 실험을 재설계하는 것이었다. 가장 간단하게는 성과에 따라 돈을 지급하는 방법이 있었다. 2008년, 나는 에모리대학교의 실험경제학자인 찰스 누세르와 모니카 카프라와 팀을 이루어 개선된 실험을 해보았다. 이 실험에서 우리는 애쉬가 주목한 집단의 영향력 대신, 다른 유형의 사회적 영향력에 초점을 맞추기로 했다. 바로 '전문가의 의견'이다.

애쉬가 단체사고group think의 개념을 개척했다면, 그의 제자인 스탠리 밀그램은 권위에 굴복하는 것과 관련된 전기 충격 실험으로 더 큰 명성(또는 악명)을 얻었다. 밀그램은 실험 참가자들이 권위자의 지시에 따라 다른 사람들에게 치명적인 전기 충격을 가할 수 있는지를 실험했다.[3] 이 실험에서 고통스러운 비명은 배우

들에 의해 연출된 것이지만, 사회 심리학계는 극도의 속임수와
참가자들이 겪은 정신적 고통 때문에 밀그램의 접근법에 등을 돌
렸다.[4] 나와 찰스, 모니카는 밀그램의 실험을 부활시키려는 의도
는 없었다. 그러나 핵심 아이디어는 비슷했다. 하얀 코트를 입거
나 존경받는 직함을 가진 권위자가 인간의 판단력에 영향력을 미
칠 수 있는지에 관해 탐구하고자 했다.

우리는 전기충격 대신에 재정적 결정financial decision이라는 경제
적 패러다임에 초점을 맞춰 실험을 설계했다. 특히 피실험자가
리스크가 큰 재정적 결정을 내릴 때 전문가의 영향을 받는지 알
아보려 했다. 경제 용어로, '위험한 결정'은 결과가 확실하지 않은
선택을 말한다. 대표적인 것이 복권이다. 우리의 실험에서, 피실
험자는 먼저 복권을 뒤집어 당첨 확률을 확인한다. 그런 다음, 당
첨금의 크기와 복권의 가격에 근거하여, 그 가격이 위험을 감내
할 만한 가치가 있는지 선택한다. 수학적 해결책은 간단하다. 즉,
당첨금을 당첨 확률로 나누어 기댓값Expected Value, EV을 계산하면
된다. 복권이 1달러라고 가정하면, EV가 1달러보다 크다면 복권
을 사는 것이 합리적이다. 그러나 사람들 대부분은 돈을 이런 식
으로 다루지 않는다. 인간은 극히 낮은 확률의 승리를 과대평가
하고 상대적으로 확실한 승리는 과소평가하는 경향이 있다.[5] 이
런 경향을 경제학자들은 위험 회피risk aversion라고 부른다.

우리는 인간의 위험 회피 경향을 fMRI로 알아보는 실험도 했
다. 스캐너 안에 있는 동안, 참가자들은 일련의 복권을 보게 된다.

정확한 응답을 위해, 우리는 그들에게 제시된 복권 중 하나를 무작위로 뽑아서 해당 당첨금을 줄 것이라고 설명했다.[6] 피실험자들은 어떤 복권이 선택될지 모르기 때문에, 모든 시험에 최선을 다해 임했으며, 실제 돈이 걸려 있기 때문에, 자신의 재정적 이익에 따라 선택을 했다.

이전의 순응 실험에서 했던 것처럼, 두 가지 조건에서 실험이 진행됐다. 기본 조건에서는 참가자가 오롯이 스스로 결정을 내렸다. 다른 조건에서는 전문가의 조언을 들려주었다. 경제학 교수로서 명성이 높은 찰스가 전문가 역할을 했다. 그의 조언은 이기는 확률을 최대화하도록 설계된 보수적인 전략을 따랐다. 복권의 당첨 확률이 일정한 임계값 이상이면, 찰스는 복권의 금액에 상관없이 이를 받아들이라고 조언했다.[7]

실험 결과, '전문가의 의견 효과'는 미묘하지만 명확했다. 찰스의 조언이 있고 없고에 따라 내린 결정을 비교했을 때, 피실험자들이 확률을 다루는 방식에 변화가 있었다. 그들은 전문가의 전략에 따라 더 보수적으로 선택했다. fMRI 영상을 통해 그 이유를 추론할 수 있었다.

스캐너 안에서 경제적 결정을 내리기란 쉽지 않다. 암산만으로 결과를 판단해야 한다. 이 수준의 인지적 시뮬레이션은 두정엽과 전두엽에 크게 의존한다. 그러나 피실험자들이 전문가의 조언을 따랐을 때, 해당 영역의 활동이 감소했다. 애쉬 실험에서와 마찬가지로, 우리 실험 참가자들도 다른 사람에게 그들을 대신하게 함으로써 자신의 정신적 작업을 양보하는 경향을 보였다. 피실험자들 중에 전문가의 의견에 반하는 행동을 한 경우, 편도체amygdala와 마찬가지로 각성과 관련된 대뇌섬insula이 활성화됐다. 이는 자신의 길을 가는 불편함을 반영한다.

우리는 이 실험에서 자아와 타자 사이의 '다공성의 경계porous boundaries'에 대한 간접적인 증거를 발견할 수 있었다. 인간은 자유 의지에 따라 선택하지만, 때로는 그 결정을 전문가에게 맡긴다. 또는, 전문가가 그들의 머릿속에 있었다고 말할 수도 있다. 어느 쪽이든, 내부와 외부 세계 사이의 경계는 다소 희미해 보인다. 생각이 오가면서, 내부에서 기인하는 것과 다른 곳에서 흡수하는 것을 혼동하게 된다.

이러한 결과를 보고, 왜 군중이나 전문가와 다른 선택을 하는 것이 그토록 어려운지 궁금할 수 있다. 나는 앞에서 '큰 수의 법칙'과 어떻게 그룹이 개인보다 정확한 판단을 내릴 가능성이 높은지에 대해 언급했다.[8] 인간에겐 무리 지어 살도록 진화한 오랜 역사가 있다. 그룹에 속하는 것은 엄청난 가치가 있다. 그룹은 보호, 자원 접근, 그리고 반대 의견counterfactual opinion을 제공한다. 의심스러울 때는 친구에게 물어보라. 더 확실하게는 여러 명에게 물어보라. 집단의 응답은 평균적으로 정답에 가깝다.[9] 물론 이는 정답에 상관없이 우리의 뇌가 그룹의 판단을 받아들이기 위해 고도로 진화했기 때문에 집단의 의견을 따르는 것일 수도 있다. 당신은 집단의 흐름을 따르거나 그것에 저항할 수 있다. 하지만 저항은 뇌의 각성 시스템을 통해 경고를 보낼 것이다. 실제로 실험에서 그룹 또는 전문가의 의견에 저항할 경우 스트레스를 관장하는 뇌의 영역이 활성화됐다.

우리 연구팀은 재무 상담에 관한 fMRI 실험도 해보았는데, 재무 전문가의 조언을 따를 때 뇌의 보상 시스템에서 활동이 증가하는 것을 관찰할 수 있었다.[10] 그룹 의견은 또한 정보 압축의 한 형태로서 기능한다. 결정을 다른 사람들에게 맡길 수 있다면, 뇌에서 저장과 처리에 쓰이는 에너지를 줄일 수 있다. 물론, 이 설명들은 우리의 실험에 자발적으로 참여한 사람들의 평균적인 반응에 기반한 것으로 일반화하는 데는 한계가 있다.

흥미로운 것은 우리가 받은 반응의 범위였다. 심리학자들은 이를 '개인 차이'라고 부른다. 실험에서의 평균 효과는 인지 기능의 광범위한 경향을 설명하는 데 유용하지만, 더 깊은 진실은 왜 일부 사람들이 이 현상에 '더' 또는 '덜' 취약한지에 대한 질문에 답을 할 때 발견된다. 모든 사람의 개인적인 서사는 부분적으로 다른 사람들이 생각하는 것에 기반하기 때문에, 순응성에 대한 개인적인 취약성의 문제는 자신을 누구라고 생각하는지에 직접적인 영향을 미친다.

'개인 차이'를 이해하기 위해서는, 사람이 의식적 또는 무의식적으로 그룹의 의견에 순응하기 위해 자신의 인식을 바꾸는 다양한 이유를 분석하는 것이 도움이 된다. 애쉬의 실험 이후 유사한 실험이 이어지면서 사회심리학자들은 순응에 대한 두 가지 광범

위한 동기를 발견했다. 첫 번째는 정보를 얻으려는 욕구이다. 이것은 '큰 수의 법칙'에서 따르는 것으로, 인간은 타인의 견해를 통해 자신이 가진 정보의 정확도를 향상하려고 한다. 두 번째 동기는 사회적으로 받아들여지는 방식으로 행동하려는 욕구에서 비롯되는데 이를 규범적 영향normative influence이라고 한다.[11] 추측건대, 이 두 동기는 각기 다른 뇌 영역에서 나타날 것이고, 그 상대적인 강도가 각자의 순응성에 영향을 미칠 것이다.

당신의 뇌는 미래의 인기곡을 이미 알고 있다

개인이 집단에 순응하는 이유를 설명하는 데 있어서, 뇌 영상화는 전통적인 행동 테스트보다 우위에 있다. 어떤 상황에서든, 정보적이고 규범적인 영향이 사람의 결정에 영향을 미칠 수 있다. 하지만 사람들 대부분은 (특히 개인주의적인 경향이 강한 서양에서는) 자신의 독립성을 의심하지 않는다. 자신의 결정이 무리를 따르는 결과일 수 있음을 인정하는 사람은 많지 않다. 그러나 뇌 영상화를 사용한다면, 어떤 영향이 사람의 결정에 영향을 미치는지 분석하는 데 참가자의 대답에 의존할 필요가 없다. fMRI를 활용하면 결정을 내릴 때 뇌의 어느 시스템이 작동하는지 직관적으로 관찰할 수 있다.[12]

우리 연구팀은 인간이 자신의 선택을 바꾸는 이유가 주로 인지 변화 때문인지, 아니면 사회적 힘 때문인지, 또는 둘 다인지를 뇌 영상을 통해 알아보려 했다. 또한 이러한 결정을 내릴 때 뇌의 여러 시스템의 상대적인 기여도를 구분함으로써 개인 차이도 설명할 수 있기를 바랐다. 실험을 설계하면서 청소년들을 실험 대상자로 선정했다. 청소년만큼 주변 그룹의 생각에 민감하게 반응하는 세대가 있겠는가! 최소한 우리의 판단은 그랬다. 그래서 12세에서 18세 사이의 청소년들을 모집했다.

과제 설정은 이전 실험에 비해 좀 더 도전적이었다. 정신 회전 작업은 비디오 게임 경험이 있는 사람들에게 유리하지만, 아이들에게는 너무 어려울 수 있다. 또한, 항상 정답과 오답이 있기 때문에, 이것은 주로 자신의 판단을 무시하는 것에 관한 테스트였다. 우리는 정답과 오답은 없지만, 저마다 강한 의견을 가지고 있는 무언가가 필요했다. 곧 음악에 초점을 맞추기로 했다. 모든 사람이 각자 좋아하는 노래와 싫어하는 노래가 있지만, 특히 청소년들에게 음악은 다른 연령에 비해 큰 의미가 있다. 다만 그들이 특정한 노래를 좋아하는 이유가 인기가 있기 때문인지, 즉 다른 사람들이 좋다고 말하기 때문인지, 아니면 자신의 취향 때문인지 명확히 구분할 수 없었다.

그래서 우리는 실험에서 피실험자들이 아직 들어본 적 없는 음악을 찾기로 했다.[13] 이를 위해 온라인 스트리밍 서비스를 활용했다. 2006년, 우리가 처음 실험을 시작했을 때, 온라인 음악 사이트의 주류는 마이스페이스닷컴이었다. 연구실의 선임 연구 전문가인 사라 무어가 마이스페이스를 뒤져서 콘텐츠를 찾기로 했다.

실험에 참여할 학생들의 다양한 음악 취향을 고려해 사라는 록, 컨트리, 얼터너티브/에모/인디, 힙합, 재즈/블루스, 메탈 등 6가지 장르의 노래를 수집했다. 유일한 통제 변수는 해당 음악을 만든 아티스트가 주류 음반사에 속해 있지 않아야 한다는 것이었다. 노래는 각 장르 당 6곡씩 총 120곡으로 좁혀졌다. 각 노래의 인기도를 측정하기 위해 노래가 재생된 횟수를 기록했으며, 이는 876회에서 1,998,147회까지 다양했다. 이를 5점 만점의 인기도 척도로 변환했다.

피실험자가 스캐너 속에서 120곡을 다 들을 수는 없었다. 다행히 대부분의 노래는 매우 반복적이고, 꽤 짧은 클립으로도 요점을 파악할 수 있었다. 그래서 모든 노래를 훅이나 코러스가 포함된 15초짜리 토막으로 편집했다. fMRI 세션을 시작하기 전에 실험 참가자들은 장르를 1(가장 좋아하는 유형)부터 6(가장 싫어하는 유형)까지 순위로 매겼다. 우리는 노래의 인기도가 개인의 반응에 어떤 영향을 미치는지 보려 했다. 그런데 인기도가 높다고 해서 이미 싫어하는 장르의 노래가 좋아질 것 같지는 않았다. 그래서 피실험자가 선택한 상위 세 장르의 노래만을 들려주기로 했다.

스캐너 속에서 피실험자는 15초짜리 음악 클립을 두 번씩 들었다. 첫 번째로 들은 후에, 별 다섯 개의 척도로 좋아하는 정도를 평가했다. 그다음에, 클립을 다시 들려줬는데, 이번에는 노래가 얼마나 인기 있는지 보여줬다. 그 후에, 평가를 수정할 기회가 주어졌다. 대조 실험을 위해, 피실험자의 3분의 1은 다시 클립을 들을 때도, 인기도를 보여주지 않고 평가하게 했다.

우리는 먼저 노래의 인기도가 피실험자의 평가에 영향을 미치는지 살펴봤다. 노래의 인기도를 숨긴 시험에서는 피실험자의 40퍼센트만이 평가를 바꿨다. 하지만 인기도를 공개하자 이 비율이 80퍼센트로 증가했다. 개인의 순응성을 정량화하기 위해, 우리는 순응성 지수conformity index를 계산했다. 우리 연구팀은 최초의 평가가 인기도 점수보다 낮으면, 순응적인 사람은 자신의 평가를 올릴 것이고, 인기도 점수가 낮으면, 평가를 낮출 것이라고 가정했다.

실험 결과, 순응성 점수는 넓은 분포를 보였다. 그래서 그 원인을 파악하기 위해, 성별과 나이라는 두 요인을 살펴봤다. 성별은 유의한 요인이 아니었지만, 나이는 유의했다. 어린 피실험자일수록 더 높은 순응성 지수를 보였다. 이는 나이가 어릴수록 음악 취향이 확고하지 않거나, 또래 압박 효과peer pressure effects에 더 취약하거나, 혹은 둘 다라는 것을 암시했다.

우리는 인기도에 따라 노래를 더 좋아하거나 싫어하게 되는지, 아니면 자신의 취향을 내부적으로 유지하면서 군중에 따라 평가를 바꾸는 것인지를 알고 싶었다. 그래서 먼저 노래를 들을 때 활성화된 뇌 영역의 fMRI 데이터를 검사했다. 예상대로, 청각 처리와 주의와 관련된 영역을 포함한 광범위한 뇌의 영역이 활성화했다. 실험 결과, 첫 번째의 좋아하는 정도 평가와 개인의 보상 시스템에서의 뇌 반응 사이에 상관관계가 있음을 확인할 수 있었다. 보상 시스템의 핵심인 꼬리핵caudate nucleus의 활동은 노래를 높게 평가할 때 증가하고, 그렇지 않을 때 감소했다. 반면 개인의 평가와 노래의 인기도 사이의 차이가 보상 반응에 영향을 미친다는 증거는 찾지 못했다. 이는 평균적으로 인기도 평가가 노래를 얼마나 좋아하는지를 바꾸지 않는다는 것을 뜻했다.

평가를 바꾼 노래들만 집중해서 보았더니 이때는 꼬리핵에서 활동이 감소한 것을 발견할 수 있었다. 초기 평가와 인기도 사이의 차이가 클수록, 보상 회로에서의 감소폭 역시 컸다. 하지만 상관관계는 다른 방식으로 고려될 수 있다. 이 결과를 해석하는 다른 방법은 피실험자들이 노래를 인기 있는 의견과 같게 평가했을 때 꼬리핵 활동이 증가한다는 것이다. 실제로 노래를 높게 평가하고 다른 모든 사람이 그렇게 했다는 것을 확인했을 때, 가장 큰 보상반응이 나타났다. 이러한 발견은 사람이 그룹에 순응함으로써 사회적 보상을 얻거나, 반대로 반대파가 되는 고통을 피하려는 행동과 일치했다.

우리가 했던 실험 이후에도 사회적 보상과 개인적 선호도가 뇌의 보상 시스템 내에서 합쳐진다는 결과를 보여주는 실험 사례가 여럿 보고됐다. 런던의 한 연구 기관의 실험에서는 참가자의 평가가 다른 사람들과 다를 때, 대뇌섬insula의 통증 시스템이 활성화된다고 보고했다.[14] 이러한 반응은 음악에만 국한되지 않았다. 얼굴의 매력도를 평가한 실험에서도 비슷한 반응이 관찰됐다.[15] 결론을 말하자면, 사회적 인기도는 간단한 구매부터 와인과 주식의 가격에 이르기까지 많은 종류의 결정에 걸쳐 뇌의 보상과 통증 시스템에 영향을 미친다.[16]

2009년 어느 날, 나는 두 딸과 함께 서바이벌 프로그램 〈아메리칸 아이돌〉을 보고 있었다. 이 쇼는 벌써 여덟 번째 시즌을 하고 있었지만 나는 별로 관심이 없었다. 그러나 당시 9살과 10살이었던 두 딸은 정말 이 쇼를 좋아했다. 이번 시즌에는 참가자 중에서 크리스 알렌과 아담 램버트가 인기가 높았다. 방송을 시청한 날이 준결승 전이었다. 나는 쇼에는 관심이 없었지만, 딸들이 보인 쇼에 대한 열정적인 반응은 재미있었다. 그런데 크리스 알렌이 내가 들은 적이 있는 노래를 부르기 시작하자, 내 귀가 쫑긋해졌다. 그 노래는 원 리퍼블릭의 'Apologize'였다. 나는 그 그룹과 노래가 얼마나 유명한지 전혀 몰랐다. 알렌의 노래가 끝난 후, 딸들에게 그 노래를 알고 있다고 말했다. 실험에서 선택한 곡 중에서 하나였던 것이다. 딸들은 '맙소사'란 표정을 지었다.

그날 이후로 나는 몇 년 전에 스캔한 청소년들의 뇌 영상에서 이 노래의 성공을 예측할 수 있는 단서가 있는지 알아보기로 했다. 원 리퍼블릭 외에도 그때 샘플링한 다른 아티스트들은 어떻게 됐을까? 얼마나 많은 제2의 원 리퍼블릭들이 대박을 터뜨렸을까?

포커스 그룹은 오랫동안 마케팅 캠페인에서 중요한 도구로 사용되어 왔다. 이는 인구 통계학적으로 대표성을 띤 사람들을 모아서 제품에 대한 피드백을 구하는 방식으로 진행된다. 피드백은 비구조화된 토론, 설문지, 또는 A/B 제품 테스트와 같은 형태를 취하는데, 여기서 참가자들은 선호하는 옵션을 골라야 한다. 음악 실험을 설계했을 때, 나의 목적은 순응의 신경적 기반neural basis 을 연구하는 것이었는데 의도치 않게, '신경 포커스 그룹'을 만들어 버린 셈이다. 만약 우리가 2006년에 청소년들의 대표적인 포커스 그룹 샘플을 얻었다면, 이론적으로 그들의 뇌가 음악에 반응하는 방식이 비슷한 또래를 대표할 수 있다. 그리고 그 가정이 사실이라면, 신경 포커스 그룹의 뇌 반응은 음악 판매량과 같은 어떤 지표와 상관관계가 있을지도 몰랐다.

우리가 뇌 반응을 수집한 지 3년이 지난 후 'Apologize'가 아메리칸 아이돌에서 히트했다. 이정도면 판매 데이터를 정리하기에 충분한 시간이었다. 자료를 검토해 본 결과, 상당수 밴드가 해체됐거나 적어도 우리가 사용한 일부 노래에 대한 판매 데이터베이스에는 어디에도 없었다. 우리가 실험에 쓴 곡을 작곡한 아티스트들이 그 당시 레이블과 계약하지 않은 타당한 이유가 있었던 것이다. 많은 노래가 형편없었다.

하지만 120곡 중 87곡은 판매 데이터가 있었고, 이것만으로도 청소년들의 뇌와 판매량이 어떤 관련이 있는지 알아보기에 충분했다. 뇌 데이터를 살펴보기 전에, 참가자들의 평가를 통해 노래의 성공을 예측할 수 있었는지 확인해 보았지만, 유의미한 상관관계를 찾지 못했다. 단순히 '좋아요'는 상업적 성공의 좋은 예측 기준이 아니었다. 대신 뇌 데이터에서 상관관계를 발견할 수 있었다. 보상 시스템의 핵심인 기댐핵nucleus accumbens에서의 활동은 판매량과 상관관계가 있었다.[17] 추가적인 분석을 통해 이 상관관계가 기댐핵과 뇌의 아랫면에 접힌 부분으로 안구 바로 위에 있는 전두엽 피질 부분 사이의 활동에 의해 형성된다는 것을 발견했다.

물론 우리가 상관관계를 찾았다고 해서 뇌 영상을 통해 히트곡을 예측할 수 있다는 의미는 아니다. 업계 표준에 따르면, 히트곡은 골드 레코드gold record이고, 이는 앨범은 50만 장, 싱글의 경우 100만 장의 판매를 뜻한다. 우리 실험에서는 'Apologize'를 포함하여 세 곡만이 그 기준을 충족했다. 그러나 히트곡의 기준을 완화하자 패턴이 나타났다. 만약 10만 장의 판매량을 가진 노래를 히트곡으로 간주한다면 어떨까? 만약 1만 장으로 내린다면 어떨까? 우리 데이터 세트에 대한 최적점은 약 3만 장 정도였다. 그 기준에서, 아이들의 뇌는 그 이상 팔릴 노래를 95퍼센트의 정확도로 맞췄고 팔리지 않을 노래의 80퍼센트도 정확하게 구별했다.

우리 연구를 교차 검증하기 위해서는 추가적인 뇌 영상 촬영이 필요했다. 그러나 당시에는 구글을 비롯한 IT 회사들이 현재 사용하고 있는 수준의 데이터 마이닝data mining(큰 데이터 집합에서 유용한 패턴이나 추세를 찾기 위해 검색하고 분석하는 과정 – 옮긴이) 수준에 도달하지 못한 시절이다. 인터넷 검색의 빈도가 영화와 비디오 게임의 수익을 예측하는 데 사용될 수 있지만, 음악은 그렇지 않았다.[18] 아마도 음악에는 히트곡을 예측하기 어렵게 만드는 특이한 점이 있는지도 모른다. 더 가능성 높은 해석은 이용할 수 있는 노래의 양이 매년 출시되는 영화나 비디오 게임보다 월등히 많아서 적절한 표본을 만들기 어렵기 때문이다. 그렇다면, 우리의 실험은 더욱 의미가 있다. 음악 소비 인구의 극히 일부분의 뇌를 스캔하여 음악의 인기도에 대해 어느 정도 예측할 수 있다니! 얼마나 멋진 일인가. 이러한 결과는 우리의 뇌가 우리가 상상하는 것보다 더 비슷하다는 것을 암시한다.

———

우리는 스스로를 독립된 존재라고 생각한다. 서구 사회에서는 개성이 개인적(영웅) 서사의 중심에 있다. 우리는 자신의 생각이 자신의 것이라고 믿는다. 그러나 아니다. 청소년 32명의 뇌와 나머지 인구 사이에는 음악의 상업적 성공 정도를 예측할 수 있는 공통점이 있었고 이는 최소한, 우리 인간이 대중 매체에 대한 반응을 놀랍도록 비슷하게 공유한다는 것을 의미한다.

당신에게 이 결과가 놀랍지 않을 수 있다. 우리의 음악 취향과 재정적 결정은 결국 사회적 기대와 문화적 조건화의 영향을 받기 때문이다. 하지만 아마도 뇌가 보여준 반응은 그것보다 더 깊은 의미가 있을지 모른다. 다음 장에서는 이러한 사회적 순응 효과가 어떻게 종교, 정치적 성향, 심지어 당신의 핵심 정체성과 같은 더 내밀한 문제에까지 확장될 수 있는지 살펴보겠다.

11장
믿음, 신앙, 신성한 가치들

우리는 이제 나의 생각과 타인의 생각 사이의 경계가 우리가 믿어왔던 것보다 모호하다는 충분한 증거를 갖게 된다. 인간은 사회에서 함께 살아가기 위해 자기 이익과 공동 이익 사이의 경쟁적 끌림을 지속해서 조정해야 한다. 설령 이익이 일치하더라도 사슴 사냥의 경우처럼 함께 일하기가 어려울 수 있다. 이때 다른 사람의 입장에서 볼 수 있는 능력이 어느 정도 도움이 된다. 멘탈라이징에 능한 사람들은 적어도 사슴 사냥에서 더 협력하는 모습을 보일 것이다.

한편 우리가 살아가는 사회 체계는 멘탈라이징보다 인간의 뇌에 더 깊은 영향을 미친다. 공동체의 일원으로 살아가는 것과 추방당하는 것은 생사가 걸린 문제이기에 진화는 함께 일할 수 있는 사람을 강력하게 선호한다. 다시 말해, 협력은 진화의 산물이다. 인간 사회는 여기서 한발 더 나아가 행동 규범의 문화적 전달을 통해 체제를 유지하며, 구성원들에게 도덕적 세트a set of morals (어떤 사회나 집단이 옳고 그른 것에 대한 기준이나 원칙 – 옮긴이)를 주입해 공동 이익을 거스르는 이기적인 충동을 완화한다. 1부에서 아이의 도덕적 구조의 발달에서 최초의 이야기들의 중요성에 대해 언급했는데, 이 이야기들이 아이들의 개인적인 서사의 중심축을 형성한다. 이번 장에서 우리의 생각에 영향을 미치는 사회의 힘에 대해 더 깊이 파고들 것이다.

절대적 믿음의 역설

개인과 사회 사이에는 근본적인 갈등이 존재한다. 발달심리학자 에릭 에릭슨은 이 갈등을 정체성과 역할 혼란 사이의 긴장으로 설명하며, 심리 사회적 발달의 5단계를 제시했다.[1] 각 단계에서 우리는 자신이 누구이며 역할이 무엇인지에 대해 의문을 가지게 된다. 이런 줄다리기는 청소년기에 정점을 이루지만, 인생 전반에 걸쳐 나타나는 갈등이다. 대인 관계와 직업적 변화를 거치면서 자신이 누구인지 질문을 던지는 것은 자연스러운 수순이다.

특히 도덕과 신성한 가치는 자아의 중요한 부분을 차지한다. 이는 삶의 초기에 정립되기 때문에, 종종 정체성의 다른 요소를 만드는 기반이 된다. 우리에게 직업과 개인적인 관계를 포함하여 여러 다른 조각들도 중요하지만, 이것들은 세월이 흐르면서 변화되고 축적된다. 삶이 잘 흘러간다면 이 조각들을 되돌아볼 필요가 별로 없다. 그래서 자신을 재조정하기를 바라면서 내면을 들여다볼 때는 세상 일이 뜻대로 돌아가지 않을 때다. 지금의 직업에 만족하는가? 업적은 어떤가? 파트너, 자녀로 아니면 자신을 핵심 가치의 측면에서 스스로를 어떻게 평가하는가? 위기에 처한 사람들이 깨닫는 것처럼, 핵심 가치를 제외한 모든 것이 없어질 수 있다. 이를 깨달았을 때 우리는 자신을 되돌아보게 된다.

많은 사람들이 도덕과 신성한 가치가 그들의 정체성의 핵심을 정의한다고 말한다. '남이 너에게 해주기를 바라는 대로 남에게 하라'라고 말하는 황금률을 예로 들어보자. 내가 우리 아이들에게 한 가지 규칙을 제시해야 한다면, 이 명제가 내가 선택할 황금률로, 삶의 거의 모든 측면에서 훌륭한 전략이다. 이는 어느 정도의 멘탈라이징을 요구하며, 그래서 반복적인 사용을 통해 타인에 대한 공감과 배려라는 필수적인 인간적 기술을 발전시킬 수 있다.

이 황금률의 가장 오래된 형태는 기원전 2000년경 고대 이집트까지 거슬러 올라간다. 역사적인 문헌에 너무 자주 등장하기 때문에, 우리 조상들이 왜 이 표현을 그토록 강조했는지 궁금해진다. 여기에는 나름의 이유가 있다. 이들 명제는 당연한 듯 보이지만 그 유용성에도 불구하고, 실천하기 매우 어렵다. 사회심리학자 조나단 하이트는 다음과 같이 제안한다. '도덕적 체계는 가치, 미덕, 규범 그리고 이기심을 조절하고 조화된 사회적 삶을 가능하게 하는 진화된 심리적 메커니즘들의 상호 연결된 세트이다.'[2] 황금률 없이는 사회는 혼돈으로 빠진다.

황금률은 신성한 가치의 역설을 보여준다. 우리는 황금률을 자아 정체성의 핵심 구조물로 인정하지만, 태어날 때부터 내재해 있었던 것은 아니다. 신성한 가치는 부모와 사회에 의해 우리의 뇌에 주입되어, 자기 기만의 한 조각이 된다.

우리가 앞 장에서 확인했듯이, 인간은 권위자들의 조언에 생각보다 쉽게 굴복하는 경향이 있다. 마찬가지로 공동체의 이익을 위해 신성한 가치를 지켜야 한다는 믿음 또한 대체로 쉽게 받아들인다. 그러나 신성한 가치를 내적인 기준으로 흡수하는 정도는 사람마다 다를 수 있다. 어떤 사람들은 엄격하게, 어쩌면 참을 수 없을 정도로 도덕적일 수 있다. 반면에 어떤 사람들은 비도덕적이고 완전히 이기적일 수 있다. 당신이 이 스펙트럼 어디에 위치하는지는 당신의 개인적인 서사가 얼마나 유연한지에 따라 달라진다.

뇌 실험으로 밝혀낸 믿음의 정체

신성한 가치는 자기 완결적self-contained으로 보이지만, 복잡한 서사의 매우 압축된 표현이다. 신성한 가치는 우리가 성장하면서 흡수하는 이야기들에 숨어있다. 신성한 가치에 관해서라면, 나는 십계명이 가장 먼저 떠오른다. 십계명은 구약의 거대한 기념비이자 우리가 지켜야 할 금기로써 홀로 서 있지만, 사람이 이를 신성하다고 받아들이는 정도는 그들이 살아가는 사회와 문화권에 따라 다를 수 있다.

가장 중요한 신성한 가치들은 타인에게 해를 끼치는 것(살인하지 말라, 간음하지 말라)과 관련이 있다. 종교와 문화에 따라 차이가 있겠지만 덜 중요한 신성한 가치들은 할랄 음식을 먹거나, 기독교 사업체를 이용하거나, 사회적으로 책임 있는 상호 기금에 투자하는 것과 같은 일상적인 선택과 관련이 있다.

신성한 가치는 '우리가 생각하는 우리'에게 중요한 것이지만, 이를 과학적으로 연구하기는 지독히 어렵다. 단순히 누군가에게 무엇이 그들에게 신성한지 물을 수 없고 정확한 응답을 기대할 수도 없다. 왜냐하면 사람들은 자신이 믿는 신성한 가치와 이의 실천에 대해 정직하게 답하는 것을 좋아하지 않기 때문이다.

많은 사람이 자신의 핵심 가치(그것이 믿음이든 개명이든, 가훈이든)를 강조하지만, 그들이 믿는다고 주장하는 모든 것에 반하는 행동을 한다. 예를 들어 십계명이 금지하는 행동은 정확히 인간의 이기적인 충동을 가리키고 있다.

신성한 가치를 직접적으로 연구하기 어렵지만, 간접적인 경로를 통해 새로운 통찰을 얻을 수 있다. 나는 뇌 영상이 이를 위한 새로운 창을 제공할 수 있다고 믿는다. 미덕 이론은 윤리의 하위 분야로, 신성한 가치가 뇌에서 매우 다른 두 가지 방식으로 표현될 수 있다고 제안한다.[3] 실용주의 철학자 존 스튜어트 밀과 제러미 벤담은 도덕적 결정이 최대 수의 최대 선good 원칙에 의해 결정되어야 한다고 말했다.[4] 신성한 가치를 '내가 이것을 하거나/하지 않으면 지옥에 갈 것이다'와 같은 비용-편익 분석으로 고려한다면, 이것은 '보상과 처벌'에 관련된 뇌 활동과 연결될 것이다.

반면, 임마누엘 칸트가 주장한 의무론적 관점은 신성한 가치가 협상 불가능하다고 주장한다.[5] 신성한 가치는 반드시 지켜야 할 규칙이라는 것이다. 그렇다면, 관련된 뇌 활동은 규칙 처리와 연결된 영역에서 나타날 것이다.

내가 추구하는 신성한 가치가 비용-편익 또는 의무론적 관점 등 어떤 기준으로 처리되느냐는 자신을 이해하는 데 중요한 단서가 된다. 물론 이러한 차이가 개인의 도덕성을 대변하는 것은 아니다. 그러나 특정 유형의 정보를 어떻게 처리하는지는 알 수 있다.

원래 우리 연구실의 주요 연구들은 신성한 가치와 관련이 없었다. 우리 팀은 경제적 의사 결정에 관한 연구를 통해 동전의 공리적인 측면을 연구해 왔다. 뇌가 동전의 공리적인 측면의 반대면에 있는 도덕적 측면을 어떻게 표현할 수 있는지에 대해서는 전혀 알지 못했다. 그래서 신성한 가치의 위반이 어떻게 테러 행위의 원인이 될 수 있는지를 연구한 스콧 아트란의 도움을 받기로 했다. 나는 2007년에 국방부에서 자금을 지원받는 연구자들의 모임에서 그를 처음 만났다. 그의 발표 주제는 2004년 마드리드 기차 폭탄 테러의 주동자들이 어떻게 네트워크를 구성했는가에 관한 것이었다. 그는 어떻게 이 주제를 다뤘을까? 테러리스트의 친구, 아내, 가족들을 직접 만나 그들의 이야기를 들었다.

아트란은 폭탄 테러범들이 평범한 사람들이었다고 결론지었다. 그들에게는 병적이거나 정신 이상적인 증상은 전혀 없었다. 경제적 기회를 원했지만 이를 찾지 못했던 모로코와 튀니지의 다른 많은 젊은이와 비슷한 입장이었다. 그들이 서로 어울리게 된 것은 순전히 우연이었다. 공통적으로 축구를 좋아하고 자신들의 미래를 막는 서방 체제를 미워했다. 그들의 불만은 경제적인 것에서 출발했지만, '집단'에 소속됨으로써 신성한 불만으로 변화했다. 테러리스트의 사고방식은 굴욕감과 같은 공통의 주제를 중심으로 작은 집단의 역학에서 기인했다. 하지만 단순한 불만에서 기꺼이 자살 폭탄 테러를 하겠다는 생각으로 변화하게 된 원인은 무엇일까? 그 질문에 답하기 전에, 우리는 인간이 실용적이거나 도덕적이라는 신성한 동전의 어느 쪽을 사용하고 있는지 알 필요가 있었다. 그리고 이것이 내가 뇌 영상화가 도움이 될 수 있다고 생각한 이유였다.

아트란은 어떤 상황에서도 사교적이면서 비판적이지 않은 태도를 유지할 수 있는 사람이다. 누구라도 그와 마주하면 마치 자신만의 바텐더를 만난 것처럼 비밀을 쏟아냈다. 이것은 아트란의 생명을 구한 기술이었는데, 그는 아프가니스탄, 시리아, 터키 동부, 인도네시아와 같은 세계에서 가장 위험한 장소에서 사람들을 인터뷰했다. 하지만 이런 종류의 상호작용을 MRI 스캐너에서 재현하는 것이 불가능했다. MRI는 청결하고 임상적인 환경이다. 그래서 사람들은 MRI 기계를 관처럼 느껴진다고 말한다.

여기에 더해 뇌의 특성상 말하는 동안에는 유용한 뇌 데이터를 얻는 것이 불가능하다. 뇌 영상을 찍기 위해서는 대상자가 스캐너 안에 가만히 누워있어야 하는데 말은 너무 많은 머리 움직임을 일으킨다. 신성한 가치를 추적할 때 '행동'도 사용할 수 없었다. 금전적인 선택과 같은 간단한 의사 결정과 달리, 신성한 가치는 지표가 될 만한 '행동적 표현'이 없다.

그래서 물리적인 증명을 요구하지 않는 방식으로 사람들 안에 있는 신성한 가치를 탐구해야 했다. 예수가 하나님의 아들이라고 주장하는 사람이 있고, 이것이 그들에게 절대적으로 신성한 믿음이라면, 그들은 이를 증명하기 위해 무엇을 할 수 있을까? 아무것도 없다. 그런데도 아트란과 나는 진정한 신자와 가짜를 구별할 수 있는 뇌의 특징이 있을 것이라고 가정했다. 아트란이 인터뷰에서 사용한 질문 중에는 어떤 조건에서 자신의 가치를 타협할 것인지를 드러내는 것이 있다. 우리는 이런 질문을 실험에 도입하면 어떨까 고민했다.

예를 들어, 안식일은 신성하다. 하지만 어머니가 죽을 위기에 처해 있다면, 병원에 택시를 타고 갈 것인가? 대부분은 예외를 인정할 것이다. 가족의 의무(특히 긴급한 상황)도 신성하기 때문이다. 이 예는 신성한 가치들 사이에서의 선택은 어렵지만 상황에 따라 구부릴 수 있다는 것을 보여준다. 그러나 신성한 가치가 비신성한 것과 교환되는 경우는 거의 없다. 예를 들어, 내가 아무리 양키스의 팬이라도 하더라도 신실한 이슬람 신자라면 예배 시간에 양키스의 경기를 보면 죄책감이 들 것이다. 아트란의 기법은 이와 같은 가상의 타협으로 이뤄졌다.

아쉽게도 문답을 주고받는 간단한 대화 역시 스캐너에서는 불가능하다. 그래서 우리 연구팀은 더 간결한 방식으로 비슷한 반응을 유도할 수 있는 기법을 고안해야 했다. 그래서 피실험자들에게 다양한 신성한 가치가 담긴 문장들을 제시하기로 했다. 예수가 하나님의 아들이라고 믿는 기독교인에게 다음과 같은 문장을 제시한다고 가정해 보자. '예수님은 하나님의 아들이다.' 만약 당신이 그것을 진심으로 믿는다면, 그런 주장은 어떤 종류의 자기 확증, 아니면 좋은 기분을 불러일으킬 것이다. 그것과 반대되는 문장에는 어떤 반응을 보일까? '예수님은 하나님의 아들이 아니다.' 사람에 따라 이 문장을 모욕적으로 여길 수 있고, 그 반응은 혐오와 관련된 신경 반응으로 이어질 수 있다. 반면에 무신론자는 어느 쪽 문장에 대해서도 크게 뇌 반응을 보이지 않을 수 있다. 그 가치가 나에게는 신성하지 않다면, 확증하거나 모욕받을 것도 없다.

이 접근법이 우리 계획의 핵심이었다. 우리는 피실험자들에게

2인칭으로 표현된 문장들을 제시하기로 했다. 일부(적어도 우리가 성스럽다고 추정한 것들)는 성스러운 가치에 영향을 주도록 설계했고, 다른 일부는 명백히 성스럽지 않은 것들로 작성했다. 성스럽지 않은 가치는 선호preference라고 부르자. 예를 들면 고양이나 개, 커피나 차, 콜라나 펩시 같은 것들이 있다. 우리는 단순한 선호는 뇌 활동에 큰 영향을 미치지 않을 것이라는 가정을 세웠다. 만약 이 가정이 맞는다면, 사람들이 비용과 이익을 고려할 때 선호 문장은 보상 시스템의 활동을 유발할 수 있다. 비용과 이익이라는 개념은 공리주의적 의사결정에 있어서는 중요한 기준이지만, 도덕적(신념 기반) 의사결정에 있어는 혐오스러운 것이다. 우리는 사람들이 우리가 제시한 문장들을 고려할 때, 보상 시스템과 뇌의 규칙 처리 시스템을 모니터링하여 이 두 가지 유형의 의사결정 간의 차이를 구분하고자 했다.

이 실험 계획을 나는 꽤 좋아했지만, 경제학과 교수이자 오랜 동료인 모니카 카프라는 회의적이었다. 그녀는 황금 표준gold standard(연구에서 가장 신뢰할 수 있는 방법이나 기준 - 옮긴이)의 부재를 지적했다. 뇌 활동만으로 그것이 그들에게 성스러운 것인지를 알 수 있다고 정말 믿을 수 있을까? 모니카의 지적처럼 뇌 영상에서 성스러움을 구별할 독립적인 척도가 필요했다.

모니카는 나에게 경제학자들이 자극적 호환성incentive compatibility이라고 부르는 개념을 알려준 적이 있다. 이는 기본적으로 사람들의 선호를 조사할 때, 그들이 진실한 응답을 하도록 자극하는 장치가 있어야 한다는 것이다. 그렇지 않으면, 사람들은 아무런 가책 없이 무엇이든 지어낼 수 있다. 단순한 선호도를 조사하는 경우라면, 특정 종류의 경매 메커니즘을 사용하여 거짓 대답을 예방할 수 있다. 사람들의 선호는 그들이 얼마나 많은 돈을 기꺼이 지불할 의향이 있는지에 따라 드러난다. 여러 종류의 경매 방법이 있지만, 실험경제학자들에게 인기가 있는 것은 베커-드그루트-마르샤크 Becker-DeGroot- Marschak, BDM 경매라고 불리는 방식이다.[6]

BDM 경매에서는, 먼저 참가자가 각 항목에 따라 1달러에서 100달러 사이의 입찰가를 제출한다. 그런 다음 참가자에게 1과 100 사이 임의의 가격이 제시된다. 입찰가가 임의의 가격보다 크면, 참가자는 임의의 가격만큼의 금액을 지불하고 항목을 받을 수 있다. 이 경매는 실제 경매와 달리 지불할 의향이 있는 금액보다 더 많이 입찰할 필요가 없기 때문에, 자극적 호환성이 있는 것으로 간주한다. 만일 입찰가를 지나치게 낮추면 항목을 얻을 확률이 감소하므로 최선의 전략은 항목이 자신에게 가치가 있는 만큼 정확히 입찰하는 것이다.

BDM 경매는 물질적인 가치를 다룰 때는 매우 좋은 방식이지만, 성스러운 가치를 평가할 때는 일종의 도전이었다. 성스러운 가치는 값을 매길 수 없다. 경매 대신 참가자들에게 '당신은 신을 믿는다 vs. 당신은 신을 믿지 않는다'나 '당신은 맥Mac 사용자다 vs. 당신은 PC 사용자다'와 같은 일련의 강제 선택 문제를 제시하고 질문에 답하기에 앞서, 자신의 선택을 보증하겠다는 문서에 서명하도록 하면 어떨까? 이 문서는 일종의 개인적인 가치의 증명서가 되지 않을까? 모니카는 이러한 장치를 마련한다고 해도 사람들이 그 가치를 가지도록 강요하지 못한다고 지적했다. 그래서 우리 연구팀은 실제 실험에서 한 가지 추가적인 장치를 마련하기로 했다.

정직성의 강도를 측정하기 위해, 피실험자들에게 자신의 생각을 바꾼다면 돈을 주겠다고 제안하기로 했다. 만약 그들이 특정한 가치를 팔고 싶지 않다면, 그 항목에 대한 경매에서 손을 뗄 수 있다. 만약 돈을 선택한다면, 참가자들은 자신이 원하는 금액을 적고, 1달러에서 100달러 사이의 임의 가격표가 붙은 두 개의 10면체 주사위를 굴린다. 요구 가격을 적는 행위는 신성한 가치를 돈과 교환할 의향이 있다는 것을 의미했고, 이는 그들이 이 항목을 실제로는 성스럽지 않은 것으로 본다는 신호다. 반면 경매에 참여하지 않는 선택은 이 항목을 성스러운 것으로 여긴다는 신호이다.

그러나 모니카는 이런 방식에 대해서도 회의적이었다. 무엇을 믿든 상관없이 모든 항목을 경매에 내놓고 돈을 챙기는 것을 막을 수 있는가? 그래서 나는 또 다른 해결책을 제안했다. 아무리 높은 가격을 제시해도 흔들리지 않을 문장들을 만들어 내기로 한 것이다.

우리는 다른 연구실 사람들까지 이 일에 동원했다. 그러나 항목을 만드는 것은 생각보다 쉬운 일이 아니었다. 평소에 시끄러운 사람들조차 문장 만들기 회의에 들어오면 침묵을 지켰다. 아무도 자신에게 성스러운 것, 혹은 더 나쁜 것은 무엇인지, 성스러움의 정반대인 것 즉 불경스러운 것을 표현하는 말을 하고 싶어 하지 않았다. 연구실 구성원들은 다양한 배경을 가지고 있었다. 8명의 정규 구성원은 남녀 성비가 균등했고, 그중 2명은 동성애자로 자신을 규정했다. 1명은 흑인이었고, 1명은 라틴계였고, 몇 명은 유대인이었다. 우리는 자신에게 성스러운 것이 무엇인지와 어떤 문장들이 모욕적인지를 말하는 것에 먼저 익숙해져야 했다.

몇 주가 걸렸지만, 결국 연구진들은 자신이 생각하는 공공의 금기에 관해 솔직하게 말하게 됐다. 우리는 생명의 신성, 인종, 성, 정치, 종교와 같은 민감한 문제들에 빠르게 초점을 맞췄다. 이 실험은 2010년도에 있었던 일이지만, 지금도 이때 만든 명제는 유효하다. 다음은 우리가 성스러운 것으로 간주할 가능성이 높다고 생각했던 문장들의 예시이다. 물론, 반대되는 문장들도 만들었다. 이런 것들은 아주 모욕적인 것이기 때문에 그 내용은 당신의 상상력에 맡기겠다.[7]

- 당신은 동물을 다치게 하는 것을 좋아하지 않는다.
- 당신은 부부간 강간은 범죄라고 생각한다.
- 민간인에게 핵무기를 사용하는 것은 좋지 않다.
- 당신은 걸릴 가능성이 없더라도 배우자를 속이지 않을 것이다.

- 당신은 무고한 인간을 죽이는 것을 원하지 않는다.
- 당신은 아이를 사고파는 것이 좋지 않다고 생각한다.

선호에 관한 문장들은 만들기가 상대적으로 쉬웠다. 다음과 같은 것들을 포함했다.

- 당신은 펩시를 마시는 사람이다.
- 당신은 개를 좋아하는 사람이다.
- 당신은 좋아하는 색깔의 M&M 초콜릿이 있다.
- 당신은 농구보다 축구 보는 것을 선호한다.

이 문장들은 개인적인 가치뿐만 아니라 엄청난 양의 문화적, 종교적, 개인적 서사를 한 압축한 것이다. 우리는 실험을 본격적으로 시작하기 전에 391명의 사람으로 구성된 온라인 설문단에게 이 문장들을 테스트했다. 뉴욕 뉴스쿨에 근무하는 제러미 킹스가 이 테스트를 준비했다. 우리는 각 문장을 선택하는 사람들의 비율과 그들이 자신의 답을 바꾸고 싶어 하는 가격이 있는지 알아보았다. 결과적으로 우리의 문장들이 완전히 평범한 것부터 성스러운 것까지 넓은 범위를 다룬다는 것을 확인할 수 있었다.

이제 다음 단계로 넘어가기로 했다. 먼저 실험에 참여할 자원봉사자들을 모집했다. 학생들을 모으기는 쉬웠지만, 그들은 그다지 일반적인 인구를 대표하지는 못했다. 대학생들은 세속적인 경향이 있고, 성스러운 가치를 중요하게 여길 가능성이 낮다. 하지만 연구실은 미국에서도 독실한 기독교인들이 사는 곳으로 유명한 조지아에 있었고, 신실하게 교회에 출석하는 신자들을 찾는 것이 어렵지 않았다. 이렇게 fMRI 연구를 위해 총 43명의 사람을 모집했다. 그룹의 74퍼센트가 신을 믿었지만, 오직 60퍼센트만이 종교가 자신의 정체성에 중요한 부분이라고 말했다. 74퍼센트가 자신을 민주당원으로 규정했다. 63퍼센트가 동성 결혼을 지지했다.

경매 형식은 성스러움을 측정하는 완벽한 도구는 아니었지만, 정직성에 대한 합리적인 대리인으로서 기능했다. 각 참가자에 대해, 우리는 그들의 선택을 돈으로 바꿀 수 있는 문장과 없는 문장이라는 두 가지 범주로 그룹화했다. 그룹화를 위해, 우리는 선택된 문장과 그 반대되는 문장을 성스러운 것이나 성스럽지 않은 것으로 분류했다. 그런 다음, 참가들이 문장을 읽게 하고 그때의 뇌 반응을 분석했다. 특히 성스러운 문장과 성스럽지 않은 문장을 읽을 때의 반응에 주목했다. 참가자들은 처음에는 문장들을 읽고 돈을 걸고 입찰할 수 있다는 사실을 알지 못했기 때문에(우리는 경매에 대해 사전에 알려주지 않았다), 그 시점에서 자신의 반응을 조절할 수 없었다.

실험 결과, 뇌 영상 데이터는 세 개의 영역에서 활동을 보여주었는데, 왼쪽 전전두엽 피질left prefrontal cortex, 측두엽, 두정엽, 후두엽의 경계에 있는 뇌의 뒤쪽 영역으로 측두-두정엽 연결

temporoparietal junction, TPJ이라고 불리는 곳, 그리고 오른쪽 편도체가 그곳이었다.

전전두엽 영역은 보통 언어와 관련된 영역이지만, 규칙 처리에도 반응하는 것으로 알려져 있다.[8] TPJ는 도덕적 판단과 관련되어 있다.[9] 이 두 영역이 함께 나타난 것은 참가자들이 성스러운 문장들을 비용-편익이 아니라 규칙으로 처리했다는 것을 의미했다.

편도체 활성화는 성스러운 가치와 반대되는 문장을 읽을 때만 관찰됐다. 특히 가장 모욕적인 문장에 크게 반응했다. 편도체는 감정에 쉽게 반응하는 부위이며 고 각성high-arousal 상황에서 활동한다. 성스러운 가치의 위반은 혐오에서 굴욕에 이르는 강한 감정 반응을 유발했다. 편도체 활성화는 아트란이 인터뷰를 통해 추론했던 것을 확인시켰다. 어떤 의미에서 우리가 실험실 환경에서 이러한 반응을 재현할 수 있다는 것이 안심됐다. 또한 이 실험은 뇌 반응이 단순히 문장들을 수동적으로 읽는 것에 의해 유발되었기 때문에, 그것들은 선택을 유도하거나 사람의 행동을 관찰하기를 기다리는 것에 의존하지 않았다. 우리 실험은 정말로 사람의 영혼을 들여다볼 수 있는, 일종의 창문이었다.

우리는 사람들이 가진 가치 강도에 대한 또 다른 단서가 있는지 궁금했다. 성격과의 상관관계를 확인했지만 발견할 수 없었다. 종교적 신념의 강도도 뇌 반응과 상관관계가 없었다. 대신, 성스러운 가치에 대한 전전두엽 반응이 참가자의 단체 활동 참여

수준과 관계가 있다는 것을 발견했다. 단체 활동에 더 많이 참여하는 사람일수록, 성스러운 가치에 대한 뇌 반응이 강했다.

다시 말해, 성스러운 가치를 중시하는 사람들일수록 그룹에서 더 활발하게 활동하는 경향이 있었다. 또는 그룹에서 활발하게 참여하는 것이 뇌에서 응집적인 경향 즉, 단체사고에 대해 영향 받는 정도를 높이는 것으로 보였다. (종교, 스포츠 팀, 정치 그룹, 독서 클럽 등이든) 조직된 그룹에 속하면, 개인은 다른 사람들의 의견을 고려해야 한다. 그룹은 참여자들에게 개인의 가치와 관점을 부분적으로 그룹의 규범에 맞추도록 조정하기를 요구하기 때문이다. 아트란이 발견한 것처럼, 마드리드 폭탄 테러범들은 함께 모스크에 다니는 것뿐 아니라 축구도 같이 했다. 한 집단의 활발한 구성원이 되려면 다양한 소그룹과의 관계를 맺어야 하고 이런 사회적 관계는 극히 가능성이 낮다고 하더라도 평범한 사람들이 마드리드 열차 폭파 테러범이 된 것처럼, 개인의 가치를 절대 타협할 수 없는 어떤 것, 즉 성스러운 믿음으로 증폭시킬 수 있다.

미국의 정치 양극화는 좋은 예시이다. 공화당과 민주당은 자신들만의 성스러운 가치가 있다. 민주당은 낙태 권리, 총기 통제, 그리고 보편적 의료를 고수한다. 공화당은 생명 존중(낙태 반대), 총기 자유 그리고 낮은 세금에 매달린다. 이러한 성스러운 가치들은 상대방의 가치들과 상호 배타적이어서 어느 편에 설 것인가를 강요한다.

그래서 우리 연구진은 음악 취향에 관한 이전의 연구를 바탕으로, 사람들의 도덕적 가치에도 같은 요인이 작용하는지 알아보았다. 예를 들어, 당신이 신을 믿는다고 가정해 보자. 이것은 강하게 지지하는 믿음이며, 당신 정체성의 핵심 가치이다. 이제 당신이 무신론자들의 모임에 가게 됐다고 상상해 보라. 대화가 종교로 돌아가고 모두가 신이 없다고 단언한다. 이제 모두가 당신을 바라보며 당신의 응답을 기다린다. 당신은 어떻게 할 것인가? (무신론자라면, 역할을 바꿔서 상상해 보라.)

'신은 존재한다'가 정말로 핵심 가치라면, 당신은 자신이 믿는 것을 말할 수 있어야 한다. 하지만 확실한가? 아마도 신의 존재를 믿지만 완벽히 확신할 수는 없다고 약간 모호하게 대답할 수도 있다. 이것이 바로 우리가 실험에서 확인해 보고 싶었던 상황이었다.

그래서 우리는 다음 실험에서 신성한 가치 실험에서 사용했던 동일한 질문 세트를 사용하면서 약간의 변화를 주었다.[10] 이전과 마찬가지로, MRI 스캐너 안에 있는 피실험자들에게 일련의 문장들을 보여줬다. 그들은 수동적으로 그것들을 읽었고, 그다음에는 선택 단계에 들어갔다. 이 부분에서 변화를 주었다. 우리는 각 가치에 대한 피실험자의 선택과 함께 다른 참가자들이 얼마나 그 가치를 공유하는지를 나타내는 도표를 보여줬다. 그리고 돈을 받고 자신의 입장을 바꿀 수 있는지에 대해 '예/아니오'로 답하게 했다. 그런 다음, 피실험자들은 이전 실험과 마찬가지로 경매를 할지를 선택하게 했다.

이 실험에는 총 72명의 사람이 참여했으며, 이는 이미징 연구에 있어서 어떤 기준으로도 많은 참가자였다. 우리는 먼저 인기도의 영향을 계산했다. 경매를 진행하는 피실험자들이 제시한 입찰과 인기도 사이의 상관관계를 살펴보는 것으로 (또한 그들의 평균 입찰을 통제하면서) 이를 수행했다. 이것은 우리가 각각의 피실험자들이 인기도에 얼마나 민감한지를 추정할 수 있게 했는데, 우리는 이것을 순응 점수conformity score라고 불렀다.

이미징 데이터는 다시 한번 왼쪽 전두엽 부위에서 신성한 가치에 대한 활성화를 보여주었다. 하지만 흥미로운 것은 이 활성화의 크기가 순응 점수와 음의 상관관계를 보였다는 것이다. 순응 점수가 낮은 사람들, 즉 입찰이 대중의 의견에 영향을 받지 않은 사람들은 전두엽 피질이 활발하게 활동했다. 반대로 순응 점수가 높은 사람들은 낮은 활동을 보였다. 이를 통해 반대되는 의견에 직면했을 때 자신의 가치를 고수할지를 나타내는 도덕적 결단력의 지표로서 왼쪽 전두엽의 활동을 지표로 사용할 수 있다는 결론을 얻었다. 따라서 이 부위를 '도덕적 중추'라고 부르기로 했다.

아트란과 내가 신성한 가치 실험을 마쳤을 때, 나는 뇌의 의사 결정 메커니즘의 기본적인 분열을 밝혀냈다고 확신했다. 보상 시스템은 실용적인 계산을 다루고, 규칙 시스템은 신성한 가치를 다룬다. 나는 지금도 이 연구 결과가 근본적으로 참이라고 생각한다.

신성한 가치가 필요한 이유

시간이 지날수록, 나는 신성한 가치가 단순한 규칙보다 훨씬 더 복잡하다는 것을 깨닫게 되었다. 신성한 가치는 우리 뇌에서 가장 많이 압축된 서사이다. 낙태 문제를 두고 벌어지는 갈등을 생각해 보라. "나는 찬성파다" 또는 "나는 반대파다"라고 말하기는 쉽다. 그러나 현실에서는 낙태가 괜찮다고 생각하는 상황과 그렇지 않은 상황에 대해 다양한 경우를 고려해야 한다. 그런 종류의 생각은 시간과 주의 깊은 사고가 필요하며, 어머니, 아이, 종교, 그리고 지역 사회 규범에 따라 평가가 달라질 수 있다. 한편으론 한쪽이나 다른 쪽과 자신을 동일시함으로써 문제를 상당히 단순하게 결정할 수 있다.

성스러운 가치들은 겉으로 보이는 것 이상의 힘이 있다. 그것들은 수천 년 동안 진화해 온 서사들이다. 때로는 이기적인 충동을 억제하여 우리가 조화롭게 사회에서 살 수 있도록 돕는다. 이 모든 것의 결론은 진화를 통해 인간은 타인과 함께 살 수 있도록 적응된 뇌를 만들었다는 것이다. 그리고 이는 매우 적은 수의 생각들만이 진정으로 우리 자신의 것임을 의미한다. 보통 함께 일하는 것이 혼자서 일하는 것보다 뛰어난 성과를 낸다는 것에는 의심의 여지가 없다. 그러나 인간은 이때 개인적인 이익을 공공의 이익에 맞추어야 한다는 도전에 직면한다. 다른 사람들의 관점에서 사물을 보고 그들의 의견을 우리 자신의 것으로 받아들이는 능력은 진화가 우리에게 함께 일할 수 있도록 선사한 기술이다.

———

이제는 자아의 정의를 확장해야 한다. 자아는 육체보다 훨씬 더 크다. 여기서 자아는 영혼처럼 설명할 수 없는 어떤 것을 말하는 것이 아니다. 내가 제안하는 바는 만일 우리가 다른 사람들 그리고 세계 자체와 가지는 모든 상호작용을 포함하지 않으면, 자아의 개념은 의미가 없다는 것이다. 이 모델에서, '당신'은 물리적인 당신을 연결망의 중심에 두고, 그 연결들이 나무의 뿌리처럼 퍼져서 당신 주변의 모든 것에 닿는다.

그러므로, 덕 있는 인간은 자기중심적인 서사보다 더 뛰어나다. 누구든 영웅이 추구하는 것을 따르더라도, 영웅은 자신의 여정에서 배운 것을 다른 사람들에게 전달함으로써 사회에 기여한다. 이런 사람은 자신의 서사와 사회의 규범 사이의 주고받음을 인정한다. 물론, 다른 사람의 생각에 대해 코웃음을 치는 이들은 항상 있다. 이들은 혁신적인 변화를 일으키는 생산적 파괴자일 수도 있지만, 반사회적이고 사회병적일 수도 있다. 다음 장에서는 이런 사람 즉, 성스러운 가치의 가장 기본적인 것을 위반하는 사람의 뇌를 살펴볼 것이다.

12장

일반인과 살인자의 뇌는 다를까

11장에서 살펴본 것처럼, 우리 머릿속에서 일어나는 많은 일들은 문화적으로 프로그램되어 있고 도덕적 나침반으로써 뇌 속에 구체화해 있다. 이것들은 타인과 주고받을 수 있으므로 나만의 것이 아니다.

그러나 어떤 사회에서나 외톨이, 범죄자, 반사회적 인물처럼 문화적, 도덕적인 규범 밖에 존재하는 이들이 있다. 스콧 아트란과 내가 신성한 가치에 대해 논의를 시작했을 때, 테러리스트의 뇌를 스캔하는 것은 논리적으로 큰 의미가 없어 보였다. 아트란의 경험에 따르면, 대부분의 테러리스트는 '극단적인 신념을 가진 정상적인 사람들'이었다. 과연 그럴까? 나는 아트란을 만나기 오래전 실제로 극단적인 이탈자의 뇌를 스캔할 기회가 있었다.

법정에 선 뇌과학

나는 지난 20여 년 동안 인간의 뇌를 연구했다. 그동안 MRI 스캐너에는 1,000명 이상의 사람을 넣어봤다. 나는 스스로 스캐너 안에 들어가 첫 순간을 기억한다. 서로 게임을 하는 사람 두 명을 동시에 스캔할 수 있도록 두 대의 스캐너를 연결했던 첫 순간도 기억한다. 가장 좋아하는 개를 스캐너에 들어가도록 훈련시켰던 일과 그 녀석이 구속되지 않고 완전히 깨어있는 상태에서 첫 번째 뇌 스캔을 마쳤을 때 느꼈던 자랑스럽고 흥분된 감정을 똑똑히 기억한다. 하지만 몇몇 특별한 경우를 제외하면, 1,000명의 사람들의 개인적인 세부 사항은 거의 기억하지 못한다.

그러나 딱 한 명은 예외이다. 나는 그때의 경험을 결코 잊지 못할 것이다.

그는 '인구 통계적'으로 보통의 피실험자들과 별반 다르지 않았다. 남성이었고 나이는 스무 살, 평균적인 키와 몸무게를 가지고 있었다. 조지아주 사람들의 전형적인 억양으로 말했으며 말투는 아주 시골스러워서, 몇 세대에 걸쳐 상속된 것이 분명했다. 그 시작은 아마도 남북 전쟁 이전일 것이다. 조지아주 출신 대학생들은 캠퍼스 생활을 하면서 점차 이런 악센트를 버렸다. 이는 전 세계에서 온 다양한 악센트로 가득한 다문화 공동체에 동화되면서 겪는 필연적인 결과였다. 하지만 그는 학생이 아니었다. 조지아주 시골 출신의 살인범이었다.

앞 장에서 우리는 신성한 가치가 뇌에서 어떻게 처리되며 고도로 압축된 서사로 표현되는지를 살펴보았다. 그러나 도덕을 추상적으로 연구하는 것과 실제 세계에서 자신의 가치 체계를 시험하는 것은 전혀 다른 차원의 일이다. 대부분의 사람은 타인의 생명을 위태롭게 만들 일을 하지 않는다. 인간 생명의 신성은 거의 보편적인 가치로 여겨진다.

살인은 흔하지 않다. 2018년 기준, 미국에서 공식적으로 살인으로 죽은 사망자 수는 1만 9,141명이었다.[1] 연간 10만 명당 6명이 살인으로 사망한다. 비교를 해보자면, 심장병은 연간 10만 명당 200명, 사고는 52명, 자살은 14명의 목숨을 앗아간다. 물론, 이 비율은 나이와 사회·경제적 지위에 따라 다소 달라지지만, 내가 강조하고 싶은 것은 살인이 드물 뿐만 아니라, 살아가면서 진짜 살인자를 대면하게 될 가능성도 낮다는 것이다. 나 또한 살면서 살인자를 직접 만나게 될 줄은 정말 몰랐다.

2002년 어느 날, fMRI를 활용한 심리 연구에 대한 내 논문을 읽었다는 형사 전문 변호사로부터 전화를 받았다. 다니엘 서머는 살인을 포함한 여러 혐의로 기소된 고객의 사건을 맡고 있다고 했다. 범죄를 저지른 주가 조지아주이기 때문에, 서머의 고객은 유죄 판결을 받으면 사형에 처해질 가능성이 있었다(미국 50개 주 중에서 조지아를 포함해 27개 주가 사형제를 두고 있다 - 편집자). 서머는 그의 고객에게 뭔가 이상한 점이 있으며, 그가 정보를 정상적으로 처리하지 못하는 것 같다고 말했다. 그래서 나는 신경심리학적 검사를 제안했다. 그 검사는 잠재적인 정보 처리의 결함을 확인하는 데 널리 쓰이는 방법이었다. 그러자 서머는 이미 쓸 수 있는 모든 방법을 다 써보았으며 모든 결과가 '정상'이었다고 말했다.

서머는 마지막 수단으로 fMRI를 사용해서 고객의 뇌에 뭔가 문제가 있다는 근거를 찾고 싶다고 했다. 즉, 신경심리학 검사에서 드러나지 않은 무언가를 뇌 영상을 통해 확인하고 싶어 했다.

1966년 일어난 텍사스대학교의 타워 스나이퍼 사건(찰스 위트먼이라는 24세 남성이 텍사스대학교의 시계탑에 올라가 총기를 난사해 44명을 죽이고 31명을 다치게 한 사건으로 범인은 현장에서 자살했다. – 편집자) 이후로, 다양한 형태의 뇌 영상이 법정에서 사용되어 왔다. 타워 스나이퍼 범인이자 현장에서 자살한 찰스 휘트먼은 부검에서 작은 뇌종양이 있음이 밝혀졌다. 당시 텍사스 주지사였던 존 코널리는 종양이 사건과 관련이 있는지 결정하기 위해 전문가들로 구성된 위원회를 만들었다. 위원회는 종양이 화이트먼의 행동을 유발했는지를 확실히 알 수 없었지만, 종양이 편도체 옆에 있었기 때문에, 감정과 행동의 통제력을 잃게 한 요인일 수 있다고 결론 내렸다. 이후로, 명민한 변호사들은 이런 비정상적인 징후들을 찾기 위해 고객들의 뇌를 조사하기 시작했다.

현재는 모든 사형 살인 사건에서 범죄자의 뇌를 MRI 촬영하는 것이 표준적인 관행이 되었다. 판사와 배심원들이 이런 증거에 영향을 받는지는 명확하지 않다. 고인이 된 에모리대학교의 내 동료 스콧 리리엔펠드는 뇌 영상이 심리학 설문지보다 과학적으로 보이기 때문에 신경과학 데이터를 제시하는 것이 배심원들에게 편견을 심어준다고 주장했다. 하지만 이런 일들은 서머에게 전화를 받았던 2002년에는 표준이 아니었다. 당시에 내 동료 중에는 그 누구도 살인 사건에서 전문가 증인으로 고용된 사람이 없었다. 여러 사정을 감안했지만, 나는 살인 용의자의 뇌를 스캔할 기회를 놓치고 싶지 않았다.

다만 나는 처음부터 서머에게 그의 "정신 나간 변론"을 도와줄 생각은 없다고 말했다. 2002년에는 MRI나 fMRI가 사람의 정신 건강 여부에 대해 신뢰할 수 있는 정보를 제공한다는 판례가 전혀 없었다(정신 건강은 과학적인 판단이 아니라 법적인 판단이다). 서머는 무죄가 목표가 아니라고 분명히 말했다. 그는 의뢰인의 사형을 면할 정도의 완화 증거를 찾고 있다고 했다. 그 정도라면 동의할 수 있었다. 나는 사형 제도를 지지하지 않는다.

당시에는 몰랐지만, 서머는 사형 구형과 관련된 살인 사건에 있어서 생물학의 창의적 응용으로 법조계에서 일종의 천재 취급을 받고 있었다. 1995년, 서머는 도미노 피자를 훔치던 중 살인을 저지른 스티븐 모블리를 대신하여 유전자 검사를 요구했다. 모블리는 피해자가 목숨을 구걸하는데도 뒷머리를 총으로 쏘아 죽였다.[2] 서머의 임무는 완화 증거를 제시하여 모블리를 사형으로부터 구하는 것이었다. 하지만 유리한 증거는 그리 많지 않았다. 모블리는 25세의 백인이었다. 부유한 가정에서 자랐고, 학대를 받은 적도 없었다. 그런데도 모블리는 인생의 대부분을 속이고, 거짓말하고, 훔치는데 허비했고, 결국 무장 강도를 저지르다 사람을 잔인하게 죽였다. 살인 사건 재판을 기다리는 동안, 모블리는 등에 '도미노'라고 문신을 했다.

서머는 사건을 조사하면서 모블리 가문이 현지인들 사이에서 난동꾼과 성공한 사업가를 모두 배출하는 곳으로 유명하다는 사실을 발견했다. 그는 네덜란드의 한 가문에서 발견된 폭력적 행동과 관련된 단일아미노산 산화효소 A MAO-A 유전자의 돌연변이에 관한 최근 기사에서 아이디어를 얻었다.[3] 그리고 그의 고객도 같은 이상이 있을 수 있다고 판단했다. 만약 그렇다면, 이는 사형을 피하기 위한 충분한 완화 증거가 될 수 있었다. 네덜란드 연구의 저자 중 한 명이 도움을 제공할 수 있다고 제안했다. 그러나 주 최고법원은 서머의 주장을 받아들이지 않고 유전자 검사를 거부했다.[4] 모블리는 2005년에 처형되었다.

존슨 사건은 모블리와 섬뜩할 정도로 유사했다. 음침한 12월 어느 저녁, 존스와 그의 두 친구는 이웃집에 물건을 훔치러 침입했다. 범인들은 집에 아무도 없을 것이라고 생각했다. 그러나 집주인이 있었고, 존스는 그를 쏴 죽였다. 그리곤 시체와 집을 불태워 범행 현장을 숨기려고 했다.

내가 처음으로 서머를 만났을 때, 그는 내 책상 위에 범죄 현장이 담긴 폴라로이드 사진 뭉치를 꺼냈다. 나는 까맣게 탄 유해를 힐끗 보고 나서 내게 편견을 갖게 한 것에 대해 항의했다. 그는 사과하고 그것들을 서랍에 넣었다. 서머는 존스의 뇌를 스캔하는 동안 그에게 사건 현장 사진들을 보여줄 생각이었다고 했다. 그는 존스의 뇌가 범죄 현장을 보고 비정상적으로 반응하는지 알고 싶었다. 나는 그런 사진을 보는 사람이 어떻게 반응해야 하는지에 대한 '표준'이 없다고 지적했다. 반응하지 않는다면 존스가 현장에 없었다는 것을 의미할까? 편도체와 해마에서 나타나는 강한 감정 반응은 '인식하고 있음'을 나타낼 수도 있다. 반대로 정상적인 사람이라면 사진을 보고 누구나 보일 법한 충격과 혐오감을 의미할 수도 있다. 당시에는 여기에 대한 체계적인 연구 결과가 없었다.

2002년 이전에는 fMRI가 재판에서 사용된 사례가 없었기 때문에, 우리는 새로운 법적 영역을 개척해야 했다. 솔직히 말해서, 나에겐 이 부분이 이 프로젝트의 유일한 매력이었다. 전문가 증인으로서 내 능력을 시험해 보고 싶었다. 과학적 근거가 없는 결과는 법정에서 증거로 인정되지 않는다. 과학적 증거의 적법성에 관한 판례를 찾아본 결과, 특히 두 가지 판결이 fMRI를 사용하는 방식에 영향을 미칠 것 같았다.

첫 번째 기준은 과학적 증거 자체의 적법성에 관한 것이다. 1923년 있었던 프라이 대 미합중국 사건에서 법원은 거짓말 탐지기를 최초로 사용했다. 전문가는 혈압을 기만행위deception의 척도로 사용할 수 있다고 주장했다. 이것은 당시에는 새로운 접근법이어서 법원은 이를 증거로 받아들이지 않았다. 이 사건의 판결문에는 과학적 증거는 해당 분야의 전문가들에게 일반적으로 인정되었을 때만 허용되어야 한다고 명시되어 있다.

부분적으로 프라이 사건 때문에, 거짓말 탐지기 같은 폴리그래프polygraph(뇌파, 안구운동, 안진, 심장박동, 호흡 등 여러 가지 생리적 현상을 동시에 기록하는 장치 – 편집자)는 증거로 오랫동안 인정받지 못했다. 전문가들도 그것이 진실과 거짓을 판단하는 신뢰할 수 있는 중재자라고 생각하지 않았다. 프라이 사건을 계기로, 프라이 기준Frye standard이 만들어졌는데, 법정에 제시된 과학적 증거는 최소한 동료 평가를 받은 저널에 게재되어야 했다. 동료의 평가를 받은 과학적 증거가 곧 사형을 면할 수 있는 충분조건은 아닐 수 있지만, 이는 서머와 내가 하는 것이 무엇이든지 출판된 문헌에 기초해야 한다는 것을 뜻했다. 범죄 현장 사진에 대한 뇌 반응은 프라이 기준을 충족시키지 못할 것이 분명했다.

1993년, 대법원은 프라이 기준을 증거 자체에서 전문가 의견으로 확대했다. 다우버트 대 메릴 다우 제약사 사건에서 법원은 판사들이 고려해야 할 여러 기준을 제시했다. 예를 들어, 과학적 증거는 타당한 과학적 방법론을 따른 것이어야 했다. 다시 말해, 전문가가 교차 오염cross-contami nation을 방지하기 위한 조처를 하지 않았다면, DNA는 증거로 인정되지 않았다. 이 기준들은 이후 연방 증거법에 추가되고 주기적으로 수정됐다. 2002년 다우어트 기준은 다음과 같은 세 가지 규칙으로 정리됐다. 첫째, 증언은 데이터에 기반해야 한다. 둘째, 증언은 신뢰할 수 있는 원칙과 방법의 산물이어야 한다. 셋째, 증인은 원칙과 방법을 적절하게 적용해야 한다.

나와 서머는 회의실에서 세 가지 다우버트 기준을 보드에 적었다. 첫 번째는 문제가 되지 않을 것이었다. 2002년에도 fMRI가 신경 활동과 관련된 것을 측정하는 기술로 잘 알려져 있었다. 문제는 2번이었다. 우리는 특정 인지 과정을 측정하는 것으로 입증된 증거를 fMRI 검사를 통해 존스의 뇌에서 찾아야만 했다. 서머는 그의 고객이 그 운명적인 밤에 그의 판단에 영향을 미친 어떤 정보 처리 결함을 가지고 있었다고 생각했다. 하지만 강도 사건에서 총을 가져가는 것은 사전 계획을 나타내므로, 존슨의 살인이 순전히 충동적인 행동이었다고 주장할 수는 없었다.

나는 이 사건을 맡으면서 내면의 신성한 가치들 사이에서 큰 충돌을 겪었다. 존슨의 범죄는 정말 의심의 여지가 없었다. 그는 무고한 사람의 생명을 빼앗았고 법원은 그의 생명을 빼앗으려고 했다. 이는 고전적인 '눈에는 눈' 방식이었다. 나는 이에 반대한다. 그러나 '살인하지 말라'와 '눈에는 눈으로 대응하라'와 같은 내 안의 다른 신성한 가치들은 서로 달리 말하고 있었다. 서사적인 용어로, 내 안의 신성한 가치들은 각각 너무 복잡해서 설명하기 어려운 수 천년의 이야기들을 담고 있어서 규칙으로 압축된 것이었다.

나는 상충하는 신성한 가치 사이에서 해결책을 찾을 수 없었다. 그러나 이미 나는 서머의 세계에 발을 들여놓았고, 그곳은 과학의 세계와는 매우 다른 곳이었다. 나는 과학적 발견에 대해 무엇이 옳은지 그른지 명확하지 않은 다양한 해석에 익숙했다. 하지만 법적 판단은 명확해야 했다. 유죄 아니면 무죄뿐이다. 다만 나는 보복의 동등성을 절대 믿지 않았다. 누군가를 죽이는 것은 잘못된 행위이고, 살인자를 죽이는 것 또한 옳지 않다. 나는 존스의 뇌에 정말로 객관적으로 이상한 증거를 발견한다면, 이는 살인이 온전히 그의 잘못은 아니라고 받아들이기로 했다.

우리는 우선 범죄 당시 존스의 뇌에서 활성화될 가능성이 높은 인지 과정들을 목록으로 만들었다. 그는 살인을 저지르고 분명히 두려웠을 것이다. 잡힐까 봐 두려웠을 것이다. 그의 희생자 또한 두려웠을 것이다. 그는 희생자의 얼굴에 드러난 공포를 인식하지 못했을까? 정신과 의사와 심리학자들이 사용하는 알렉시티미아alexithymia라는 용어가 있다. 자신이나 다른 사람이 경험하는 감정을 식별하지 못하는 것, 즉 '감정 실명'을 의미한다. 다행스럽게도 표정에서 감정을 인식하는 것과 관련한 뇌 구조 연구는 당시에도 많았다.

살인자의 뇌 지문

표정에 관한 과학 연구는 찰스 다윈까지 거슬러 올라간다. 다윈은 인간의 감정 표현에는 동물에서도 찾을 수 있는 생물학적 기원이 있다고 믿었다.[5] 그리고 진화적 기원을 가진 감정은 인간에게 보편적이라고 보았다. 감정은 내부적이고 주관적이지만, 표현 방식은 그렇지 않다. 인간이 외부적으로 표현력이 뛰어난 이유는 여전히 논쟁거리지만, 다른 문화권에 자란 사람끼리도 서로의 기쁨, 두려움, 혐오와 같은 감정 표현을 인식할 수 있다는 것이 현재까지의 과학계의 결론이다. 이는 다윈의 이론과도 일치한다.[6] 1960년대와 1970년대에 캘리포니아대학교 샌프란시스코 분교 정신과학 교수 폴 에크만은 얼굴 감정 표현 연구에서 선도적인 역할을 했다. 그는 다른 감정을 연기하는 배우들의 표준화된 18장의 흑백 얼굴 사진을 만들어 다양한 연령과 문화권의 사람들에게 보여주었다. 미국, 그리스, 이탈리아, 일본, 수마트라를 포함한 10개의 나라에서 행복, 놀람, 슬픔, 두려움, 혐오, 분노의 인식에 관한 높은 수준의 일치를 확인할 수 있었다.[7]

2002년 우리 연구실에서는 에크만의 사진을 사용해 피실험자의 뇌를 MRI로 스캔하는 연구를 했었다. 여기서 두 가지 중요한 결과가 나왔다.

첫째, 시각 시스템의 일부 영역이 얼굴에 대해 매우 선택적으로 반응했다.[8] 이 얼굴 영역은 시각 정보가 뇌피질에 처음 도달하는 곳의 바로 아래 방향으로, 뇌의 뒤쪽을 향해 놓여있으며, 물체나 풍경보다 얼굴에 먼저 반응했다. 이 얼굴 영역은 낮은 수준의 처리에 관여하여 얼굴이 존재한다는 일반적인 형상을 끌어내는 것으로 보였다. 추상적인 얼굴은 역삼각형 안에 배열된 세 개의 실선 원으로만 이루어져 있는데, 이것만으로도 종종 얼굴 영역에서 반응을 유발하는 데 충분했다.

둘째, 얼굴 표현의 감정적 내용은 뇌의 여러 영역에서 처리되는 것으로 보였다. 우리는 자극과 기억에 관여하는 것으로 알려진 편도체에 주목했다. 화났거나 두려운 얼굴 사진은 편도체에서 활동을 유발했지만, 중립적이고 행복한 얼굴은 그렇지 않았다. 다른 연구에서는 편도체의 반응이 얼굴의 잠재적인 표현에 의해서도 유발될 수 있다고 보았다. 예를 들어 화난 얼굴을 30밀리세컨드라는 아주 짧은 시간만 보여주었을 경우, 이를 의식적으로 인식할 수는 없었지만 편도체는 이에 반응했다.[9]

이러한 얼굴과 감정에 관한 여러 연구를 고려한 결과, MRI 스캐너 안팎 모두에서 신뢰성과 수용성이라는 다우버트 기준이 충족할 것으로 판단됐다. 그래서 서마와 나는 존슨에게 다양한 감정을 표현한 얼굴 사진들을 보여주기로 했다.

우리는 먼저 존스의 얼굴 처리 시스템의 기준선을 얻기 위해 정상적인 표시 속도로 이 실험을 할 것이고, 또한 기대되는 반응을 보여주려는 의식적인 시도로부터 편도체 반응을 분리하기 위해 잠재적 시도할 터였다. 이 부분이 매우 중요했는데, 이유를 말하자면, 법정에서 우리의 실험 결과에 반대 의견을 가진 어떤 전문가가 나온다면, 그는 누구든지 화났거나 두려운 얼굴에 대해 기대되는 반응을 가짜로 보여줄 수 있다고 주장할 수 있었다. 그래서 사진이 지나갔다는 것을 의식적으로 인식하지 못할 정도로

깜박이듯 보여주고 뇌의 반응을 측정할 필요가 있었다.

이 시험에서 우리가 찾는 것은 존스가 얼굴을 읽을 수 있지만 충동 조절이 미흡하다는 증거였다. 법정은 용의자가 저항할 수 없는 충동을 보인 경우, 이를 종종 감경 사유로 받아들였다. 서머는 존스의 뇌에서 이와 유사한 증거를 찾을 수 있을 것이라고 보았다. 존스가 약한 충동 조절에 대한 어떤 생물학적 성향을 갖고 있었는지는 MRI 결과에 달려있었다. 전두엽이 이 기능에 매우 중요하다는 것은 이미 잘 알려져 있었다. 1848년에 철도 사고로 전두엽의 일부를 잃은 피니스 게이지의 사례*는 이 뇌 영역이 충동 조절에 얼마나 중요한지를 보여주는 고전적인 예이다.

하지만 존스는 게이지만큼 명백하게 뇌에 문제가 있어 보이지 않았다. 기껏해야 기능적 결함을 가졌을 것이다. 이는 그의 뇌가 전체적인 구조는 정상적으로 보이지만 스트레스 상황에서는 제대로 작동하지 않았다는 것을 의미할 수도 있다. 살인자들에 대하여 유일하게 연구된 신경과학 사례에서는 실제로 스트레스 상황에서 그들의 전전두엽 활동이 일반인에 비해 감소했다.[10]

전전두엽의 충동 조절을 검사하는 가장 쉬운 방법으로 'Go/

---

* 피니어스 게이지는 철도 공사 현장 폭발 사고로 쇠막대기가 왼쪽 뺨을 관통하여 왼쪽 눈을 지나 전두엽을 통과하는 사고를 당했다. 그는 사고 이후 성격이 완전히 바뀌었다. 감정 기복이 심해져 자주 화를 내었고, 끈기나 시간을 요구하는 작업은 할 수 없었다. 또한, 계획성이나 실행력이 부족해졌고, 충동적이고 비이성적인 행동을 했다. 그는 사고 이후 12년을 더 살았지만, 정신 질환으로 사망했다. – 편집자

No-Go' 실험이 있다. 먼저, 화면에 별표가 내려오는 시각적 카운트다운을 제시한다. 다섯 개의 별표에서 시작하여 하나까지 센다. 그다음에는 X 또는 A라는 글자가 나온다. 존스가 해야 할 일은 X마다 버튼을 누르고, A는 누르지 않는 것이다. 이 작업은 A보다 X가 더 많이 등장하도록 설정되어 있다. 피실험자가 버튼을 누르는 것에 익숙해질 때쯤 A가 나타나면, 버튼을 누르려는 충동을 억제해야 한다. 정상적인 사람이라면, 전전두엽의 일부인 전방 환상 피질ACC이 활성화되면서 성공적으로 반응을 억제한다.[11] 만일 존스가 충동 조절에 문제가 있다면, ACC에서 감소된 반응이 나타날 것이다.

계획은 완성됐고 이제 존스를 스캐너에 넣은 일만 하면 됐다.

존스는 내가 기대했던 것과 전혀 다르게 보였다. 그는 죄수복을 입고 있었지만, 마치 대학생처럼 보였다. 그는 내겐 익숙하지 않은 수준의 존경심을 보이며 모든 문장을 선생님Sir으로 끝냈다. 지나칠 정도로 순응적이었고, 과학에 대해 약간의 경외심을 비쳤다. 어떻게 희생자의 시체에 불을 붙인 냉혈한 살인자의 서사와 그의 태도를 연결할 수 있을까? 나는 할 수 없었다.

나는 MRI를 찍기 위해 존스의 족쇄를 풀어달라고 경비원들에게 부탁했다. 그들은 신경 쓰지 않는 것 같았다. 아마도 경비원들은 이미 도주 위험이 없다고 본 것 같았다. 그러나 규칙에 따라 경비원이 MRI가 있는 방으로 들어가려 했다. 나는 그의 허리에 있는 총을 가리키며 금속은 실험에 방해가 된다고 말했다. 그리곤 그 방에서는 다른 출구가 없으니 걱정하지 말라고 덧붙였다. 그는 우리 팀과 함께 제어실에 남기로 했고 다른 경비원 한 명은 아무도 그 방으로 들어가거나 나가지 못하게 MRI실 바깥에 자리를 잡았다.

MRI 스캔 자체는 평범한 실험이다. 초기 구조적 검사는 정상적으로 나타났다. 타워 스나이퍼의 범인과 달리 뇌의 비대칭이나 종양은 발견되지 않았다. 얼굴 실험 작업을 위해 존스는 아무것도 할 필요가 없었다. 그는 화면에 나타나는 것을 보기만 하면 됐고 그동안 우리는 뇌 반응을 수집했다. 그의 적극적인 참여가 필요했던 Go/No-Go 실험도 순조롭게 진행됐다. 만약 그의 뇌에 무엇인가 잘못되었다면, 이 실험에서 비정상을 발견할 가능성이 가장 높았다. 실제로 내가 사건을 맡은 지 10년 후에 미국 수감자들을 상대로 한 최초의 대규모 연구에서 범죄자들의 ACC에서 감소 반응을 조사했는데, 반응이 둔한 수감자일수록 4년 이내에 재구속될 가능성이 높았다.[12]

존슨의 의식적인 얼굴 실험에서, 우리는 방추상 얼굴 영역 fusiform face area, FFA에서 강력한 반응을 발견했다. 이는 존스가 주의를 기울이고 있고, 기본적인 시각 회로가 충분히 정상적이어서 그의 뇌가 얼굴을 인식할 수 있음을 나타냈다. 즉, 그는 FFA의 손상으로 인해 발생하는 얼굴인식불능증(안면인식장애)을 가지고 있지 않았다.

잠재적 실험(존슨이 얼굴을 의식적으로 인식하지 못할 만큼 빠른 속도로 사진을 보여주는 실험)에서도 특이점은 발견되지 않았다. 그의 편도체는 문헌에 보고된 것과 마찬가지로 행복한 얼굴 사진보다 두려운 얼굴 사진에 더욱 분명하게 반응했다. 반응의 크기는 정상적인 피실험자 그룹의 보고된 평균과 거의 일치했다. Go/No-Go 실험에서도 기대했던 결과는 나오지 않았다.

나는 결과를 전하러 서머에게 전화했다. "당신의 고객에게 도움이 될 만한 것을 아무것도 찾지 못했습니다." 존스는 완벽하게 정상적이고 평균적인 뇌를 가지고 있었다. 구조적이거나 기능적으로 잘못된 증거를 찾을 수 없었다. 서머는 나의 노고에 감사하다고 말했고, 그것으로 끝이었다.

사건의 결과를 말한다면, 뇌 스캔 실험과는 아무런 상관이 없었지만, 서머는 결국 존스를 사형에서 구해내는 데 성공했다. 존스는 출소 가능성 없는 종신형을 선고받았다. 그는 가장 폭력적인 범죄자들을 수용하는 곳으로 알려진 교도소에 수감되어 있다.

악의 평범함, 뇌의 평범함

신경과학은 법과 불안한 관계를 유지해 왔다. 지금은 살인 사건에서 뇌 스캔을 도입하는 것이 일반적인 절차가 됐는데, 그렇다고 신경과학의 유용성에 대한 합의가 이뤄진 것은 아니다. 법원은 나중에라도 그러한 증거가 유용했을 수 있다고 밝혀져 재판 결과가 무효가 되는 위험을 피하기 위해 용의자의 뇌 스캔을 허용하고 있다. 존스의 뇌가 보인 완전히 정상적인 모습은 한나 아렌트가 2차 세계대전 중 독일 국민들이 나치에 협력했던 '평범한 악'이라는 개념을 상기시킨다.[13] 존스의 뇌는 우리의 실험에 자원한 어떤 대학생의 뇌와도 다르지는 않았다.

뇌의 평범함은 사람들이 하는 일에 대한 생물학적 설명을 너무 과하게 찾지 않도록 경고한다. 나는 1999년 12월 밤에 일어난 일들이 여전히 존스의 뇌에 남아 있다는 것을 의심하지 않는다. 하지만 뇌는 매우 압축된 기억 장치다. 무슨 일이 일어났고, 살인자의 마음속에 무엇이 있었는지를 추출하는 일은 시놉시스로부터 영화를 재구성하는 것과 비슷하다.

아마도 일인칭 자서전적 기억은 삼인칭 기억보다 더 자세하게 저장되는 것일 수 있다. 그렇더라도, 그것들을 MRI와 같은 기술적 수단을 통해 측정하려면 그전에 압축, 해제하는 작업이 필요하다. 그러나 나는 존스에게 그의 범죄에 이르기까지의 사건들을 기억하라고 요구하지 않았다. 의미가 없었다. 당시 과학계에는 인간이 재구성한 기억이 뇌에서 어떻게 보일지에 대한 어떠한 모형도 없었고, 지금도 없다. 뇌 영상 기술은 주로 뇌 코드 해독brain decoding과 같은 빅데이터 문제를 인공 지능에 적용하면서 최근 20년 동안 급속하게 발전했다. 그리고 이제 살인이 뇌에 어떻게 저장되는지에 대한 기본 기능을 밝혀내는 단계까지 왔다.

나도 처음에는 존스의 뇌에 놀라운 증거가 있길 희망했다. 나는 한 사람을 사형에서 면하게 해주고 싶었을 뿐 아니라 살인을 저지른 사람들이 다른 사회 구성원들과 어떻게든 다른지 확인하고 싶었다. 하지만 불편한 진실이지만, 인간은 다르기보다는 비슷하다. 다른 사람을 죽이는 것과 같이 극도로 끔찍한 짓을 저지르는 어떤 것을 뇌에서 추출할 수 없다. 이는 악의 평범한 처럼 뇌의 평범함을 가리킨다.

뇌의 물리적 구조가 아니라 그 안에 담긴 내용이 한 사람의 인생 이야기를 결정한다. 나는 1999년 그 밤에 일어난 일들을 풀어내려고 하지 않았다. 하지만 존스의 얼굴 처리와 충동 조절의 정상성은 살인자의 뇌에 무엇인가 다른 것이 있다면, 그것은 정말 미묘한 차이라는 점을 말해준다. 살인자들도 각기 다른 개성과 성격을 가진 개인이다. 모든 살인자가 같다고 기대하는 것은 비합리적이다. 존스와 같은 일을 저지른 사람들은 기본적으로 정상적인 사람들 수 있지만, 나쁜 결정을 내린 사람들이다. 신성한 가치에 대해 아트란과 내가 발견한 것을 바탕으로, 존스의 경우 '의무론적 결단력의 붕괴'를 겪었다고 결론 내리고 싶다.

―――――

살인과 같은 극단적 범죄 충동을 억제하는 브레이크로 황금률, 십계명, 마음 이론, 공감을 들 수 있다. 사회마다 허용되는 행동의 규칙이 다르지만 전쟁 같은 특수한 상황을 제외하고는 어느 문화권에서나 살인을 용인하지 않는다. 그러므로 우리는 개인 정체성의 핵심으로 생각하는 많은 부분이 실제로는 우리가 살고 있는 특정 사회의 규칙에 불과하다는 결론으로 돌아가야 한다. 자기 망상self delusion은 집단 망상mass delusion일 수도 있다. 다음 장에서는 사회가 행동뿐만 아니라 사고에도 어떻게 영향을 미치는지 살펴보겠다.

13장

뇌를 절반만 가진 남자

　지금까지 공유된 서사, 즉 현실에서 '합의된 버전'이라고 부를 수 있는 것들의 구성을 분석해 봤다. 그리고 타인의 서사가 어떻게 우리의 뇌에 스며드는지 알아보았다. 이런 스며듦을 '서사의 일치'라고 부를 수 있고, 덜 관대하게는 '공유된 착각'이라고 부를 수도 있다. 뇌는 기억을 압축된 형식으로 저장하기 때문에, 정보는 필연적으로 버려진다. 살아남은 정보는 일어난 사건의 대략적인 표현일 뿐이며, 사람마다 사건을 다르게 압축하기 때문에, 같은 사건을 경험한 두 사람의 기억은 다를 수 있다. 대화를 해보면 이를 명백히 알 수 있다. 내가 몇 년 전에 일어난 일에 대해 말하면, 아내는 정말로 일어난 내용이라며 내 기억을 바로잡곤 한다. 다행히 우리 부부는 의견 차이를 견딜 수 있는 건강한 관계를 유지하고 있어서 대화를 주고받다 보면 사건에 대한 공통된 버전에 도달한다. 이것이 기본적으로 인간이 상호 이해를 통해 현실을 정의하는 방법이다.

한편, 카메라 같은 과학 기기로 얻은 측정값은 객관적 사실을 담고 있다. 그러나 해석은 각 개인의 뇌를 통해 걸러진다. 이것이 경찰 보디캠 영상이 항상 도움이 되는 것은 아닌 이유이다. 기록에 대해 여러 가지 해석이 가능하기 때문이다.

정신질환이란 무엇인가

이제 우리는 불안한 결론에 직면하게 되었다. 바로 어떤 생각도 정말로 우리 자신의 것이 아니라는 결론 말이다. 우리 자신의 기억조차도 의심스럽다. 그것들은 하이라이트 릴이며, 그래서 우리는 빈 구멍을 메우기 위해 다른 사람이나 매체로부터 보고, 듣고, 읽은 것을 활용한다. 그렇다면 현실은 공유된 망상일 뿐일까?

어느 정도는 그렇다. 그러나 자신의 정체성을 한데 묶어주는 유용한 망상과 극단적인 망상 사이의 구별은 명확하지 않다. 우리는 이들 망상을 받아들여 각자의 개인적인 서사를 만들어내고 그것을 가지고 평생을 살아간다. 이 망상들은 우리가 가보지 않은 여정으로 우리를 데려다준다고 할 수 있다. 일부 망상들이 비록 극단적일지라도, 뇌가 개인적인 서사를 만들 때 유연성을 발휘할 수 있도록 돕는다.

그러나 어떤 망상은 뇌가 심각하게 오작동을 일으키고 있다는 증거가 되기도 한다. 특히 진정제, 마취제, 그리고 아편류는 이상한 믿음을 불러오고 때때로 환각을 일으킨다. 특정한 의학적 상태가 망상을 일으킬 수도 있다. 망상은 알츠하이머와 파킨슨병 환자들에게 흔히 발견된다. 루푸스와 같은 자가면역 질환은 뇌에 염증을 일으켜 망상을 불러올 수 있다.

의학적으로 확인할 수 있는 망상도 있다. 유기적인 원인이 없을 때 일어나는 망상은 기능적 즉 정신병적이라고 표현한다. 이러한 망상은 주로 우울증, 조울증, 그리고 조현병schizophrenia(라틴어로 정신의 분열을 의미)이라는 세 가지 상태에서 발생하는 경향이 있다. 정신과학의 역사는 우리가 조현병이라고 부르는 질병과의 투쟁이라 할 수 있다. 현대적인 용법에서, 조현병은 현실과의 단절을 나타내는 일련의 정신 증상을 가리킨다. 조현병의 전형적인 모습은 머리카락은 흐트러지고, 소변 냄새가 나며, 혼자 말하고, CIA와 같은 보이지 않는 악마들에게 분노하는 노숙자처럼 행동한다. 그러나 다른 질병과 마찬가지로, 증상과 심각도의 범위는 매우 다양하다.

조현병 환자는 때때로 현실 세계와 연결이 약한 모습을 보인다. 증상이 최악일 때는 일반인에게는 완전히 낯선, 개인적인 서사에 따라 행동한다. 따라서 조현병은 사회적 규범과 문화적 범위 안에서 정의될 수 있다. 우리가 아무도 자신만의 완전한 서사를 소유하고 있지 않다는 것을 명확하게 알 수 있는 것은 바로 개인적인 서사가 사회의 궤도를 이탈할 때이다. 쉽게 말해, 누군가의 서사가 그 사회의 표준에서 너무 벗어나면, 그들은 '미친 사람'으로 여겨질 수 있다.

망상의 한 가지 특징은 그것의 소유자로부터 분리하기가 '미칠 듯이 어렵다'는 것이다. 1년 차 정신과 전공의들은 힘든 과정을 거쳐 이를 깨닫게 된다. 그들은 이상한 믿음에 대항하는 현실 검증을 수행함으로써 망상을 가진 환자들(보통은 오랫동안 조현병을 앓고 있는 환자들)을 치료해야 한다. 약물 치료 없이는 환자들에게 사실을 면전에 들이밀어도 그들의 믿음 체계를 깨뜨리기가 거의 불가능하다.

"저는 뇌가 절반만 있어요!"

내가 피츠버그에 있는 웨스턴 정신과 연구소와 클리닉에서 전공의 2년 차였을 때, 나는 배리(가명)라는 환자를 치료했다. 그 병원은 정신과 연구와 치료의 선두 주자였다. 건물 자체는 오클랜드 지역에서 높은 축에 속했고, 건물 전체를 둘러싼 오렌지색 벽돌은 그 아래의 모든 것을 따뜻한 빛으로 비추었다. 13개 층 각각에는 다른 유형의 정신과 병동이 있었고 1층에는 정신과 응급실이 본 로비 바로 옆에 있었다. 소아정신과 층과 노인정신과 층,

그리고 기분장애 병동이 있었다. 맨 꼭대기 층은 섭식장애 병동이었다.

나머지 층은 조현병 병동이었다. 표면적으로는 일반 성인 병동이라고 불렸지만, 이 병동의 환자들은 자신과 타인에게 위험을 가할 수 있기 때문에 특별한 시설을 갖춘 곳에서 효율적으로 치료할 수 있도록 함께 수용되었다. 그곳의 환자들은 조현병의 다양한 증상을 보였다. 그러나 누군가에게 조현병이라고 꼬리표를 붙이는 것은 쉽지 않다. 이 병은 근본적으로 치료할 수 없기 때문에 한 사람의 평생에 걸쳐 따라다닌다. 예후도 좋지 않다.

미국 인구의 1% 미만이 조현병을 앓고 있는데, 병의 특성상 만성 질환이며 종종 안정적인 고용이 힘든 상태로 나타나기 때문에 개인과 사회에 높은 경제적 부담을 안긴다. 조현병 환자들의 자살 시도 비율은 일반인에 비해 훨씬 높고, 여러 의학적 질병에 걸릴 확률도 나머지 인구 대비 대략 3배 더 높다. 그들의 상태가 심장병, 당뇨병, 암에 대한 적절한 치료를 받는 것을 방해하기 때문에 조현병 환자들은 이른 나이에 죽는 경향이 있다.

심각한 질병인 만큼 조현병으로 진단을 받으려면 환자는 정해진 수의 증상을 보여야 했다. 내가 수련을 받고 있을 때는 조현병의 경우, 한 사람이 적어도 한 달 동안 망상, 환각, 불명료한 말, 긴장증이거나 조직화하지 않은 행동, 그리고 말의 감소나 감정의 무뎌짐을 포함한 소위 음성 증상이라는 증상 군집 중 두 개 이상을 가지고 있어야 했다. 만일 망상이 정말 기괴하거나 환각이 계속해서 해설하는 내면의 목소리로 구성되어 있다면, 그것만으로도 진단이 가능했다. 한 달의 기간 외에도, 적어도 6개월 동안 약한 증상이 있어야 했는데, 이런 증상들이 완전한 정신병의 전개에 앞서 나타나기 때문에 이를 전구 증상prodromal이라고 부른다. 마약 또한 이러한 증상을 일으킬 수 있기 때문에, 그런 증상들에 조현병이라는 꼬리표를 붙이기 전에 마약을 투여했는지 여부를 반드시 확인해야 한다. 정신 질환을 앓는 사람들은 자신의 과거를 잘 기억하지 못하는 경향이 있다. 이는 그들이 현실과 약한 관계를 유지하기 때문이며, 그들이 기억하는 사건들의 시간 순서는 뒤죽박죽일 경우가 많다.

글로만 봐서는 증상이 꽤 명확해 보일 것 같지만, 현실은 그렇지 않다. 조현병에서 핵심은 증상의 발현 기간이다. 배리는 정신병증 NOS Psychosis Not Otherwise Specified(분류되지 않은 기타 정신병증)라는 진단을 받았다. 이는 그가 조현병의 일부 증상을 가지고 있지만, 기간 요건을 충족하지 못했다는 뜻이다. 그는 당시 스무 살이었는데, 이는 조현병에서 첫 번째 정신병적 발작이 일어나는 전형적인 나이다. 하지만 치료 팀의 아무도 그가 조현병이라고 말할 준비가 되어 있지 않았다.

배리는 병동에서 조용히 혼자만의 시간을 보냈고, 다른 환자들과 달리 매우 단정했다. 항상 깔끔하게 면도하고 검은 머리를 거의 군대식으로 짧게 유지했다. 내가 자기소개를 하자 그는 까칠한 미소를 지었다. 병원에 왜 있는지 물었더니 어깨를 으쓱했다.

나는 그의 과거를 알고 있었지만, 배리가 자신에 대해 어떻게 생각하는지 듣고 싶었다. 명문대를 다니던 배리는 한 학기 시험을 망친 다음 집으로 돌아왔다. 차트에 따르면, 그는 특정한 망상에 사로잡혀 있었다. "저는 뇌가 절반밖에 없어요." 시간이 지남에 따라, 그는 다른 것은 생각할 수 없게 되었고 수업에도 가지 않았다. 그러나 다른 조현병 증상을 보이지는 않았다. 마약은 하지 않았고, 피와 소변도 깨끗했다.

나는 이렇게 물었다. "뇌에 무슨 일이 일어났나요?"

그는 이렇게 답했다 "줄어들었어요."

어떻게 알았을까? 그는 느낄 수 있다고 했다.

"만약 뇌가 절반밖에 없다면, 몸의 한쪽이 마비되어 있을 거요"라고 내가 말했다. 이 대답은 전략적인 측면에서 실수였다. 그와 유대를 맺지 않은 상태에서 그의 망상에 도전하지 말았어야 했다.

배리는 단호히 고개를 저었다. 뇌가 절반뿐인 채로 돌아다니는 사람이 있다고 반박하며 남은 절반은 다른 절반의 기능을 대신할 수 있다고 덧붙였다. 이는 이론적으로는 틀린 말은 아니지만, 보통 어린이들에게서만 볼 수 있는 현상이었다. 그는 MRI 검사를 받을 예정이었다. "우리는 곧 알게 될 거요." 나는 말했다. 그는 무관심한 듯 고개를 끄덕였다. 나는 당황했고 짧은 상호작용으로는 그의 망상을 깨뜨릴 방법이 없다고 판단했다. 나는 MRI가 무엇을 보여줄지 이미 알고 있었다. 겉으로 드러나는 큰 장애가 없다면 뇌의 절반을 잃었을 가능성은 없었다.

믿음에 내용은 중요하지 않다

7장에서 우리는 미신이 어떻게 힘을 얻어, 사람의 행동을 지배하는지 알아보았다. 그렇다면, 미신과 뇌의 절반에 대한 믿음 사이에 근본적으로 차이가 있을까? 둘 다 사람의 행동에 영향을 미친다. 배리의 경우에는 학교를 그만두게 했다. 정신과 의사들은 이런 행동을 '중요한 장애'라고 부른다. 그리고 그것이 아마도 그가 병원에 있는 이유일 것이다. 정신과에서는 기괴한 망상을 특별 취급한다. 즉, 망상이 아주 이상하다면, 조현병 진단을 하는 데 다른 증상은 필요하지 않을 수 있다.

그러나 기괴하다는 것은 그 자체로 주관적인 판단이다. 정신과 의사들은 이 난제에 계속 맞서고 있다. 두 가지 가능성이 있다. 망상은 인구 대부분이 가지고 있는 평범한 종류의 '특이한 믿음'과는 근본적으로 다르다. 또는 망상은 믿음 스펙트럼의 한쪽 끝에 존재하며, 이상함이나 논쟁에 대한 무감각함의 극단적인 표현일 수 있다. 이 논쟁은 조현병이 치료되는 방식에 실질적인 영향을 미친다. 또한 이것은 개인적인 서사에 대해 중요한 지점을 알려준다. 나는 서사를 망상의 한 형태로 간주할 수 있다고 주장하는 입장이다.

첫 번째 주장부터 살펴보자. 즉 정신병적 망상이 일상적인 '특이한 믿음'과 범주적으로 다르다는 것을 고려해 보자. 이 주장은 일반적으로 정신병을 다룰 때 널리 받아들여지는 견해이다. 이 설명은 조현병의 초기 이론들과 관련이 있다. 1800년대 말, 정신과 의사들은 정신병증에 두 가지 형태가 있다고 보았다. 한 형태는 증감을 반복하며, 환자가 발작을 멈추면 완전히 회복하는 경우가 많았다. 그러나 두 번째 형태의 환자들은 결코 완전히 회복되지 않았다. 이들에 처음으로 라벨을 붙인 것은 독일 정신과 의사인 에밀 크레펠린이었다. 전자는 조울증(지금 양극성 장애라고 부른다)이라 이름 붙였고, 후자는 조발성치매라고 불렀다. 1908년, 스위스 정신과 의사인 오이겐 블로일러가 후자의 용어를 조현병으로 바꾸었다.

1900년대 초는 정신과학이 격렬하게 발전한 시기였다. 의사들은 정신병 환자들을 과거와 달리 '치료'하려고 열성적으로 노력했고, 질병 자체의 현상학에 대해서도 열띤 토론을 벌였다. 크레펠린이 양극성 장애와 조현병의 차이를 구분했지만, 의료 현장에서는 그 차이를 명확히 나누기가 쉽지 않았다. 정신병을 앓고 있더라도 가끔은 정상으로 보이는 시기가 있기 때문에 종종 유일한 옵션은 정신병 환자들을 의료기관에 입원시켜 관찰하는 것이었다. 입원 기간에 환자들이 나아진다면, 그들은 일상으로 돌아갈 수 있었다. 그렇지 않은 사람들은 음… 그들은 결코 나갈 수 없었을지도 모른다.

1920년대 독일 뮌헨의 정신과 의사들은 조현병 증상의 특성을 세밀하게 분석하는 작업을 했다. 대표적인 인물들로 칼 야스퍼스와 컬트 슈나이더가 있는데, 그들의 분류법은 이후에 DSM에서 채택되었다. 정신병증에 관해서, 그들은 망상을 믿음의 '내용'이 아니라 믿음이 가지는 '방식'으로 정의해야 한다고 주장했다. 그들은 특히 평범한 것들을 정상적으로 인식하다가 그 인식이 특별한 의미가 있는 것으로 변화하는 것이 가장 우려되는 조현병 증상이라고 보았다. 슈나이더는 이러한 종류의 망상을 조현병의 1순위 증상 목록에 포함했다. 다른 1순위 증상으로는 청각 환각이 머릿속에서 목소리의 형태로 나타나는 것, 특히 개인을 비난하거나 실시간 해설을 제공하는 것이 있다. 그밖에 주요 증상들로는 자신의 생각이 어떤 외부 힘의 결과라고 믿거나(생각 삽입이라고 부름) 반대로 자신의 생각이 다른 사람들에게 알려진다고 믿는 것(생각 방송이라고 부름)이 있다.

야스퍼스와 슈나이더의 현상학은 오늘날에도 사용되고 있지만, 1순위 증상은 양극성 장애에서도 흔하다는 것이 밝혀졌다. 20세기 정신과 의사들은 조현병 진단 체계에서 망상의 '내용'을 빼기로 했다. 배리가 뇌의 절반밖에 없다고 믿는 것은 바로 나를 걱정하게 만든 1순위 망상의 정확한 예였다. 나는 그 생각이 아마도 편두통과 같은 평범한 인식에서 비롯되었으며, 편두통은 종종 한쪽에만 발생할 수 있는데 그것이 뇌 절반이 사라졌다는 불가능한 결론으로 발전했다고 생각했다. 야스퍼스의 관점에서 보면, 망상은 인식의 장애로부터 발생한 것이 아니었다. 오히려, 의미의 변화로부터 발생한 것이었다.[1] 만약 그것이 인식의 문제였다면, 반증하는 증거를 제시함으로써 배리의 믿음을 되돌려 놓을 수 있을 것이다. 그러나 망상의 내용은 조현병 환자에게는 전혀 중요하지 않다.

배리의 MRI는 정상으로 나왔다. 그리고 예상대로, 객관적 사실은 그의 망상을 전혀 바꾸지 못했다. 시간과 약물만이 그의 믿음을 바꿀 수 있었다.

나는 리스페리돈risperidone이라는 새로운 항정신병제를 배리에게 처방했다. 다른 대부분의 항정신병제와 마찬가지로, 리스페리돈은 신경전달물질인 도파민에 대한 뇌의 수용체를 차단했다. 이것이 왜 정신병적 증상을 진정시키는지는 여전히 미스터리지만, 토라진Thorazine이라는 도파민 차단제가 조현병을 치료할 수 있다는 것이 발견된 이후로, 이 질환의 치료는 도파민을 중심으로 이루어졌다. 도파민과 조현병은 너무 밀접하게 연결되어 있어서, 조현병의 도파민 가설은 현재 일부가 수정되었지만 여전히 매우 유효하다.[2] 수십 년 동안, 도파민의 과잉이 야스퍼스와 슈나이더가 분류한 정신병증의 증상과 연관이 있다고 여겨졌다. 그러나 도파민 차단제의 효과는 관찰에만 근거하고 있다. 다수의 신경 영상 검사와 유전자 분석은 도파민 차단제의 효과를 입증하지 못했다.

배리의 경우, 그의 도파민의 차단은 그의 망상에 즉각적인 변화를 일으키지 않았다. 그러나 몇 주를 지나는 동안 그는 점차 뇌에 대해 말하는 것을 멈췄다. 그러나 그는 여전히 뇌가 절반밖에 없다고 믿었다. 그러나 시간이 지남에 따라, 그의 믿음은 배경으로 물러나고 그의 행동의 주요 동기가 되지 않았다. 그가 집으로 돌아갈 준비가 되어 있을 즈음, 그는 평범한 대화에서는 극히 정상으로 보였다. 나는 그의 이상한 믿음이 그와 5분이나 한 시간 정도 이야기하면 나타날지, 아니면 그가 통찰력과 자제력을 얻어서 스스로 감출 수 있을 만큼 상태가 충분히 나아졌는지의 여부를 판단할 수 없었다.

나는 그와 작별 인사를 하면서, 그가 대학에 다시 돌아갈 수 있을지, 만약 그렇다면 스트레스 때문에 그의 망상이 다시 그의 삶을 지배하게 될지 걱정됐다.

믿음 조절

배리의 이야기는 정신병증에 대한 두 번째 주장, 즉 망상이 믿음의 연속선상에 존재함을 반증한다. 표면적으로 보면, 그의 믿음 자체는 다른 사람들이 믿는 것보다 더 이상하다고 할 수 없다. 보니파스 수녀는 주니페로 세라 신부의 영혼이 그녀의 병을 고쳐줬다고 믿었다. 그녀의 믿음은 가톨릭 교회의 지도자들을 설득했다. 나는 1990년대 의과대학에 다닐 때, 평범한 목장 집 아래쪽

거리에 살았는데, 그곳은 한 종교단체의 기지로 널리 알려져 있었다. 그들이 헤일 봅 혜성 뒤에 숨겨진 외계인 우주선에 도달하기 위해 집단 자살을 하기 전까지 그들의 이름이 천국의 문Heaven's Gate이라는 것을 알지 못했다. 그 종교단체의 살아남은 멤버들은 여전히 웹사이트를 운영하고 있다.[3] 집단 자살을 선택한 39명의 사람들은 정신병적이었을까? 만약 그렇다면, 우리는 사이언톨로지 교회의 구성원 모두가 정신병적이라고 말해야 한다. 그들의 믿음 체계는 천국의 문보다 훨씬 더 이상하다.

미신적인 믿음과 마찬가지로, 희귀한 정신병적 증상은 인구의 무작위 샘플에서 상당히 흔하게 발견된다. 1990년부터 1992년까지, 그리고 2001년부터 2002년까지 5,877명의 사람들을 대상으로 실시된 미국 국가 공존성 조사US National Comorbidity Survey는 다양한 정신 건강 증상의 유병률을 측정했다. 조사 결과, 성인의 약 28퍼센트가 적어도 하나의 정신병적 진단 질문에 긍정적으로 응답했다. 가장 흔한 증상은 '사람들이 당신을 감시하거나 따라오고 있다고 믿은 적이 있습니까?'였으며 12.9퍼센트가 동의했다. 다음으로 흔한 증상은 '다른 사람들은 볼 수 없는/들을 수 없는 것을 보거나 들은 경험이 있습니까?'였다. 다행히 임상가들이 이 질문에 긍정의 답을 한 사람들을 추적 조사한 결과, 진단 가능한 정신병적 질환의 유병률은 약 1퍼센트로 떨어졌다.[4] 더 상세히 분석해 본 결과, 개인들이 동의하는 정신병적 증상의 대략적인 개수를 통해서 그 심각도의 연속적인 특성에 따라 그들을 여러 그룹으로 나눌 수 있었다.[5] 이러한 조사에 전문적인 진단 기법을 도입하면 강렬한 영적, 종교적 믿음을 가진 사람들을 입원 중인 정신과 환자들과 구별하기가 사실상 어렵다.[6]

일반 인구에서 정신병적 증상의 범위는 이러한 믿음을 조절하는 약물의 효과와 일치한다. 도파민 차단제는 정신병적 증상을 줄이고, NMDA와 세로토닌 약물은 이를 높일 수 있다. 이는 망상적인 경향이 연속성을 가진다는 것을 의미한다.[7] 이러한 관점에는 두 가지 넓은 함의가 있다. 첫째, 조현병이나 그와 유사한 진단을 받은 환자들에게는 그 범주적인 꼬리표가 평생을 따라다니지 않을 수 있다. 많은 만성 질환과 마찬가지로, 조현병은 증감할 수 있으며, 상대적으로 정상적인 기간이 있을 수 있다. 물론, 이것은 심장병이나 당뇨병과 마찬가지로 치료와 약물로 성실히 관리를 했을 때 가능하다. 둘째, 인구의 상당한 부분 즉, 적어도 28퍼센트가 정신병적 증상을 조금이나마 갖고 있지만, 진단을 받거나 치료를 받지 않고 있다는 것을 의미한다.

이러한 함의가 보여주는 바는 무엇일까? 당신의 정신 건강은 주변의 사람들(그리고 당신의 정신 건강에 대한 그들의 믿음)에 의해 정의될 수 있다. 세상에서 공유되는 사건들에 대해 설명하고 대화하는 능력은 특정 수준의 합의된 기본 규칙들을 요구한다. 수학자들은 이를 공리axiom(우리가 자명하다고 여기지만 증명할 수 없는 진리들)라고 부른다. 앞에서 우리는 최초의 이야기가 이러한 기본 규칙들을 어떻게 설정하는지 보았다.

세상에 대한 나의 인식에 다른 사람들이 미치는 영향을 부인할 수는 없지만, 세상은 타인뿐만 아니라 나 자신도 포함한다. 모든 사람이 자신의 진정한 자아 인식을 공유할 용기가 있을까? 전혀 그렇지 않다. 우리가 머릿속에 있는 것을 있는 그대로 말한다면, 분명히 서로를 미쳤다고 여길 것이다. 정신과 의사가 당신의 내면을 깊이 들여다볼 수 있다면, 당신이 조병manic에 걸렸거나 극도의 자기애를 갖고 있다고 꼬리표를 붙일 수도 있다. 또는 자기혐오의 그림이 그 아래에 숨어 있을 수도 있다. 혹은, 더 가능성이 높은 것은, 아마도 둘 다 영원한 갈등 속에 존재할 수도 있다. 우리가 이러한 갈등을 유지하며 살아갈 수 있는 것은 바로 우리 뇌의 전두엽 표면 덕분이다. 그것이 도파민 차단제가 효과가 있는 이유이다. 그 약들은 악마/요정을 병 속에 가두어 두는 데 도움이 된다. 당신이 자신을 재림한 그리스도라고 믿는다 해도 아무도 신경 쓰지 않는다. 당신이 그 생각을 속으로 간직하고 있는 한은 그렇다.

이러한 깨달음은 해방적일 수 있다. 제3부에서 개인적인 서사를 바꾸는 방법들에 대해 살펴볼 것이다. 개인적 서사 자체가 허구라는 것을 받아들인다면, 다양한 대안적인 이야기들이 당신에게 열린다.

조현병 환자들은 어찌 보면 타인에게 자신의 모든 이야기를 드러내는 사람들이다. 그리고 그들의 믿음이 다수의 시각에서 벗어나 있다면, 위험하다는 딱지를 받게 된다. 따라서 혼자서 독자적인 길을 가는 사람은 때로 위험에 처해질 수 있다. 하지만 위험에는 큰 보상이 뒤따르기도 한다. 비록 당신의 생각(비전)을 인정하라고 다른 사람들을 설득해야 할지도 모르지만, 이는 창업가에게는 재정적 성공을 보장하는 길일 수 있다.[8] 이런 비전을 가진 사람이 많다면 사회 전체에도 이익이 된다. 생각의 획일화는 혁신의 가능성이 없는 막다른 길이다.

자아가 만들어진 망상이라면, 그 자아를 내가 원하는 대로 변화시킬 수는 없을까? 3부에서는 뇌를 억압하는 정신 모형들을 알아보고, 기저 함수들에서 벗어나 새로운 자아를 만드는 방법을 살펴보겠다.

제3부

—

꿈꾸는
자아

14장

나는 이야기한다
그러므로 나는 존재한다

좋은 책은 여러 가지 경험을 남겨주고,

끝에는 약간 힘들어야 한다.

읽는 동안 당신은 여러 삶을 살게 된다.

— 윌리엄 스타이런

연속적이고 일관된 존재로서의 자아는 허구이다. 더 직설적으로 말하자면 자아는 망상이다. 구체적인 세부 사항은 사람마다 다를 수 있지만, 자아의 모형은 대체로 비슷하며 외부에서 우리의 뇌에 들어온 이야기로 채워진다. 너무 극단적인 생각 아니냐고 이의를 제기할 수 있다. 맞다. 우리의 개인적인 서사가 완전히 허구는 아니다. 모두가 동의할 수 있는 사건들이 있었다. 개인적인 서사가 실제 세계의 사건들에 연결된 '역사 소설'과 같다고 말하는 것이 더욱 정확한 표현이다.

역사 소설의 주인공처럼, 우리는 운명을 결정할 선택의 순간을 서사 속에서 계속 마주하게 된다. 지금까지, 나는 다른 사람들의 의견이 어떻게 우리의 머릿속에 스며드는지에 대해 다소 수동적인 그림을 제시했다. 그러나 우리는 누구의 말을 듣고, 어떤 책을 읽고, 어떤 미디어를 보는가에 대해 어느 정도의 통제력을 가지고 있다. 정보의 측면에서 보면, 내가 먹는 것이 곧 내가 된다. 3부에서는 소비하는 것을 선택함으로써 자아를 적극적으로 바꾸는 법에 대해 탐구한다. 과거의 당신이 이야기로 만들어졌듯이, 이야기는 미래의 당신을 바꿀 수 있다.

이야기가 뇌를 바꿀 수 있을까

본격적인 논의에 앞서, 이야기가 뇌를 정확히 어떻게 바꾸는지를 이해할 필요가 있다.

신경과학은 인간의 마음을 더 깊이 파고들면서 사회학적이라고 여겨지던 구조들에 대해 연구해 왔다. '사회학적'이라는 것은 사람들을 함께 묶어주는 문화 영역을 말한다. 최근까지 문화는 집단의 속성이라고 생각되었지만, 개인들이 문화를 이루고 있으므로 우리의 뇌에는 문화의 공통적인 흔적들이 있어야 한다. 이야기들은 이러한 흔적들의 많은 부분을 차지한다. 물론 이 주장에는 암묵적인 가정이 깔려있다. 실제 생활이나 온라인, 혹은 책에서 마주하는 모든 것이 뇌를 바꾼다는 가정 말이다. 이 주장은 이제 너무 진부해서, 읽기와 관련해서는 누구나 자신의 생각을 바꾼 책(보통 청소년기에 읽은 것)을 예로 들 수 있다. 스티븐 킹은 그가 12살 때 읽은 윌리엄 골딩의 《파리대왕Lord of the Flies》을 언급했다. 그는 이 책을 '(페이지에서 나와 내 목을 움켜쥐었던 강한) 손을 가진 첫 번째 책'이라고 말했다.[1]

성인들 보통 분당 200~300 단어를 읽을 수 있으며, 약 8만 단어 정도 되는 평균 길이의 책을 읽는 데 4~7시간이 걸린다. 이 책을 읽고 있다면, 아마도 당신이 독서를 즐기고 있다고 가정해도 될 것이다(누군가가 이 책을 읽으라고 지정했다면, 미안하다). 꼭 책이라는 매체가 아니더라도 살아오면서 어떤 형태로든 수백, 수천 권 분량의 이야기를 읽었거나 듣고 보았을 것이다. 그리고 일반적인 사람이라면, 읽고 들은 것들 대부분의 세부 사항을 기억하기 힘들 것이다. 그러나 내 책장에 꽂혀 있는 책들은 그 내용과 내가 그것을 읽었던 경험의 물리적인 유물이다. 나는 집 주변을 걸어 다니면서 그 책들을 읽었기 때문에 각 책의 내용뿐만 아니라, 더 중요하게는, 내가 그것을 읽었던 환경들을 기억한다.

나는 12살이 되던 해, 우편으로 책을 보내주는 과학 소설 독서 클럽에 가입했다. 지금도 《파운데이션 3부작The Foundation Trilogy》과 《듄Dune》을 읽고 압도되었던 때를 기억한다. 내가 생각하는 방식에 영향을 준 책 한 권을 고른다면, 이 두 권 중 하나일 것이다. 두 SF소설은 내가 알던 것과는 완전히 다른 세계를 묘사하고 있었다. 하지만 주인공들이 훨씬 더 중요했다. 나는 나 자신을 《파운데이션》의 주인공이자 미래 예측에 수학을 사용하는 심리사학자 해리 셀던이나 《듄》에서 모래벌레를 길들이는 폴 아트라이데스라고 상상했다. 지금도, 나는 내 서가에 꽂힌 《듄》을 꺼내 볼 때면, 청소년 시절의 방으로 순간 이동한다. 그곳에서 나는 침대에 누워 프랭크 허버트(《듄》의 원작자)가 만들어 낸 언어를 이해하려고 노력하고 있다. 내가 인생의 다른 시기에 그 소설을 읽었다면, 내게 그 정도의 영향을 미치지는 못했을 것이다.

소설, 시, 영화 등 그 무언가가 뇌를 바꾼다고 말할 때, 일어날 수 있는 변화는 크게 두 가지이다.

첫 번째는 일시적인 변화이다. 연구실에서 이뤄지는 심리 실험의 대다수가 일시적 변화를 기준으로 설계되면, 이러한 변화는 비교적 쉽게 감지할 수 있다. 통제 조건을 정의하고, 특정 반응을 유발하도록 설계된 자극을 피실험자에게 제시하고 반응을 측정하면 된다. 실험자는 자극이 사라지면 반응이 기준선으로 돌아갈 것이라고 가정할 수 있다. 반응은 측정할 수 있는 것이면 무엇이든 측정 대상이 될 수 있다. 키보드에서 키를 누르는 것일 수도 있고, 심박수, 피부 전도도, fMRI로 측정한 뇌 반응과 같은 생리적 반응일 수도 있다. 이러한 종류의 실험은 효율적이어서 실험자가 분석을 위해 충분한 데이터를 얻을 때까지 반복할 수 있다.

두 번째 변화 유형은 오래 지속되는 변화이지만 측정하기는 어렵다. 뇌의 경우 일시적인 변화는 순간적인 변화를 의미한다. 신경과학자들은 뇌를 연구할 때, 지속되는 변화보다는 순간적인 정보 처리의 측면에서 분석한다. 예를 들어, 시각 피질은 시야의 변화에 반응하지만, 이 반응이 지속된다고 여겨지지는 않는다. 자극이 사라지면 뇌 반응도 사라진다. 그러나 나를 비롯한 일부 신경과학자들은 문화적 흔적을 뇌 구조에서 찾고 있다. 이런 흔적은 뇌의 영구적인 변화를 암시하는데 이를 찾기 위해서는 다른 유형의 측정법이 필요하다.

생물학적 시스템의 일반적인 규칙은 적응adaptation이다. 시각 시스템은 전반적인 밝기의 변화에 맞춰 적응한다. 인간은 정오의 태양 아래의 야외와 부드러운 흰색 전구로 밝혀진 실내의 밝기 차이를 거의 구별하지 못한다. 뇌에서의 변화를 감지하기란 밝기를 구별하는 것보다 더 어렵다. 그것이 바로 책이 뇌를 어떻게 바꾸는지에 대한 연구가 드문 이유이다.

2011년, 뇌의 지속적인 활동 패턴을 측정할 수 있는 새로운 신경영상학 방법론이 등장했다. 이전에는 fMRI로 초 단위의 일시적인 변화만 측정할 수 있었다. 이런 한계를 극복한 새로운 방법론이 휴지상태 fMRI resting-state fMRI, rs-fMRI이다. 이 기술은 스캐너 안에 누워서 아무것도 하지 않은 채 깨어있는 사람을 대상으로 한다. 휴지상태에 있는 사람의 뇌를 fMRI로 약 10분에 걸쳐 연속적으로 스캔하면 여러 신호가 상하로 진동하며 조화로운 형태를 띠는 패턴이 나타난다. 이를 안정 상태 네트워크resting-state network 또는 기본 모드 네트워크default mode network라고 부른다.[2]

신경과학자들은 안정 상태 네트워크의 기능적 의미에 대해 치열한 논쟁을 벌이고 있다. 이 네트워크는 꿀벌 떼의 윙윙거리는 소리처럼 뇌의 배경 잡음일 수 있다. 또는 뇌와 몸을 살아있게 유지하는 기본 기능 외에는 다른 기능적 의미가 없을 수도 있다. 흥미로운 다른 해석도 가능한데 안정 상태 네트워크가 '몽상'의 증거라는 것이다.[3] 꿀벌 떼 이론의 지지자들은 안정 상태 네트워크가 자발적인 인지가 둔화된 가벼운 마취 상태에서도 나타난다고 지적한다.[4] 그러나 치과에서 혹은 대장내시경을 받으면서 가벼운 마취를 받은 경험이 있는 사람이라면 가벼운 마취가 완전한 마취와 같지 않다는 것을 알 것이다. 내가 보기에 안정 상태 네트워크는 다른 작업에 의해 방해받을 수 있기 때문에 휴지상태 fMRI란 명칭에서 '휴지상태'는 엄밀히 말해 약간 잘못된 표현이다.[5]

법학전문대학원 입학시험LSAT을 준비하는 학생들의 뇌를 공부하기 전과 90일 후에 휴지상태 fMRI로 스캔한 실험이 있었다.[6] 실험 결과, 공부하기 전과 비교해서 공부를 한 이후에는, 뇌의 전두-두정엽의 안정 상태 네트워크의 연결이 강해졌다. 연구자들은 논리 문제에 대한 집중적인 훈련이 이러한 패턴을 강화했다고 결론 내렸다. 이 실험 대로라면, 공부라는 행위가 수 일, 수 주에 걸쳐 반복적으로 일어나면, 뇌 자체에 물리적인 변화가 일어나고, 이러한 변화는 휴식 기간에도 어느 정도 지속될 수 있다.

공부가 뇌의 안정 상태 네트워크에 변화를 일으킬 수 있다면, 독서는 어떨까? 나는 스티븐 킹이 《파리 대왕》을 읽었을 때 느꼈을 강력한 독서 경험을 포착할 수 있을지 궁금했다. 이것이 2011년에 내가 시도한 실험의 핵심 목표였다.[7]

그래서 실험해 보았다

우리 연구팀이 내려야 할 첫 번째 결정은 '어떤 책을 선정할 것인가'였다. 몇 주 동안 매일 학부생, 대학원생, 연구 전문가, 그리고 교수들로 구성된 연구팀이 모여서 좋아하는 책들, 삶을 바꾼 책들에 대한 아이디어를 내놓았다. 어떤 사람은 시를 좋아했지만, 다른 사람은 그렇지 않았고, 우리가 기대하는 젊은 학부생으로 이루어진 자원봉사자들도 그렇지 않았다. 물론 《해리 포터》는 모두가 열광하는 소설이었다. 하지만 너무 유명한 소설이어서 상당수 사람들이 이미 해리 포터를 읽었을 것이라고 가정해야 했다. 그래서 《해리 포터》는 제외했다.

고전을 두고도 논쟁했지만, 여기서도 우리는 에모리대학교 학부생이라면 최소한 몇 권은 접해 보았을 것이라고 가정해야 했다. 그래서 《오디세이》, 《죄와 벌》, 《모비딕》 같은 고전을 제외했다. 그리고 《듄》이나 《파운데이션》도 잊어버려야 했다. 그 소설들은 절망적일 정도로 구식이기 때문이다.

비소설을 제안한 연구자도 있었지만, 그 누구도 청소년 시절에 자신의 세계관을 바꾼 비소설 책을 떠올리지 못해서 이 아이디어 역시 제외됐다. 오랜 논의 끝에 우리 연구팀은 팩션factions 소설을 선정하기로 했다. 팩션은 실제 사건을 기반으로 하지만 가상의 줄거리와 인물이 등장하는 장르이기 때문이다.

여러 후보군들 중에서 2003년에 출간된 로버트 해리스의《폼페이》를 최종 선정했다.[8] 나는 그 책이 나왔을 때 얼마나 즐겁게 읽었는지를 기억한다. 하지만 이미 8년 전에 출판된 책이기 때문에, 연구실의 누구도 그 책에 대해 들어본 사람이 없었다. 그러나 모두가 이 소설의 기본적인 이야기는 알고 있었다. 베수비오 화산이 폭발하면서 로마의 도시 폼페이에 뜨거운 재가 쏟아져 한순간에 주민들을 묻어버린 바로 그 유명한 이야기가 이 소설의 뼈대였다. 해리스는 역사에는 존재하지 않는 공학자 마르쿠스 아틸리우스의 이야기를 따라가면서 당시의 비극을 생생하게 그려낸다. 그 안에는 사랑, 성, 죽음이 모두 담겨 있다. 이 흥미진진한 책은 젊은 성인의 뇌에 지속적인 인상을 남길 수 있을까? 이를 알아보고 싶었다.

실험 대상은 대학 1학년과 2학년 사이의 십 대로, 18살이나 19살 정도였다. 이 나이대의 대부분은 일반적으로 자신의 정체성을 정립하는 데 어려움을 겪는다. 인종, 성별, 계급, 목적, 그리고 관계와 같은 문제들이 그들의 마음에 무게를 더한다. 나는《폼페이》가 참가자들의 삶을 바꿀 것이라고는 기대하지 않았지만, 적어도 그들의 뇌에 지속적인 변화를 일으킬 만큼 강렬하기를 바랐다. 그들이 남녀 주인공이 뜨거운 재 아래로 묻히지 않으려고 고군분투하는 고난에 공감할 수 있기를 원했다.

참가자들이 자료를 읽었는지 확인하기 위해, 우리는 두 가지 전략을 채택했다. 첫째, 종이책을 읽게 했다. 전자책이 인기를 얻고 있었지만, 우리는 참가자들이 소설의 모든 부분에 집중하기를 바랐다. 그래서 종이책을 구입한 다음 책을 9개의 부분으로 찢어 나눈 다음, 실험 참가자들에게 매 세션마다 차례대로 한 묶음씩을 나눠주고 읽게 했다. 둘째, 피실험자가 실제로 자료를 읽고 있는지 확인하기 위해, 다음 묶음을 받기 전에 짧은 시험을 보게 했다. 만약 시험에 통과하지 못하면 실험에서 배제했다.

뇌 스캐닝에 관해서는, 각 참가자가 19일 연속으로(주말 포함) 매일 아침 MRI 센터에 와서 안정 상태의 fMRI 스캔을 받게 할 계획이었다. 스캔은 약 7분 30초 정도 걸렸다. 그들은 눈을 감고 조용히 쉬는 것 이외에는 아무것도 할 필요가 없었다. 그 후에, 그들은 시험을 보았다. 이 시험은 그들이 자료에 얼마나 몰입했는지 평가하는 도구였다. 처음 5일 동안은 소설을 읽지 않고 스캔을 진행했다. 이 데이터는 피실험자들의 일상적인 독서 상태를 보여주는 기준선으로 삼았다. 다음 9일 동안은 읽기를 하고 스캔을 했고, 이어서 다시 읽기 없이 5일을 더 스캔했다. 이는 활발한 읽기 기간이 지난 후에도 어떤 변화가 지속되는지 보기 위한 조치였다.

이것은 내가 설계한 가장 복잡한 실험이었다. 피실험자들을 거의 20일 동안 매일 같은 시간에 빠짐없이 연구실로 나오도록 하는 것과 매일 책을 읽도록 하는 것 자체가 만만치 않았다. 그래서 동기 부여를 위해 400달러의 보상을 제안했다. 한 가지 벌칙도 있었는데 빠진 세션마다 100달러를 차감하기로 했다. 또한 간단한 질문으로 피실험자들의 독서에 대한 '헌신도'를 사전 검사했다. 실험에 참가한 사람들이 대부분 학생이었으니 학년 수업 자료를 읽어야 했지만, 우리는 재미로 읽을 시간을 내는 사람들만 원했다. 연구에 참여하려면, 학생은 이전 학년 동안 적어도 한 권의 책을 재미로 읽었어야 했다.

참가자 중 19명(여성 11명, 남성 8명)이 전체 실험을 무사히 마칠 수 있었다. 스캔이 끝날 때마다 우리는 책이 피실험자들에게 어떤 영향을 미쳤는지에 대해 알아보기 위해 설문조사를 실시했다. 학생들은 《폼페이》의 주인공 아틸리우스와 코렐리아와 공감할 수 있었는가? 이 이야기가 흥미로운가? 아니면 아무런 흥미도 느끼지 못했는가? 이에 대한 단서는 흥분의 정도를 묻는 질문에서 찾을 수 있었다. 질문은 그날의 자료에 따라 약간씩 달랐지만, 대략 이렇게 물었다.

'1에서 4까지의 점수로 나타낼 때, 전반적으로 이 읽기에 얼마나 흥분하셨습니까?'

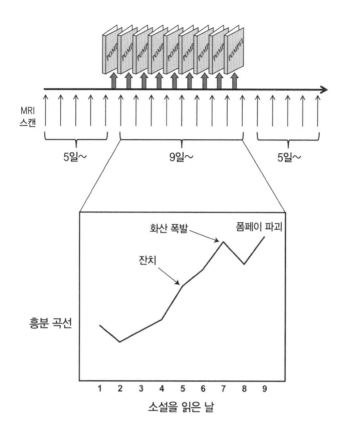

그림 8. 실험 설계(위). 참가자들은 19일 연속으로 안정 상태의 fMRI 스캔을 받았다. 스캐닝의 중간 9일간의 전날 저녁에는, 참가자들은 또한 소설 《폼페이》의 일부를 읽었다. 각 발췌문의 흥분 평가는 소설 내용의 절정으로 향하는 상승 추세를 보였다 (아래).

  스캔 기간 중 평균적인 흥분 지수는 척도의 중간 지점보다 약간 높았는데, 폼페이의 큰 잔치와 난잡한 파티가 끝난 5일째부터 급상승하기 시작했다. 흥분은 베수비오 산이 7일째에 폭발할 때까지 계속 쌓였다. 그리고 마지막 날에 절정에 이르렀다. 이때 아틸리우스와 그의 연인은 폼페이에 갇힌 다른 사람과 함께 재속에 묻힐 위기에 처했다.

흥분 곡선은 8장에서 언급한 전형적인 '밑바닥에서 부자가 된 모형'과 놀랍도록 비슷했다. 여기서 우리 연구팀은 흥분이 좋은 것인지 나쁜 것인지를 묻지 않았지만 최소한《폼페이》가 뇌에 측정 가능한 영향을 미쳤다는 것을 발견할 수 있었다.

책이 적어도 일시적으로 주관적인 감정에 변화를 일으켰다는 것에 자신감을 얻은 우리는 19일 동안 각 사람의 안정 상태 활동을 분석하여 이러한 변화가 뇌의 어느 부분에서 발생했는지 알아보았다. 학생들이 얼마나 흥분했는지를 보면, 감정과 관련된 뇌 영역에서 변화가 있을 것이라고 예상했다. 하지만 우리가 발견한 것은 그렇지 않았다.

대신, 우리는 허브와 스포크 패턴hub-and-spoke pattern으로 구성된 영역의 네트워크 활동을 발견했는데, 허브는 왼쪽 측두엽의 모이랑angular gyrus이라고 부르는 영역에 중심을 두고 있었다. 이 영역은 언어를 이해하는 데 관여하는 것으로 알려져 있다. 이 영역의 활성화는 읽기가 뇌에 미치는 영향을 증명한다. 분석 결과, 이 영역의 활성화를 간단히 표현하자면, 운동한 다음 날 근육이 보이는 반응과 비슷하다.

정리하자면, 뇌는 결코 휴식을 취하지 않으며, 디폴트 네트워크는 최근의 사건들을 처리할 때 역동적으로 서로 바뀌는 모드의 모음으로 여겨질 수 있다.[9] 우리 실험의 경우, 최근의 사건들은 소설 안에서 발생했고, 뇌 영역의 활성화는 그 사건들이 개인적인 서사에 통합되었다는 것을 보여준다. 다만 측두엽의 변화는 읽기를 하는 기간에만 나타났다. 소설 읽기가 끝나고 나면, 이전의 상태로 돌아갔다.

소설이 뇌에 더 오래 지속되는 변화를 일으키는지 확인하기 위해, 다른 패턴도 찾아보았다. 오직 하나의 뇌 영역만이 지속적인 패턴을 보였다. 바로 감각운동대sensorimotor strip(주로 촉각이나 운동과 관련된 자극을 처리하는 데 관여함 - 옮긴이)였다. 감각운동대는 중심 주름central sulcus을 따라 접힌 부분에 위치하고 있다. 이곳으로 촉각 자극이 대뇌 피질에서 들어오고 운동 자극이 나간다. 그렇다면, 왜 독서가 이곳의 활동 패턴을 바꾸었을까?

소설을 읽는 것이 신체적 감각과 관련된 신경 활동을 유발하고, 이 활동의 흔적이 휴지상태 fMRI에 영향을 미쳤을 수도 있다. 《폼페이》는 감정을 자극하는 소설이다. 로마의 잔치와 자유로운 성생활, 그리고 도시의 주민들에게 쏟아지는 용암 재의 묘사는 사람의 피부를 오싹하게 만들 수 있다.

이 설명은 '구현된 의미론'이라는 이론과 부합하는데, 이 이론에 따르면, 행동을 생성하는 뇌 영역은 마음속에서 행동을 재현하는 데에도 사용된다.[10] 다시 말해, 누군가가 홈런을 치는 것에 대해 읽을 때, 당신의 뇌는 홈런을 치는 것의 압축된 표현을 펼치고, 그것을 시뮬레이션하기 위해 감각운동피질을 사용한다. 비슷한 결과가 감각 측면에서도 관찰되었다. 다른 영상 연구에서, 참가자들은 '뜨거운 머리', '굽히지 않는 태도', '무게가 중요하다', '거친 언어'와 같은 촉각 비유를 읽었다. 이러한 구절들을 읽는 단순한 행위가 감각대의 활동을 자극하는 것으로 밝혀졌다.[11]

문학은 독자를 작가가 만든 세계에 몰입시킨다. 독자는 자신이 주인공의 몸 안에 들어간 것처럼 느낀다. 이것이 우리가 독서하는 동안 관찰된 감각 운동 네트워크의 변화를 설명한다. 이 변화가 소설을 다 읽은 후에도 지속되었다는 점이 흥미로웠다. 실험은 읽기를 완료하고 5일 후에 끝났기 때문에 우리 연구팀은 이 변화가 얼마나 오래 지속되었는지는 알 수 없었다.

그렇지만 우리의 연구는 책이 사람을 어떻게 바꾸는지에 대한 단서를 제공한다. 내 인생을 바꾼 책을 예로 들어보자면, 나는 그 책들의 세부 사항을 지금은 거의 기억하지 못한다. 그러나 소설의 등장인물은 선명하게 기억할 수 있다. 회고해 보면, 나는 그들이 전통적인 사회 규범에 대해 코웃음 치고 자신만의 여정을 만들어 가는 우상 파괴주의적인 성향에 끌렸다. 그들은 모두 내 정체성에 흡수되었거나, 적어도 내가 생각하는 나의 모습에 흡수되었다.

책은 뇌를 바꾸는 가장 효율적인 매체

가상의 캐릭터들이 우리에게 왜 그렇게 많은 영향을 미치는지 이해하려면, 보편적인 단일 신화mono myth(영웅의 여정이라고도 불리는 이야기의 기본적인 구조 – 옮긴이)로 돌아가야 한다. 수천 년의 문화적 진화는 인간의 뇌가 이들 주인공의 서사를 흡수하게 했다. 자신만의 서사로 가득 차 있는 캐릭터가 등장하는 책을 읽으면 그들의 이야기는 우리의 이야기를 강화하고 발전한다. 그리고 우리는 그 캐릭터에 동화되고 그 경험이 뇌를 변화시킨다. 감각 운동 네트워크에서의 변화는 우리가 읽고 있는 이야기의 주인공이 된 것처럼 느낀다는 것을 보여준다. 어쩌면 이 여운은 우리의 개인적인 서사에서 재활성화되는 일종의 근육 기억을 만든다고 볼 수도 있다.

캐릭터와 공감할 수 있다면, 매체는 중요하지 않다. 영화나 텔레비전에 대해서도 어느 정도 같은 효과를 주장할 수 있다. 어떤 매체도 뇌를 변화시키기 때문에, 중요한 것은 노출의 정도일 수 있다. 부모들과 심리학자들은 1940년대 텔레비전 방송이 시작된 이후로 아이들에게 텔레비전이 미치는 유해한 영향에 대해 손을 맞잡아 왔다. 그러나 열의에 비해 성과는 보잘것없었다. 텔레비전에 본질적으로 나쁜 요소는 없다(텔레비전에 반영되는 내용은 다른 이야기다). 설령 텔리비전 시청을 금지해도 그 시간에 다른 매체나 활동을 통해 비슷한 수준의 영향을 받게 된다.

텔레비전과 영화에 대해 평가하자면, 이것들은 독서처럼 일관된 몰입감을 제공하지 않는다. 첫째, 텔레비전과 영화는 수동적으로 소비된다. 책의 경우에는 노력 없이는 소비할 수 없다. 둘째, 일반적인 영화는 약 2시간 정도 길이인데, 이는 책을 읽는 데 걸리는 시간보다 적다. 물론 정규 드라마는 이야기가 조금 다르다. 드라마 〈왕좌의 게임〉이나 〈브레이킹 배드〉와 같은 시리즈는 모두 보는데 70시간 정도 걸릴 수 있다. 그러나 〈왕좌의 게임〉 시리즈의 모든 책을 읽는 데에는 적어도 100시간 정도 걸린다.

마지막으로, 텔레비전 시청은 인지적으로 요구되는 노력이 적기 때문에, 무리하게 시청하는 경향이 있다. 우리 연구팀이 '폼페이 실험'을 수행했을 때, 실험 참가자들이 연속해서 자료를 읽지 못하도록 한 이유가 있다. 깨어있는 동안, 해마는 새로운 정보를 단기 기억 버퍼에 보관한다. 이 자료는 잠자리에 들 때까지 장기 저장소로 들어가지 않는데, 잠이 들면 하루 동안의 정보는 깊은 수면과 렘REM 수면 사이의 순환 동안 재생된다.[12] 꿈이 하는 일은 새로운 기억과 오래된 기억의 섞임과 통합이다. 우리가 책을 며칠, 몇 주 동안 읽을 때는 자료를 통합할 충분한 시간이 있다. 반면에 연속 시청(또는 연속 읽기)을 할 때, 해마는 과부하가 걸리고, 적은 자료만 유지한다. 유지력이 줄어들면, 뇌에 통합될 자료도 줄어든다.

비디오 게임도 개인적인 서사를 바꿀 수 있는 강력한 미디어다. 현대의 게임 플랫폼은 놀랍도록 섬세하고 현실적인 몰입감을 제공한다.[13] 그러나 비디오 게임의 영향을 일반화하기는 어렵다. 비디오 게임의 종류가 너무 다양해서 모든 게임이 뇌에 같은 방식으로 영향을 미칠 것이라고 기대하기는 어렵다. 테트리스 같은 퍼즐 게임은 콜 오브 듀티Call of Duty 같은 1인칭 슈팅 게임이 주는 경험과는 완전히 다르다. 책을 읽는 것과 가장 닮아서 비슷한 방식으로 플레이어에게 영향을 주는 게임 장르는 1인칭 게임first-person game이다. 이러한 게임에서 플레이어는 게임 캐릭터의 시점에서 움직인다. 글자 그대로 캐릭터의 신발을 신고 걷는다. 1인칭 슈팅 게임은 특히 젊은 남성부터 중년 남성 사이에서 매우 인기가 있다. 운전 게임과 비행 시뮬레이터도 1인칭 관점이지만, 일반적으로 1인칭 슈팅 게임처럼 자기 주도적인 구성은 아니다. 1인칭 어드벤처 게임은 주인공이 명확한 목표를 가지고 있으므로 소설과 가장 가깝다.

슈팅 게임의 폭력성에 대해 많은 우려가 있지만, 해로운 영향을 미친다는 증거는 그리 많지 않다. 비디오 게임에 중독된 사람들의 기본 네트워크에 변화가 있다고 보고한 몇몇 fMRI 연구가 있었지만, 다른 연구에서는 폭력적인 비디오 게임이 뇌에 미치는 그 어떤 영향도 찾지 못했다.[14] 하지만 이 분야의 연구는 아직 초보 단계에 머물러 있다.

독서는 뇌의 서사 궤적을 바꾸는 가장 효과적인 방법이다. 우리 팀의 실험 결과, 읽기의 몰입적인 특성이 뇌의 상상력 시스템을 자극한다는 것을 알 수 있었다. 우리가 기억의 재생을 통해 본 것처럼, 뇌는 감각 시스템을 재사용하지만, 독서의 경우에는 독자를 주인공의 입장에 투영한다. 좋은 소설은 당신을 다른 사람의 몸 안에 넣어서 그들처럼 느끼게 할 수 있다. 이러한 경험은 적어도 며칠 동안 뇌에 흔적으로 남는다. 아직 실험으로 검증하지 못했지만 적절한 자극만 받는다면, 이러한 뇌의 변화가 더 지속적일 수 있다고 생각한다.

———

정리하자면, 당신이 소비하는 이야기, 특히 당신이 읽는 이야기는 마음의 음식이라고 할 수 있다. 당신이 먹는 것이 곧 당신이다. 당신이 소비하는 이야기는 당신의 일부가 되고, 감각 중추의 반복적인 자극은 근육 기억과 동등한 서사를 형성한다. 그리고 당신의 뇌는 이러한 서사의 원형에 익숙해진다. 그것들이 허구라는 것은 중요치 않다. 그 기억들은 삶의 사건들을 해석하기 위해 동원되는 뇌의 모형에 영향을 준다.

당신은 어떤 이야기를 소비할지에 대한 통제권을 가지고 있다. 영웅의 이야기는 당신도 영웅의 여정에 있다는 느낌을 강화할 것이다. 하지만 다음 장에서 보게 될 것처럼, 음모의 그림자가 깃든 이야기를 꾸준히 먹으면 당신의 개인적인 서사를 다른 방향으로 밀어내어 의심과 편집증의 렌즈를 통해 세상을 바라보게 할 수 있다.

15장

쓰레기를 읽으면 쓰레기가 된다

쓰레기 이야기를 계속 먹는다면, 자아는 쓰레기가 될 수 있다. 이것이 사회적인 규모로 확대된다면, 문제는 더욱 심각해진다. 충분한 수의 사람들이 망상을 믿게 되면, 그것은 더 이상 망상이 아니다.

우리는 평생 동안 흡수하는 서사를 통해 세상을 인식하고 이해한다. 외계인 납치와 CIA 은폐와 같은 환상적인 이야기를 하는 사람들과 함께 있다 보면 어느새 당신도 그런 식으로 세상을 볼지 모른다.

이번 장에서는 어떤 종류의 이야기가 우리의 뇌에 몰래 들어와서 우리가 깨닫지 못하는 사이에 우리의 개인적인 서사를 납치할 수 있는지 살펴보겠다. 대표적인 사례로 음모론을 다루려

고 한다. 음모론에 대한 당신의 견해가 무엇이든, 음모론은 지금
도 만들어지고 있으며, 많은 사람들이 여기에 열광하며, 그 규모
또한 상당히 커지고 있다. 음모론이 퍼져나가는 과정을 살펴보면
이야기를 뒤집어서 세상을 다른 방식으로 보는 것이 얼마나 쉬운
지 알 수 있다. 이는 가장 회의적인 사람에게도 어떻게 서사를 재
작성할 수 있는지에 대한 중요한 교훈을 준다.

〈계획된 전염병〉 이야기

2020년 5월 4일, 코로나19가 미국 경제를 마비시키고 누구나
죽을 수 있다는 두려움으로 봉쇄가 일상화된 지 두 달 정도가 흐
른 무렵, 26분짜리 예고편 비디오가 공개됐다. 〈계획된 전염병〉
이라고 불리는 이 비디오는 코로나19의 최전방에 서 있는 앤서
니 파우치 박사를 비롯한 과학자와 그들이 소속된 과학 의료 단
체가 그들이 특허를 가진 백신 치료제를 상업적으로 이용하기 위
해 어떻게 코로나바이러스를 퍼트렸는지를 폭로하는 내용을 담
고 있었다. 이 비디오는 공개 즉시 인터넷을 통해 전 세계로 퍼져
나갔다. 비디오의 주인공인 주디 미코비츠 박사는 이미 바이러스
연구자들에게 사이에서 극렬한 반反백신주의자로 알려진 인물이
다. 논란의 여지가 있는 이 비디오에 그녀가 출연한 것은 그녀를
잘 아는 사람들에게는 놀라운 일이 아니었다.

〈계획된 전염병〉의 내용을 몇 줄로 요약하면 다음과 같다. 의사와 연구자들 일당이 코로나바이러스에 대한 진실을 숨기고 있다. 코로나는 자연적으로 발생한 것이 아니라 미국과 중국 정부의 연구자들이 미국 국민의 강제 접종으로 이익을 얻기 위해 만든 것이다.[1]

이 영상의 제작자인 미키 윌리스는 캘리포니아 오하이에 사는 두 아들의 아버지이자 '엘리베이트'라는 제작 회사의 창립자로 자신을 소개한다. 그의 IMDb 페이지(인터넷 영화 데이터베이스 사이트)에 따르면, '엘리베이트는 사회적으로 의식 있는 미디어를 가장 많이 만드는 제작사 가운데 하나이다. 영화제작자로서 윌리스는 세계적으로 유명한 철학자, 과학자, 물리학자, 의사, 작가, 샤먼, 인간 발달 전문가들의 마음과 정신에 대한 보기 드문 접근권한을 부여받았다!'[2] 이 페이지에는 〈계획된 전염병〉이라는 제목의 비디오가 공개된 지 이틀 만에 주요 소셜 미디어 플랫폼에서 상영이 금지되었다는 사실이 언급되어 있지 않다.

영상을 보면 윌리스는 비디오를 제작하는 것뿐 아니라 리포터의 역할도 한다. 그는 미코비츠와 대화를 나누며 그녀가 과학 단체로부터 겪었던 멸시를 고발하며 동정심을 유발한다. 순교자 역할을 맡은 미코비츠는 네바다 주 리노의 연구 센터에서 실험실 노트북과 독점 정보를 제거했다는 '가짜 혐의'로 감옥에 불법적으로 감금됐다고 주장했다.[3] 그리고 자신의 '불법 구금'이 코로나 백신을 반대했기 때문이라고 강조했다.

지금까지 설명만 봐서는 형평 없어 보이는 영상 같지만 사실 〈계획된 전염병〉은 부인할 수 없을 정도로 세련되게 만들어졌다. 제작비는 단 2,000달러밖에 들지 않았음에도 제작 수준은 높았고 넷플릭스에서 볼 수 있는 다큐멘터리보다 뛰어나다는 평가를 받기도 했다. 비디오는 윌리스가 예상했던 것 이상으로 인기를 모으며 빠르게 퍼져나갔다. 페이스북과 유튜브는 '마스크를 쓰면 병이 날 수 있다'라고 주장하는 이 영상을 신속하게 삭제했지만.[4] 확산을 막지는 못했다. 오히려 삭제는 음모론에 힘을 실어주었다. 윌리스와 미코비츠가 왜 이런 영상을 만들었는지, 그들의 동기는 명확하지 않다. 의도적으로든 아니든 〈계획된 전염병〉은 사람들을 헛소리의 그물에 빠뜨리기 위한 모든 조건을 갖추고 있다.

역사를 돌이켜보면 〈계획된 전염병〉과 비슷한 음모론은 훨씬 전부터 있어왔다. 그런데 이 영상이 단 두 달 만에 전 세계로 퍼지게 된 이유는 무엇일까? 그 답은 음모론의 과학에 있다. 다음에 소개하는 내용은 음모론을 만드는 지침서가 아니다. 음모론이 만들어지는 과정을 활용해 자신의 서사를 바꾸는 방법에 대한 안내문이자 음모론에 대한 예방주사다.

음모론은 두려움을 먹고 자란다

〈계획된 전염병〉은 강력한 이념인 반접종운동anti-vaxxer movement에 그 뿌리를 두고 있다. 반접종론은 2000년대 초반에 배우 짐 캐리와 그의 전 여자친구 제니 맥카시와 같은 셀럽 활동가들의 목소리를 타고 소란스럽게 퍼져나갔다. 캘리포니아 주지사 제리 브라운이 2015년에 주의 예방접종 면제를 없애는 법안에 서명하자, 짐 캐리는 트위터에 "캘리포니아 주지사는 의무적인 백신 접종에서 수은과 알루미늄으로 아이들을 더 독살하라고 말했다. 이 기업 파시스트를 막아야 한다"라고 올렸다. 그는 계속해서 미국 질병통제예방센터Centers for Disease Control and Prevention, CDC가 백신에 수은과 티메로살thimerosal을 사용하는 것에 대해 비판했다. "CDC는 자신들이 시작한 문제를 해결할 수 없다. 그들은 부패했다."[5] 한술 더 떠서 제니 맥카시는 홍역, 볼거리, 풍진 예방 백신이 그녀의 아들에게 자폐증을 일으켰다고 주장했다. 도널드 트럼프 또한 대통령이 되기 오래전부터 백신에 대해 불만을 토로하며, 이를 괴물 주사monster shot라고 부르기도 했다.[6]

이 운동의 주된 주장 중 하나는 백신이 자폐증을 일으킨다는 것이다. 근래 들어 자폐 스펙트럼 진단이 급격히 증가한 것은 사실이다. CDC에 따르면, 2000년에는 자폐 스펙트럼 장애ASD의 유병률이 아이들 150명 중 1명이었는데 2016년에는 54명 중 1명으로 조사됐다.[7] ASD 진단을 받은 아이들의 부모들은 원인을 찾기 시작했고, 이를 ASD를 가진 아이들의 소규모 사례 연구에서 찾았다. 그 사례 연구에서는 ASD의 증상 발현이 백신을 접종한 후에 일어났다. 그러나 이 연구는 단 12명 만을 대상으로 했기 때문에 결국 철회되었고, 모든 과학자가 알고 있듯이 상관관계가 인과관계를 의미하지는 않는다. 잘못된 연구임에도 불구하고, 이 연구를 이유로 자녀들에게 백신을 맞히지 않거나 백신을 선택해 맞히는 부모가 급격히 증가했다. 이들은 슬로우-백신론자slow-vaxxer라고 불린다.

반접종운동은 최근의 유행이 아니다. 반접종론자들은 최초의 백신이 발견된 이래로 존재해 왔다. 1796년, 에드워드 제너는 자신의 집 정원사의 8살 아들에게 천연두 백신을 시험해 그 효과를 증명했다. 이는 놀라운 성과였고, 그다음 10년 내로 영국에서 천연두 예방접종이 널리 시행되었다. 그러나 일부 사람들은 동물에서 유래한 고름을 피부를 째고 긁어 넣는 것을 불결하다고 인식했고, 비기독교적이라고 믿었다.[8] 1840년 영국에서는 정부가 의무적으로 예방접종을 명령하는 것이 개인적인 자유를 침해한다는 소송이 제기되었고, 집단 항의에 직면한 영국 의회는 1898년 예방접종법을 개정해 양심적 이의자conscientious objector들을 허용하기로 했다.[9] 비슷한 운동이 미국에서도 일어났다. 뉴욕시 반접종연맹Anti-Vaccination League of New York이 1885년에 설립될 만큼 미국의 반접종운동의 역사는 길다. 전 세계적으로 관련 운동이 점진적으로 힘을 얻으면서 1970년대부터 영국에서 예방 접종률이 감소했다. 여기에는 영유아가 반드시 맞아야 하는 표준 디프테리아-파상풍-백일해 주사도 포함됐다. 이들 백신에 대한 대중의 불신은 부분적으로 관련 백신이 신경계 장애에 혼란을 일으킬 수 있다는 성급한 보고들에 기인한다.[10] 1998년에는 볼거리 백신이 자폐를 일으킬 수 있다는 논란이 일어났는데, 이 또한 영국 의사 앤드류 웨이크필드의 잘못된 주장에서 비롯된 것이었다.

역사적 맥락에서 볼 때, 현대의 반접종운동의 핵심 이념은 에드워드 제너의 시대부터 '개인의 자유에 대한 침해'에 초점이 맞춰져 있다. 반접종론자들은 일반적으로 학력이 높으며 환경, 치유, 뉴에이지 정신주의, 개인의 자유를 혼합한 철학을 따르는 경우가 많다.

환경, 치유, 자유라는 요인들은 인간의 근본적인 두려움을 자극한다. 따라서 우리의 정신에 효과적으로 침투하는 뒷문 역할을 한다. 실제로 2010년에 반접종 웹사이트의 내용을 분석한 결과 공통된 주제들이 드러났다.[11] 사이트의 100퍼센트가 안전성에 대한 우려를 제기했으며, 특히 독소와 설명할 수 없는 자폐증과 같은 질병들을 언급했다. 88퍼센트가 대체 의학을 선호하면서 백신이 면역력을 약화한다는 주장을 밀어붙였다. 75퍼센트가 시민 권리를 제기했고, 75퍼센트가 음모론의 유령을 들먹였다. 여기에는 거대 제약사의 이익과 은폐된 생물학 실험 등이 포함되어 있다. 또한 50퍼센트는 의료 체제에 반항하는 반군 의사들rebel doctors을 지지했다. 〈계획된 전염병〉은 반접종 웹사이트에서 발견된 공통된 주제들을 모두 만족시켰기 때문에 인기를 얻을 수 있었다.

왜 음모론에 끌리는가

반접종운동이 폭발적으로 증가한 또 다른 이유는 이를 퍼트리는 사람들의 권위 때문이다. 우리 대부분은 백신에 관한 정보에 접근할 수 없다. 그래서 정보를 가진 사람에게 의존해야 한다. 이는 우리가 어떻게 우리가 아는 것을 알고 있는지에 대한 인식론적 질문으로 돌아가게 한다. 이런 상황에서 사실 증거보다는, 이야기하는 사람들의 진정성(음모론의 경우 소위 탄압받는 전문가)에 더 끌리는 것이 인간의 본능이다.

이때 이야기하는 사람의 권위는 그들의 명성과 소통 기술에 좌우된다. 뇌가 다른 사람들의 서사를 얼마나 쉽게 흡수하고, 어떻게 전문가의 의견을 받아들이거나 따르게 되는지 살펴보았다. 과학자이자 정직한 인간으로서, 나는 거짓이나 잘못 전달된 서사를 받아들이고 싶지 않다. 하지만 때로는 그런 일이 있었는지 조차 모른 채 지나갈 때도 있다.

거짓 서사를 파악하는 단서들이 있지만, 그것들은 미묘하고, 이를 찾기 위해서는 항상 경계해야 한다. 켄트대학교 심리학자 카렌 더글라스는 음모론을 분석하기 위한 유용한 틀을 제공한다. 더글라스의 틀은 일반적인 거짓 서사에도 적용할 수 있다. 그녀는 사람들이 음모론에 사로잡히는 이유로 세 가지 동기를 제시했다. 즉, 인식론적, 존재론적, 사회적 동기가 그것이다.[12]

음모론의 인식론적 동기는 신념의 과정에 기반한다. 신념은 사람이 참이라고 생각하는 것을 대하는 태도이다. 이는 사실에 기반할 수도 있고, 신의 존재처럼 증거 없이 존재할 수도 있다. 2장에서 우리는 신념의 근거를 '정당화'라고 불렀다. 정당화의 문제는 철학적으로 그리고 실용적으로 중요하다. 왜냐하면 정당화는 사람이 특정한 신념을 가지고 있는 이유를 밝히기 때문이다. 당신은 무엇인가를 믿을 수 있다. 왜냐하면 당신은 자신의 눈으로 그것을 보았거나, 논리적으로 추론했거나, 다른 사람이 그것에 대해 말해줬기 때문이다.

음모론은 설명할 수 없는 일들을 설명하기 때문에 매력적이다. 이것이 내가 언급했던 뒷문이다. 많은 거짓 서사는 '은폐된 정보'에 기반한 설명을 제공한다. 이러한 이야기들은 공공의 시선에서 벗어나 특정한 사건을 일으키려고 하는 권력 집단이 있다는 생각을 심어주며 이는 매우 유혹적일 수 있다. 정치학자 러셀 하딘은 이러한 정당화 형태를 '불완전한 인식론'이라고 명명했다.[13] 정치학자인 캐스 선스타인과 에이드리안 베르묠은 이 아이디어를 더 확장하여 불완전한 인식론이 종종 극단주의 운동의 기반이 되며, 때로는 테러리즘에 이르기도 한다고 지적했다.[14] 우리는 대부분의 신념들에 대해 직접적인 지식이 부족하므로, 타인의 견해와 해석에 의존해야 한다. 극단주의적인 견해들이 반드시 비합리적이라고 할 수 없지만, 정보의 부족과 한정된 사회 네트워크에 의존해야 한다면 그 한계가 분명하다.

9/11이나 코로나 팬데믹과 같은 비극적인 일이 일어나면, 대중의 정보에 대한 욕구는 높아지지만, 상대적으로 정확한 보도는 부족하다. 자연스럽게 사람들은 정보를 얻기 위해 자신의 사회 네트워크에 의존하며, 이는 소문과 추측을 낳고 음모론의 성장을 부추긴다. 선스타인과 베르뮬은 정보의 부족이 음모론에 연료를 공급할 뿐, 여기에 불을 붙이고 유지하기 위해서는 다른 요인들이 필요하다고 지적한다. 바로 두려움이나 분노와 같은 고각성high-arousal 감정이 그것이다. 음모론은 이러한 감정에 기대어 증폭된다. 음모론은 '그렇지 않으면 설명할 수 없는 감정'에 합리적인 정당화를 제공한다. 이 과정을 '감정적 눈덩이 효과'라고 부른다.[15] 음모론은 또한 벌거벗은 존재론적 공포에 대한 방패를 제공한다. 음모론은 사실보다는 소문에 기반하기 때문에, 내편과 적이라는 집단 극단화를 촉진한다. 내가 음모론을 믿지 않더라도, 동료들이 그렇게 믿기 때문에, 그리고 배척당하고 싶지 않기 때문에 이를 따르기도 한다. 더 많은 사람이 음모론을 명시적으로나 암묵적으로 받아들일수록 음모론은 확산되고, 이는 곧 사실을 대체하게 된다. 10장에서 보았듯이, '큰 수의 법칙'이 작동하면 우리의 뇌는 이를 진실로 받아들인다.

음모론은, 초기에는 받아들이기 힘든 특정 사건에 대한 정보의 부족 때문에 발생하지만, 사회적 메커니즘을 통해 공유되고 강화된다. 집단 정체성을 통해 자아를 인정받는 것 외에도, 음모론은 모든 사람의 뇌에 깊이 새겨진 특정한 구조의 서사를 따른다. 바로 외부의 힘에 대항하는 영웅의 여정 구조이다.

음모론은 비극적인 사건에 대한 책임을 내부 집단이 아닌 외부의 누군가에게 돌린다. 내 편에게는 어떤 비판과 비난도 하지 않는다. 이것은 신뢰자들을 비신뢰자들보다 높이 두는 집단적 나르시시즘의 행위이며, 양심의 가책이 나르시시즘을 증폭한다.[16] 음모론은 완벽한 밑바닥 이야기로, ('진짜' 이야기를 아는) 난폭한 내부자들과 믿지 않는 외부자들의 다수를 대립시킨다. 필연적으로, 음모론은 전통적인 기관들에 대한 신뢰를 좀먹고 새롭고 대안적인 기관들을 만들어 낸다.

쓰레기를 피하는 법

〈계획된 전염병〉은 더글라스가 제시한 세가지 동기를 모두 활용하고 있다. 이 영상은 원인이 완전히 밝혀지지 않은 자폐증과 같은 질환에 대한 음모론적인 설명을 통해 백신에 대한 기존의 두려움을 자극하고 이를 코로나바이러스라는 새로운 두려움과 결합했다. 과학과 증거를 바탕으로 새로운 바이러스에 대한 두려움에 합리적으로 맞서기보다는 백신으로 이익을 얻고자 하는 '사악한 정부 인사들'을 지목하며 그들에게 책임을 돌린다. 그런 관점에서 앤서니 파우치는 완벽한 악당이다. 그는 비록 코로나바이러스와는 직접적인 관련이 없지만 여러 백신 특허에 이름이 올라가 있는 박식한 정부 과학자였으며, 〈계획된 전염병〉의 영웅인 주디 미코비츠와 이전에 갈등을 겪었다. 이 영상은 미코비츠를 진실의 순교자로 소개하는 다음과 같은 말로 시작한다.

미코비츠 박사는 자기 경력의 절정에서 〈사이언스Science〉라는 저널에 파격적인 논문을 발표했다. 이 논란이 많은 논문은 동물과 태아 조직의 빈번한 사용이 파멸적인 전염병을 일으키고 있다고 밝혀 과학 커뮤니티에 충격을 주었다. 그들의 치명적인 비밀을 폭로한 것에 대해, 대형 제약사의 하수인들은 그녀에게 전쟁을 선포하고, 그녀의 명예, 경력, 그리고 개인 생활을 파괴했다. 이제, 세계 여러 국가들의 운명이 위협받는 상황에서 미코비츠 박사는 인류의 모든 생명을 위험에 빠뜨리는 부패의 전염병 뒤에 있는 사람들의 이름을 밝히고 있다.

사실 확인을 위해, 과장된 표현은 잠시 무시하고 얘기하자면, 미코비츠가 〈사이언스〉에 논란이 많은 논문을 발표한 것은 사실이다. 이 논문은 XMRV라고 불리는 바이러스가 만성 피로 증후군Chronic fatigue syndrome을 유발한다는 내용이었다. 만성 피로 증후군은 논란이 많은 질병인데, 의사와 과학자들은 이 증상이 신체적인 질병인지 아니면 프로이트 시대의 히스테리와 유사한 정신 장애인지에 대해 여전히 합의에 이르지 못했다. 아무도 그녀가 논문에 제시한 결과를 재현할 수 없자, 그녀를 비롯한 저자들은 자신의 논문에 문제가 있음을 인정했고, 〈사이언스〉의 편집자들은 2년 뒤에 그 논문을 철회했다.[17]

과학 논문의 철회는 논문 내용에 대해 최종적으로 책임을 지는 고위 저자에게는 괴로운 사건이다. 공정하게 말하자면, 실수는 누구나 할 수 있다. 철회하고 잘못을 인정하면 된다. 그러나 몇몇 경우에, 저자들은 발버둥을 친다. 그것이 미코비츠가 한 일이었고, 윌리스가 말한 대로 그 일은 〈사이언스〉가 그녀의 논문에 대해 날카로운 비판을 게재하도록 유도했다. 이례적인 여덟 쪽에 달하는 논평에서, 저널 편집자들은 그녀의 논란 많은 논문의 모든 세부 사항을 조목조목 비판했다. 그녀는 이렇게 대답했다고 인용되었다. "세상에 아무도 그것에 대해 일하고 싶어 하지 않는다 해도 난 상관없어. 좋아, 우리를 내버려 둬!" 또 다른 한 연구자는 예지력 있게 말했다. "나는 주디 미코비츠를 잔 다르크와 비교하기 시작했다. 과학자들은 그녀를 장작더미에 태울 것이지만, 그녀의 충성스러운 추종자들은 그녀를 성인으로 삼을 것이다."[18]

순교자의 서사는 뿌리가 깊다. 그리스어로 순교자는 증인 즉, 자신이 가진 지식에 대해 말하는 사람을 의미한다. 기독교에서는 이것이 하나님의 말씀을 의미하며, 순교는 가톨릭교회에서 성인이 되는 직접적인 방법이다. 그러나 원래는 증언에 종교적인 요소는 없었다. 아리스토텔레스의 관점에서 순교자는 항상 진실을 말하는 덕망 있는 사람을 의미했다. 물론, 진실이 내 편을 만들어 주지는 않는다. 솔직한 사람들은 동료들의 분노를 사기 쉽다. 증언하는 사람들은 종종 사회에서 배척당한다. 그리 멀지 않은 과거에는 살해되기도 했다.

순교자들은 상반된 반응을 불러일으킨다. 그들의 견해가 사회 통념과 충돌하면 사회적 제재를 받을 수 있다. 11장에서 보았듯이, 사회는 사회적 규범에 의해 유지되는데 이 때문에 규범을 어긴 순교자들은 사회에서 배척당한다. 다른 한편으로, 순교자들은 자신들이 진실이라고 믿는 것을 말하는 용기와 끝까지 가보려는 의지로 인해 (목숨을 잃더라도) 존경을 얻는다. 그들은 궁극적인 영웅이다. 소크라테스, 예수 그리스도, 세례 요한, 잔 다르크, 에이브러햄 링컨, 마하트마 간디, 체 게바라, 마틴 루서 킹 주니어, 넬슨 만델라. 이들이 전형적인 예라고 할 수 있겠다.

심리학자들이 자기희생 척도self-sacrifice scale를 개발했을 때 발견한 것처럼, 순교자가 되는 사람은 한 가지 유형이 아니다. 자기희생에 대한 의지는 결과적으로 특정한 성격 유형과 관계가 없다.[19] 이는 유전자가 아니라 경험을 통해 순교에 이르게 된다는 것을 암시한다. 문화 인류학자인 스콧 아트란은 '굴욕'이 순교자와 테러리스트를 낳는 데 강력한 역할을 한다고 주장했다. 이것은 〈계획된 전염병〉의 서사와 잘 맞는다. 미코비츠는 공개적으로 굴욕을 당했다. 이런 상황에서 그녀가 원한을 품지 않았다면 더 놀랄 일이다.

순교자가 권력에 대항해 진실을 말하더라도, 그들은 그릇된 인식에 기반한 뿌리 깊은 원한을 가졌을 가능성이 있으며, 이것은 그들의 판단력을 왜곡할 수 있다. 이 장에서 언급한 순교자들은 평범한 순교자가 하지 못하는 악명notoriety의 수준에 도달했다는 점에서 흔하지 않다.

하지만 순교는 8장에서 설명한 여섯 가지 서사의 기본 형태 중 하나이며 모두에게 잘 알려져 있다. 누구나 자신만의 드라마에서 순교자가 될 때가 있다. 이것은 부자에서 거지가 되는 이야기를 구멍에 빠진 남자의 이야기a man-in-a-hole story(어떤 사람이 처음에는 좋은 상황에 있었지만, 나쁜 상황에 빠지고, 다시 좋은 상황으로 돌아가는 이야기 - 옮긴이)로 바꾸려는 시도이다. 그러므로 순교는 우리가 알고 있는 것보다 더 흔하게 발견할 수 있다.

이 책에서 나는 서사가 어떻게 일련의 사건을 전달하는 구조가 되는지 알아보았다. 추가적인 정보가 없으면 특정 서사가 참인지 거짓인지를 구별하기 어려울 수 있다. 그러나 순교자가 등장하는 음모론은 서사를 해체하는 방법에 대한 강력한 교훈을 제공한다. 같은 도구들을 의심스러운 모든 서사에 적용할 수 있다. 다음은 간단한 체크 리스트이다.

- 서사의 신뢰성. 그들의 권위나 전문성은 무엇인가? 그들에게 의도나 목적이 있는가?

- 서사가 불만을 부추기는가? 일부 불만은 특히 사람들에게 객관적으로 확인 가능한 해를 입힌 경우(예를 들면, 노예화된 사람들, 원주민들) 정당하다. 그러나 다른 일부는 개인적인 불만에 기반한다. 과거의 모욕과 굴욕이 있는지 찾아보라.
- 인식론의 출처를 확인하라. 내레이터가 알고 있는 것에 대해 어떻게 알고 있는지 물어보라.
- 마지막으로 모든 순교자를 의심하라.

───

지난 장에서 나는 당신이 먹는 것이 곧 당신이라고 했다. 음모론자들은 소비자를 홍보자로 바꾸는 극단적인 예시다. 가끔 음모론에 관심을 가지는 것은 무해할 수 있지만 비슷한 생각을 하는 사람들을 물색하느라 인터넷 검색에 매일 몇 시간씩을 허비한다면, 심각한 인식론적 장애, 혹은 언론이 메아리 방echo chamber(비슷한 생각이나 신념을 가진 사람들이 서로만 소통하며, 서로의 의견을 강화하는 현상을 비유적으로 표현하는 용어 - 편집자)이라고 부르는 증상에 빠질 수 있다. 이런 상황에서는 사실에 근거한 진실이 설 자리는 없다. 자신의 관점이나 판단을 비교 평가할 수 있는 외부의 기준도 없다. 극단적인 확증편향만이 존재할 뿐이다.

지금까지 우리의 정체성을 뒤흔들어 놓는 거짓 서사의 힘과 그 전개 과정을 알아보았다. 거짓 서사에서 벗어나 보다 생산적인 방식으로 우리의 서사를 만들어 나갈 수는 없을까? 나는 가능하다고 생각한다. 16장부터는 당신이 생각하는 현재의 자신과 당신이 될 수 있는 무언가를 바꾸는 새로운 서사를 만드는 것에 관한 몇 가지 전략을 소개하겠다.

16장

변화의 동력, 후회

이번 장에서는 과거의 자아를 활용해 내가 원하는 '미래의 자아'를 만드는 방법에 대해 알아보겠다. 이는 일종의 목표가 있는 여정이 될 것이며, 내가 '서사의 분기점branch point'이라고 부르는 것에 초점을 맞출 것이다. 서사의 분기점이란 인생의 갈림길, 즉 우리 인생의 중요한 선택의 시간점을 말한다. 여기에는 진학과 직업 선택, 관계, 거주지처럼 중요한 결정이라고 여겨지는 것들을 포함한다. 또한 당시에는 중요하지 않아 보였지만 뒤돌아보면 중요했던 선택들도 포함한다.

이런 예를 들자면, 나는 친구의 친구 생일 파티에 가기로 마지막 순간에 결정했는데, 그곳에서 지금의 아내를 만났다. 심리학자 대니얼 카너먼과 아모스 트버스키는 이것을 단절선fault line(팀이나 관계 내에서 나이, 성별, 인종, 직무 등에 따라 서로 다른 소그룹들이 존재할 때 그 사이에 있는 경계선 – 옮긴이)이라고 부르며 사람들이 이와 같은 종류의 사건에 집중하는 경향이 있다고 했다.[1] 이러한 분기점들을 통합하는 것이 어렴풋이 다가오는 후회이다. 흥미롭게도, 후회는 시간 앞뒤로 파문을 일으킨다. 누구에게나 바꾸고 싶은 과거가 있다. 고등학교 때 함부로 대했던 관계이거나, 너무 바쁘거나 두려워서 하지 못했던 일일 수 있다. 후회는 행위 또는 불행위로 발생한다.

또한 후회는 미래로도 투영된다. 우리 각자에겐 고유한 후회들의 집합이 있고, 만약 우리가 그것들로부터 무엇인가를 배운다면, 미래에 그 후회를 반복하지 않도록 최선을 다할 것이다. 이지점에서 예측의 뇌가 개입한다. 우리는 과거를 돌아봄으로써 미래에 발생할 수 있는 후회를 피하길 기대한다.

후회는 일종의 역방향 시간 이동이다. 흔히 인간만이 자신에게 이런 종류의 정신적 고통을 가할 수 있는 것 같지만, 그렇지 않다. 후회는 진화가 모든 동물에게 부여한 강력한 학습의 한 형태로 DNA에 깊이 뿌리 박혀 있다.

강력한 예측 엔진인 우리의 뇌는 현재와 미래를 오가며 때때로 가이드를 얻기 위해 과거를 회상한다. 이 시스템은 의식하지 않을 때도 작동한다. 그렇지 않으면 누구도 차를 피해서 건널목을 건널 수 없다. 예측 시스템은 우리가 의식적으로 선택을 해야하는 순간, 더욱 힘을 발휘한다. 결정의 무게가 무거울수록, 우리는 미래를 예측하며 가능한 여러 선택지에 대해 상상해 보려고한다. 이는 플롯 개요를 만드는 소설가의 작업과 크게 다르지 않다. 그리고 이 모든 과정에는 항상 '걱정'이 동반한다. 좌절과 슬픔으로 이어지는 선택을 하고 싶어 하는 사람은 없다.

실망과 후회를 구분하라

여기서 실망과 후회를 구분할 필요가 있다.[2] 실망은 일이 뜻대로 되지 않을 때 발생하지만, 실망의 결과는 선택과는 직접적인 관련이 없다. 실망은 직장이나 대학에서 거절당한 후에 느끼는 감정이다. 실망은 세상의 상태가 지금과 다르기를 바라는 기대로 발생한다. 심리학자들은 이를 반사실적 사고counterfactual thinking라고 한다. '나는 지구 온난화의 세계에 살고 있어서 실망스럽다'라는 문장에서처럼 실망은, 우리는 기대와 다른 세계의 상태에 대한 반사실적 사고이다. 내가 원하는 세상을 상상할 수는 있지만, 그 어느 것도 내 통제력 안에 있지 않다.

그렇다면 후회는 실망과 무엇이 다른가? 두 회사에서 일자리 제안을 받았다고 생각해 보라. 그런데 한 곳이 더 많은 돈을 제공하지만, 새로운 도시로 이사를 해야 한다. 고민하다가 결국 더 높은 급여를 선택했다. 하지만 5년 후에 당신은 일과 이사한 도시를 모두 싫어하게 되고, '다른 쪽을 선택했었다면 좋았을 텐데'라고 바라게 된다. 이것이 후회이다. 후회는 만일 당신이 다른 선택을 했을 경우 얻었을 세상의 다른 모습에 대한 고려이다.

최근 몇 년 사이 신경과학자와 경제학자들은 후회에 관한 연구에 관심을 기울이고 있다. 이 조합이 어색하다고 볼 수 있지만, 후회는 방정식으로 만들 수 있는 심리적 현상이다. 경제학자들은 수학 공식으로 만들 수 있는 인간의 선택에 매력을 느낀다. 마찬가지로, 방정식으로 간소화할 수 있는 인지 과정은 뇌에서 관련된 증거를 찾아 테스트할 수 있다.

후회 방정식은 다음과 같이 전개될 수 있다. 당신이 갈림길에 서 있고, 두 가지 옵션 중 하나를 선택해야 한다. 각 선택은 미래에 어떤 혜택을 가져다줄 수 있지만, 결과는 확실하지 않다. 표준 경제 이론에 따르면, 가장 높은 기대 효용을 가진 옵션을 선택해야 한다. 이는 발생 확률을 곱하여 얻은 크기를 의미한다. 하지만 미래의 자신에 대해 생각할 때, 만약 일이 바라던 대로 되지 않으면, 다른 길이 어땠을까 하는 고민에 시달리게 될 것임을 당신은 알고 있다. 이 방정식은 현재의 상태와 다른 선택을 했다면 어땠을지 사이의 차이로 후회를 정량화한다. 만약 당신이 옳은 선택을 했다면? 그러면 현재의 상태가 다른 선택보다 나은 것이고, 그것을 기뻐함rejoice이라고 한다.

후회 방정식에 따르면, 사람들은 후회와 기뻐함의 상대적인 양으로 반사실적 결과를 경험할 뿐만 아니라, 미래의 후회를 최소화하기 위해 결정을 내린다.

후회를 처리하는 뇌 회로가 무엇인지를 밝히기 위한 여러 뇌 영상 연구가 있었다. 2004년, 프랑스 브롱에 있는 국립과학연구센터 신경과학자팀은 안와전두엽 피질orbitofrontal cortex이라 불리는 전두엽 피질의 일부가 후회 경험에 중요하게 관여한다는 가설을 검증했다.[3] 그들은 참가자들에게 일련의 룰렛 게임을 하도록 했다. 피실험자들은 두 개의 룰렛을 제시받고, 어느 룰렛을 돌릴지 선택한 후, 선택한 룰렛의 바늘이 멈춘 지점의 돈을 받기로 했다. 대조 조건에서는 두 개의 룰렛을 모두 돌린 후, 피실험자가 선택한 바퀴의 결과만 보여줬다. 후회-기뻐함 조건Regret-Rejoice condition(실험 조건이라고 부른다)에서는 같은 절차를 따랐지만, 선택하지 않은 바퀴의 결과도 보여줬다. 참가자들은 각 실험을 한 후에 자신의 기분을 평가했다.

대조 조건에서는 피실험자들이 소액에 당첨되더라도 일반적으로 행복하다고 답했다. 반면 실험 조건에서는 획득한 금액이 크더라도, 자신이 선택하지 않은 룰렛의 당첨금보다 적을 경우, 불행하다고 답했다. 이것은 후회 이론과 일치한다. 더 나은 반사실적 상황은 긍정적인 인식(소액이라도 돈을 땄다)을 부정적인 인식(소액밖에 따지 못했다)으로 바꾼다.

같은 연구팀은 뇌졸중 환자를 대상으로도 이 실험을 했다. 놀랍게도, 뇌졸중 환자들은 실험 조건에서 더 많은 돈을 얻을 기회가 있었다는 것을 알아도 후회한다는 반응을 보이지 않았다.[4]

베일러의과대학 신경과학자 리드 몬터규도 유사한 실험을 했다. 그의 팀은 피실험자들에게 주식 시장 가격의 일부를 보여준 후 스캐너 안에서 투자 게임을 하게 했다.[5] 과거의 주식 시장 가격 정보를 보고 실험 대상자들이 베팅하게 한 후, 시장이 어떻게 움직였는지와 돈을 얼마나 벌거나 잃었는지를 보여줬다. 실험 결과, 뇌의 보상 시스템의 핵심 영역으로 여겨지는 안와전두엽 피질에 연결된 꼬리핵caudate nucleus이 활성화된다는 것을 발견했다.

인간 외에 다른 동물들도 후회와 비슷한 것을 경험한다는 연구는 많다.[6] 미네소타대학 신경과학자인 데이비드 레디쉬는 '쥐를 위한 레스토랑 거리restaurant row for rats'라고 부르는 실험 장치를 개발했다. 이 장치는 네 개의 방사형 수레바퀴가 있는 원형 트랙으로, 각 수레바퀴의 끝에는 바나나, 체리, 초콜릿, 아무 맛도 없는 음식 등 다양한 맛의 음식이 놓여 있었다. 쥐가 수레바퀴에 들어가면, 매초 음정이 낮아지는 일련의 음이 재생된다. 쥐가 카운트다운이 끝날 때까지 기다리면, 그 수레바퀴에 있는 음식이 제공된다. 하지만 쥐가 그 구역을 떠나면, 그 음식은 먹을 수 없다. 성급한 쥐가 자신이 좋아하는 맛을 기다리지 않기로 선택하면, 다음 선택에서는 덜 바람직한 결과를 위해 훨씬 더 오래 기다려야 함을 깨달을 수도 있다. 이런 상황에서 쥐는 종종 포기한 옵션을 돌아보곤 했다. 레디시는 쥐가 그런 아쉬운 시선들이 보일 때, 쥐의 안와전두엽 피질과 꼬리핵에 있는 신경세포들이 인간의 뇌와 마찬가지로 매우 활발하게 활동한다는 것을 발견했다. 이는 쥐들이 인간과 마찬가지로 다른 선택을 했다면 어땠을지를 시뮬

레이션한다는 것을 의미한다.[7]

미래를 바꾸는 후회 최소화 알고리즘

이런 실험들로부터 우리는 무엇을 알 수 있을까? 인간과 쥐의 뇌에서 발견한 데이터는 반사실적 결과를 고려한 포유류 뇌의 진화에 있어 강력한 압력이 있었다는 것을 나타낸다. 이러한 사고방식은 동물이 자신의 결정뿐만 아니라 일어날 수도 있었던 가능성의 배열로부터도 배울 수 있게 한다.

당신의 뇌는 당신의 다중 우주에 대해 생각하도록 프로그램되어 있다. 그러므로 후회를 인간적인 조건의 어떤 기발함으로 여기기보다는, 의사결정의 긴 진화적 결과물로 바라보는 것이 더 정확하다. 진화의 나무에서 당신 이전에 존재하던 모든 동물은 후회를 경험해 왔고, 그렇지 않은 동물들은 오래전에 멸종했다.

진화는 생존에 도움이 되는 과정만을 선택하지만, 후회는 그 자체로 과거를 돌아보는 감정이다. 과거를 그리워하는 것은 우리가 미래를 더 잘 준비할 수 있게 한다. 우리와 다른 동물들은 실수를 반복하지 않기 위해 후회를 통해 배운다. 반사실적 학습은 몇몇 선택이 치명적인 결과를 초래할 수 있는 경우에 특히 효과적이다. 치명적인 결과를 경험하는 것보다는 무엇이 일어났을지 시뮬레이션할 수 있다면 그 편이 훨씬 낫다!

다시 내 청소년 시절의 자전거 사고로 돌아가 보자. 6장에서 설명했듯이, 그 기억은 내 몸과 분리되어 있고, 그 안에서 나는 제3자의 시점에서 나 자신을 본다. 이 관점에서, 내가 조금 더 빨리 자전거 페달을 밟았거나, 운전자가 마지막 순간에 피하지 않았다면 무슨 일이 일어났을지도 볼 수 있다. 동일한 생생한 현실감으로, 나는 트럭의 그릴을 가로질러 튕겨 나간 나 자신을 볼 수 있다. 이는 강력히 반사실적이다. 그러나 약 40년이 지난 시점에도, 내 뇌에 깊이 박혀있는 이 허구적인 신호는 내가 자전거를 탈 때마다 그리고 심지어 트럭이 길의 반대편에 있더라도 내 머리에 즉시 경고등을 켜게 한다. 나는 자전거에 올라탈 때마다, 그 분기점을 다시는 만나지 않기 위해 주의를 기울인다. 이것이야말로 강력한 학습이다.

진화가 인간을 비롯한 동물들에게 생존을 위해 후회를 경험하도록 한다는 것은 타당해 보이는 설명이지만, 이에 대한 구체적인 증거는 부족하다. 그런데 놀랍게도, 인공지능 분야의 새로운 실험들이 개인의 후회에 대한 적응적 가치를 보여주고 있다. 컴퓨터 과학자들이 자신들의 알고리즘을 테스트하는 방법 가운데 하나는 토너먼트를 열어보는 것이다. 이러한 경쟁은 진화에 대한 초고속 환경을 제공하며, 승자와 패자를 번개처럼 결정한다. 그런 대회 중 하나가 연례 컴퓨터 포커 대회Annual Computer Poker Competition다. 포커는 불완전한 정보를 가지고 펼치는 게임으로, 각각의 플레이어들은 몇 장의 카드만을 볼 수 있고, 상대의 패를 알 수 없기 때문에, 판단에 필요한 모든 정보를 가질 수는 없다. 이런 종류의 게임은 모든 움직임이 공개되는 체스와 비교해 컴퓨터가 적용하기 어렵다.

2006년 컴퓨터 포커 대회에서 앨버타 대학 컴퓨터 과학자팀은 '반사실적 후회 최소화' 즉, CFR counterfactual regret minimization 이라는 새로운 알고리즘을 소개했다.[8] CFR은 체스 알고리즘과 같이 게임에서 가능한 모든 결정 트리decision tree를 시뮬레이션하는 대신 컴퓨터가 내부적으로 자신과 대결하게 한다. 내부의 시뮬레이션을 통해, CFR은 일어났던 일과 일어났을 수 있었던 일의 차이로 정의되는 후회를 최소화하는 전략을 찾는다. 이는 가능한 모든 결과를 해결하려고 하는 대신, 전략의 공간과 각각의 평균 후회를 샘플링한다. 이는 매우 효율적인 방법으로 완벽할 필요가 없으며, 결과가 평균의 형태로 압축된 형식으로 저장되기 때문에 그리 많은 메모리를 요구하지 않는다. 현재 CFR의 버전의 포커 프로그램들은 꾸준히 대회에서 우승하고 있다. CFR의 개선된 버전인 CFR+는 블러핑bluffing이나 올인all-in과 같은 전략적 플레이를 더 자주 사용해야 하는 텍사스 홀덤 같은 게임에서도 성과를 내고 있다.[9]

후회 이론regret theory은 우리가 경험하고 예상하는 사후 가정 counterfactual(사실과 정반대의 내용을 서술하는 표현법 – 옮긴이)에 대한 수학적 추상화이다. 이것은 일어났던 일과 일어났을 수 있었던 일의 차이를 표현하는 간단한 방정식이기 때문에, 행위

commission의 후회와 불행위omission의 후회 즉, 우리가 한 일과 우리가 했으면 하는 일 사이를 구분하지 않는다. 그러나 심리학은 이 두 가지 사이에 차이를 설명한다.

심리학자 토머스 길로비치와 빅토리아 메드벡은 행위가 단기적으로 후회를 유발할 가능성이 더 높지만, 시간이 지남에 따라 행위로 발생한 후회의 강도는 빠르게 감소한다고 말했다. 반면, 무행위 즉, 불행위의 후회는 장기적으로 악화될 수 있다고 말했다.[10] 길로비치와 메드벡은 사람들에게 인생에서 가장 큰 후회가 무엇이냐고 물으면, 일반적으로 '하지 못한 일'을 든다고 지적했다. 예를 들면, '나는 유럽 여행을 가면 좋겠다' 혹은 '나는 저 사람과 한 번도 데이트를 해보지 않아 후회한다' 아니면 '아버지가 돌아가시기 전에 사랑한다고 말씀드리고 싶어' 같은 경우가 이에 해당한다.

길로비치와 메드벡은 불행위의 후회의 특징에 대해 다음과 같이 밝혔다. 첫째, 시간이 지남에 따라 후회는 증가하는 경향이 있는데, 이는 사람들이 놓친 기회에 대해 생각할 때마다 실제로 일어난 것보다 사후 가정이 더 나았다고 확신하는 경향이 있기 때문이다. 그러나 이것은 착각이다. 왜냐하면 특정한 행동을 했더라도 무슨 일이 일어났을지 알 방법이 없기 때문이다.

둘째, 대안적 현실에 대한 자신감이 커짐에 따라 행동하지 않은 것의 설명 불가능성도 증가한다. 행동하지 못한 것이 더 설명하기 어려울수록, 부끄러움이 후회 위에 쌓일 가능성은 점점 더 커진다.

　마지막으로, 후회스러운 행동의 결과는 결과가 알려져 있기 때문에 한정되지만, 행동하지 않은 것의 결과는 잠재적으로 무한하다. 가능한 대안적 현실의 수는 오직 사람의 상상력에 의해서만 제한된다.

　불행위든 행위든, 후회는 우리의 서사를 재작성할 힘을 가지고 있다. 후회는 당신이 어떤 통제력도 가지고 있지 않았던 사건들에 의미나 목적의식을 부여할 수 있다. 나는 자전거 사고를 자주 생각하지만, 솔직히 말하면, 나에게는 그 상황을 통제할 힘이 없었다. 사고로 죽지 않아서 감사하지만, 그것은 나보다는 트럭 운전자의 판단 덕분이다. 그런데도, 그 사고는 내 인생의 분기점으로 남아있고, 여전히 여기에 의미를 부여하며 산다.

　내게는 흥미롭게도, 심리학자 키스 마크만은 트럭에 거의 치일 뻔한 시나리오를 사용하여 사람들이 어떻게 사후 가정을 형성하는지 연구했다.[11] 이 경우의 사후 가정은 실제로 일어난 것보다 더 나쁘므로 '하향식 사후 가정'이라고 한다. 그런데도, 마크만은 사람들이 이를 두 가지 방식 중 하나로 보는 경향이 있음을 발견했다. '나는 그 트럭 때문에 거의 죽을 뻔했다'라고 말할 수도 있고, '나는 트럭에 치이지 않아서 운이 좋았다'라고 말할 수도 있다. 전자는 하향식 반사downward reflection라고 부르고 부정적인 감정 상태를 유발하며, 후자는 하향식 평가downward evaluation라고 부르고 긍정적인 감정을 불러온다.

사후 가정에는 두 가지 목적이 있다. 사후 가정이 상상의 산물이라 하더라도, 일부 사후 가정은 과거를 설명한다. 여기서 서사적 설명이 등장한다. 만약 내가 종교가 있었다면 오늘 하루를 신께서 돌보셨다고 말할 수 있을 것이다. 동시에 사후 가정은 우리가 미래를 준비하도록 도와준다.[12] 여기서도, 서사적 구성은 미래 자아의 상상된 후회와 기쁨함의 형태로 작용한다. 마크만의 연구는 사후 가정에 대해 생각하는 일부 방법들이 미래 행동을 바꾸는 데 효과적일 수 있다고 제안한다. 하향식 평가는 그저 일어난 일을 받아들일 뿐이므로 특별히 유용하지 않다. 그러나 내가 경험했던 대로 하향식 반사는 미래에 예방적 행동을 촉진할 가능성이 있다.

후회의 반대말인 기쁨함도 미래의 결정에 영향을 미친다. 후회와 마찬가지로, 기쁨함의 사후 가정은 반사하거나 평가할 수 있다. 마크만의 다음 문장들을 고려해 보자. '거의 A를 받을 뻔했다.'(아깝게 A를 못 받았다) 또는 'B는 받고 A는 못 받았다.' 여기서 두 번째 문장은 상향 평가upward evaluation로, 더 활동적이며 미래에 더 열심히 노력하도록 자극한다.

후회 없는 삶을 위하여

많은 영화의 주인공들이 후회의 힘에 휘둘린다. 리처드 링클레이터 감독은 그의 걸작 삼부작 《비포 선라이즈Before Sunrise, 1995》, 《비포 선셋Before Sunset, 2004》, 《비포 미드나잇Before Midnight, 2013》에서 후회를 중심 테마로 두었다.

첫 번째 영화에서 주인공 제시는 부다페스트 발 기차에서 셀린을 만난다. 제시는 셀린에게 비엔나에서 내려 그와 함께 도시를 돌아다니며 밤을 보내자고 설득한다. 미래의 후회를 가장 순수하게 표현한 장면에서, 그는 그녀에게 만약 둘이 함께 가지 않는다면, 10년이나 20년 후에 그 순간을 돌아보며 자신의 삶이 어떻게 달라졌을지 궁금할지 모른다고 말한다. 영화는 6개월 후에 기차역에서 다시 만나기로 약속하는 것으로 끝난다.

9년 후 일어나는 이야기를 다룬 두 번째 영화에서, 우리는 그들이 다시 만나지 못했다는 것을 알게 된다. 대신, 제시는 셀린과의 만남을 소설로 써서 베스트셀러 작가가 된다. 북 투어 중에 그는 파리에서 그녀를 다시 만난다. 그날 오후 동안, 둘은 파리를 걸으며 약속한 대로 다시 만났다면 삶이 어떻게 달라졌을 지에 대한 후회를 표현한다.

두 번째 영화로부터 9년 후를 다룬 마지막 영화에서, 제시와 셀린은 결혼한 상태다. 다시 그들은 삶의 갈림길에 서 있다. 이번에는 서로에 대한 사랑을 의심하고 있다. 제시는 시간을 미래로 이동시켜 현재의 순간을 되돌아보는 트릭을 사용하고, 이 밤을 자신들의 인생에서 가장 좋은 밤들 중 하나로 생각할 것이라고 결론짓는다.

영화 《카사블랑카Casablanca》에서 주인공 릭은 2차 세계대전 당시 난민으로 북적이던 도시 카사블랑카에서 수상한 나이트클럽을 운영하고 있다. 그는 난민들에게 돈을 받고 미국으로 갈 수 있는 비자를 구해주는 일을 한다. 그러나 바쁜 일상 중에도 파리에서 사랑에 빠졌던 일사를 잊지 못한다. 그녀는 아무런 설명도 없이 갑자기 사라졌는데 이로 인해 릭은 우리가 영화에서 만날 수 있는 까칠하고 냉소적인 클럽 주인이 된다. 나중에야 그는 일사가 빅터 라즈로란 남자와 결혼한 사이며, 남편이 나치 수용소에서 죽은 줄 알았다는 것을 듣게 된다. 그러나 일사는 라즈로가 수용소를 탈출했다는 소식을 듣게 되고, 도망자 신세인 남편을 돕기 위해 릭을 떠났던 것이다.

1년 후, 일사와 라즈로가 릭의 클럽에 나타나면서 릭은 그들이 미국으로 탈출하는 것을 도울지 결정해야 했다. 일사와 릭은 여전히 서로를 사랑하고 있었고, 라즈로도 이를 알고 있다. 《카사블랑카》는 역사상 가장 인기 있는 영화 중 하나이다. 대사가 진부해 보일 수 있지만, 저주받은 로맨스라는 핵심 테마는 여전히 울림을 준다. 영화는 릭의 도움으로 일사와 라즈로가 탈출는 것으로 마무리되지만, 우리에게 남겨진 핵심 감정은 '만약에'이다. 만약 라즈로가 정말 죽었다면, 릭과 일사는 여전히 함께 있었을까?

이 영화들은 미래의 후회를 예상하여 현재의 결정을 내리는 것에 대한 최고의 교제이다. 미래의 서사를 형성하기 위해 어떻게 후회를 생산적으로 사용할 수 있는지에 대한 강력한 교훈을 제공한다. 되었을지 모르는 것들에 대해 얽매이기보다는, 미래로 시간을 이동시키고 가상의 후회를 사용하여 현재의 결정을 내릴 수 있다.

———

"후회 없는 삶"이라는 구호는 매우 효과적인 전략이다. 이 전략은 포커를 하는 인공지능에도 영화 속 로맨틱한 캐릭터들에게도 그리고 우리에게도 유용하다.

17장

진짜 원하는 나를 찾아서

지금까지 자기 망상에 대해 알아보고 다중 자아multiple selves를 여행했다. 개인적인 서사는 정확하지 않으며, 기저함수에 따라 압축된 기억을 통해 형성된다. 그렇게 만들어진 기억은 다시 모든 경험을 왜곡한다. 또한 '베이지안 뇌'는 어떤 사건에 대한 가장 가능성 있는 해석을 만들어 내고, 빈 구멍은 허구로 채운다. 한편, 우리의 인식은 다른 사람의 생각에 따라 왜곡되고, 내 것이라고 믿는 생각들은 대부분 다른 곳에서 비롯되었을 가능성이 높다. 이 모든 깨달음은 우리를 원래 질문으로 돌려보낸다.

'진정한 당신은 어느 것인가? 당신이 자신에 대해 생각하는 버전인가? 다른 사람들이 당신에 대해 생각하는 버전인가? 아니면

당신이 다른 사람들에게 말하는 버전인가?'

답은 '모두 다'이다. 서사 구성이라는 작업은 영화감독의 역할과 유사하다. 우리는 살아가며 수많은 장면을 수집하고, 이를 편집하여 일관된 서사를 만든다. 감독의 임무는 영화를 완성해 제작자와 배급사에 전달하는 것이다. 하지만, 당신의 삶을 하나의 영화로 간주한다면, 이 비유는 적절치 않다. 당신은 아마도 최종 편집본을 전달하기 위해 죽을 때까지 기다리고 싶지는 않을 것이다. 그보다는 개인적인 서사를 일련의 영화 시리즈로 보는 것이 더 유익하다.

좋아하는 영화 속편들을 떠올려 보라. 어떤 것들이 오래도록 기억되는가? 나는 《대부Godfather》 삼부작이 떠오르지만, 이 시리즈는 여러 세대에 걸친 이야기이고 등장인물이 너무 많아서 개인적인 서사의 모델로는 적합하지 않다. 이보다는 《스타워즈》 오리지널 삼부작이 적당할 것 같다. 《대부》보다 스케일이 더 크지만, 이 영화는 기본적으로 루크 스카이워커라는 한 사람의 영웅 이야기를 담고 있으며 이는 단일 신화의 공식을 따르고 있다. 개인에 초점을 맞춘 다른 삼부작으로는 《터미네이터》, 《로키》, 《매트릭스》, 《매드 맥스》, 《에일리언》, 《인디아나 존스》, 《반지의 제왕》 시리즈 등이 있다.

이들 시리즈는 영화 각본가 로버트 맥키가 "우리는 가족, 직업, 이상, 기회, 명예, 현실적인 희망과 꿈처럼 잃을 것이 있는 사람들에 관해 이야기한다"라고 말한 점을 충실히 따르고 있다.[1] 그는 영화 각본 작업에 대해 말하고 있지만, 그의 말은 우리 자신의 이야기를 만드는 데에도 적절한 조언이 된다. 우리는 잃을 것이 있기 때문에 도전을 극복하는 사람들에 관한 이야기에 끌린다. 영화는 인간의 운명에 대해 알려줄 뿐 아니라 생명과 신경과학에 대한 중요한 교훈을 제공한다. 영화는 또한 압축된 서사의 완벽한 예시다. 영화가 상영되는 두 시간 안에 얼마나 많은 요소들이 담겨 있는지 생각해 보라. 우리는 영화가 인간이 처한 상황에 대한 근본적인 진실을 담고 있기 때문에 영화에 끌린다. 또한 우리 자신의 현재진행형 서사와 공명하기 때문에 좋아한다. 좋은 영화의 조건을 살펴보면, 우리가 살고 싶은 이야기를 쓰는 법을 배울 수 있다.

전에 말했듯이, 당신이 먹는 것이 곧 당신이 된다. 당신이 생각하는 자아 정체성이 자신에게 말하는 이야기에서 비롯된다면, 다른 버전의 이야기를 함으로써 새로운 사람이 될 수 있다. '나는 이미 내 서사의 중간에 있어서 역사를 바꿀 수 없고, 처음부터 다시 시작할 수도 없어'라며 이의를 제기할지도 모른다. 하지만, 당신은 할 수 있다.

우리는 시작과 중간, 끝으로 구성된 이야기에 익숙하다. 고전적인 3막의 이야기 구조에 대한 설명은 19세기 독일의 소설가 구스타프 프라이타크까지 거슬러 올라간다. 프라이타크는 셰익스피어와 고대 그리스의 연극을 비교 분석하여 그들이 모두 예측할 수 있는 상승과 하강의 행동 패턴을 따르고 있다는 것을 밝혀 냈다. 그의 이론은 이후 프라이타크의 피라미드Freytag's Pyramid라고 불리며 영화에서 지배적인 이야기 형식으로 쓰이고 있다. 다만 이는 규칙이 아니라 서술description이기 때문에, 나는 이를 공식 formula이라고 부르기가 망설여진다.

그러나 우리의 개인적인 서사는 생물학적인 서사를 엄격하게 따라야 할 필요는 없다. 인간의 삶은 자연스럽게 시작과 끝을 가지고 있지만, 그 자체로는 흥미로운 이야기가 아니다. 누가 평범한 사람이 태어나서 그에게 좋은 일과 나쁜 일이 일어났고, 그리고 죽었다는 이야기를 듣고 싶겠는가? 우리는 고난에 대해 듣고 싶다. '그는 어떤 장애물을 마주했는가? 그는 무엇을 잃을 위험이 있었는가? 그는 그것들을 극복하는 데에 성공했는가, 아니면 패배했는가?' 그리고 가장 중요한 질문은 '그것의 의미가 무엇이었는가?'이다.

이 질문들은 우리가 개인적 서사에서 중요하게 여기는 주제들이기 때문에 좋은 이야기가 된다. 하지만 모든 이야기에는 시작점이 있어야 한다. 좋은 이야기는 주인공의 탄생으로 시작하지 않는다. 좋은 이야기는 일이 벌어지는 중간medias res에서 시작한다. 그리스의 왕 오디세우스를 주인공으로 하는 《오디세이》는 트로이 전쟁이 끝난 후에 시작한다. 우리는 오디세우스의 고난한 귀향 여정을 따라가면서 그의 삶에 대해 알게 된다.

우리는 자신의 서사를 다룰 때, 개인적인 사건의 연속에서 벗어나는 것을 어려워한다. 대신 자연스럽게 우리의 가장 오래된 기억까지 이어지는 서사를 구성한다. 이 틀에서 벗어날 수 있다고 상상해 보라. 그러면 새로운 이야기 즉, 오늘부터 시작하는 이야기를 할 수 있다.

유다이모니아와 도덕

새로운 이야기를 시작할 때도, 모형은 필요하다. 어디로 나아갈지 감도 없이 이야기를 시작할 수는 없다. 그런 이야기는 일기장의 일련의 기록과 같아서 일어난 일들을 순서대로 보고하지만, 의미는 없다. 대신 영웅의 여정으로 기본값을 설정하는 것은 어떨까? 당신이 좋아하기만 한다면 괜찮은 형식이다. 하지만 고대 철학자들은 우리에게 더 나은 대안을 제시했다.

좋은 삶이라는 개념은 플라톤, 아리스토텔레스, 공자와 같은 사상가들에게까지 거슬러 올라간다. 영웅의 여정은 흥미롭지만 반드시 우리가 따라야 할 삶의 모델은 아니다. 이와 달리 철학은 '어떻게 살아야 하는가'란 질문에 나침반을 제공한다. 그리스 도덕 철학의 기초는 유다이모니아eudaimonia라는 개념에서 시작했다. 이는 대략 번영flourishing이라고 번역할 수 있다. 때때로 행복으로 해석되기도 하지만, 그리스의 행복 개념은 개인이 덕을 지닌 삶을 살면서 사회와 연결되는 것과 관련 있다. 플라톤은 좋은 아테네인의 기본 덕목을 용기, 지혜, 정의, 절제로 정의했다. 덕 있는 시민은 과도하지 않은 삶을 살았으며, 자신에게 충실할 용기를 가졌고, 경험을 통해 지혜를 얻었으며, 그것을 다른 사람들과 공유하고, 동료들 사이에서 공정함을 추구했다.

세계의 반대편에서, 공자는 사람들이 삶을 어떻게 살아야 하는지에 대한 윤리적 틀의 중심에 도道를 두었다. '도'는 대략적으로 그리스의 유다이모니아와 일치한다.[2] 공자는 도가 개인의 성취에서 비롯되는 것이 아니라 일상생활에서 다른 사람들을 어떻게 대하는지에서 드러난다고 보았다. 극적인 도덕적 딜레마와 영웅의 여정은 서양 전통에서처럼 고대 중국에서 그다지 중요하지 않았다. 공자의 윤리학은 영웅의 여정에 대안적인 서사를 제공하는데, 영웅의 여정은 일반인이 넘어서기 어려운 높은 장벽이고, 적을 정복하는 개인의 성취에 초점을 맞추고 있다. 나 또한 고전적인 공자의 개념이 삶에서 바라는 방향이라고 생각한다.

덕이 지배하는 삶은 서사에 대한 넓은 틀을 제공하지만, 우리 삶의 서사를 어떻게 구성해야 하는지는 알려주지 않는다. 그런 점에서 나는 나치 수용소에서 살아남은 오스트리아의 정신과 의사 빅토르 프랑클의 이론을 좋아한다. 프랑클은 '의미'를 강조한다.

로고 테라피logo therapy라고 불리는 프랑클의 이론은 프로이트의 정신 요법과 근본적으로 다르다. 프로이트는 과거에 초점을 맞추었지만, 프랑클은 '미래에 이루어질 의미'에 초점을 맞추었다.[3] 프랑클은 존재의 위기는 현재 상황과 미래에 되고 싶은 것 사이의 단절에서 기인한다고 보았다. 현재가 미래로 가는 길을 제공하지 않으면, 존재의 고통이 생기고 내면의 공허함을 남긴다. 프랑클은 이 증상을 '일요일 신경증'(오늘날 '일요일 공포증'으로 알려져 있다)이라고 불렀는데, 만족스럽지 않은 일주일을 시작할 때 내려앉는 불쾌감 같은 기분을 뜻한다. 로고 테라피의 목표는 일요일 신경증에 벗어나 삶에서 의미를 찾도록 안내하는 것이다.

어떻게 하면 될까? 프랑클에 따르면, 의미를 찾는 세 가지 길이 있다.

첫째, 무엇인가를 창조하거나 행동한다. 서사 형식에서 이것은 영웅의 여정과 동등하다. 둘째, 무엇인가를 경험하거나 누군가와 만남으로써 의미를 찾는다. 프랑클은 사랑이 타인의 핵심까지 이해하는 유일한 방법이라고 말한다. 셋째, 고통을 통한 길이 있다. 고통 속에서는 의미를 찾기란 쉽지 않기에, 프랑클은 자신을 미래로 투영해야 한다고 말했다. 후회 이론의 예측처럼, 미래의 자신에게 과거를 돌아보고 그들이 고통으로부터 무엇을 배웠는지 상상해보라는 것이다.

로고 테라피는 개인적인 서사를 쓰는 데에 유용한 가이드를 제공한다. 나는 '다시 쓰는 것'이 아니라 '쓰는 것'이라고 말했다. 둘 사이에는 중요한 차이가 있다.

지난 장에서 후회를 다뤘는데, 후회는 과거와 미래를 모두 바라본다. 나는 과거를 다시 쓰는 것을 제안하고 있지 않다. 대신에, 로고 테라피와 다른 도구들을 빌려 미래를 쓸 것이다. 우리는 좋은 작가들이 사용하는 것과 동일한 기법들을 사용할 것이다. 우리는 인생의 의미라는 수수께끼를 풀려는 것이 아니다. 대신에, 다음과 같은 더 간단한 질문부터 시작할 것이다. '만약에 ~라면 어쩌지?'[4]

이 전략은 현실의 따분한 세부 사항에 집중하게 하는데 그래서 허구의 영역에서 더 잘 작동한다. 허구는 우리를 역사의 닻에서 해방해 준다. 이것은 그저 연습일 뿐이다. 상상력을 자유롭게 펼쳐라.

이제 당신은 첫 번째 결정을 내려야 한다. 현재의 삶에 머문 채로 머릿속 복제인간의 이야기를 쓸 수 있다. 또는 당신의 복제인간이 당신의 자리를 대신하는 시나리오를 생각해 볼 수도 있다. 어떤 선택을 하든, 당신은 새로운 인생을 살아가는 자신의 이야기를 쓸 수 있다.

다음 작업은 당신의 이야기가 펼쳐질 시간 범위를 정하는 것이다. 여기서 우리는 영화의 공식에서 약간 벗어나야 한다. 대부분의 영화는 며칠에서 몇 주 동안에 벌어진 일을 다룬다. 그러나 우리의 시간대는 영화에서 다루지 않는 무대이다. 그 시간대는 1년에서 10년 사이의 어디든 될 수 있다. 무엇인가 의미 있는 일을 하려면 적어도 1년은 걸리지만 종종 훨씬 더 오래 걸릴 수도 있다. 내 경우에는 5년 정도가 적당하다고 생각한다.

이제 당신의 복제인간이 무엇을 할지 상상해 보라. 그들은 당신이 원하는 어떤 것이든 될 수 있다. 5년 후에 그들은 누구일까? 이것이 당신이 목표로 하는 이야기의 결말이다. 하지만 마지막 장면은 바로 눈에 들어오지 않을 것이다. 스토리텔링으로 돌아가서, 복제인간이 신경 쓰는 것은 무엇인지 물어봐야 한다. 그들은 당신의 모든 기억과 가치관을 주입받았기 때문에, 당신이 해야 할 일은 내면을 들여다보는 것뿐이다. 만약 당신이 복제인간이라면, 당신은 무엇을 하고 싶은가?

이때 농업에서 주로 사용되는 의사 결정 시스템인 전체론적 관리Holistic Management를 차용하는 것이 도움이 된다.[5] 이 시스템은 두 가지 원칙에 기반한다. 첫째, 자연은 전체로 기능한다. 우리는 자신을 넘어서 타인 그리고 환경과의 연결성을 고려해야 한다. 둘째, 자신을 둘러싼 환경을 이해해야 한다. 이를 통해 특정한 목표를 달성하기 위한 일련의 실천 방법을 구축할 수 있다. 하지만 그전에 당신이 무엇을 원하는지 또는 당신의 복제인간이 무엇을 원하는지를 결정해야 한다.

예를 들어, 삶의 질에 관한 명제들로 시작할 수 있을 것이다. 당신의 복제인간은 5년 후의 삶에서 무엇을 가치 있게 여길까? 몇 가지 명제들을 현재형으로 적어보라. 최소한 다섯 개 정도를 생각해 보자. 각각은 관계, 재정적 목표, 신체적·정신적 건강, 행복에 관한 것이어야 한다.

만약 영웅의 여정을 상상한다면, 그 명제들은 성취에 초점을 맞춰야 한다. 만약 윤리의 관점에서 생각한다면, 그 명제들은 그 이상적인 가치들을 반영해야 한다. 다음은 몇 가지 예시이다.

- 가족과 동료들이 있어서 필요할 때 조언과 도움을 받을 수 있다.
- 배우자와 함께 서로를 위해 시간을 내어준다.
- 재정적으로 신중하지만 편안하게 살 수 있는 충분한 자원을 가지고 있다.
- 빚이 없다.
- 매년 적어도 한 번은 휴가를 떠난다.
- 하이킹이나 자전거 타기와 같은 야외 활동을 할 수 있는 체력이 있다.

자아 바꾸기 연습

이제 5년 후의 이야기를 위한 목표를 세웠다. 다음으로, 명제들을 이루기 위해 해야 할 일들을 적어보라. 예를 들어, '빚 없음'을 달성하기 위해서는 수입을 늘리거나 지출을 줄여야 한다. 다음은 이를 실천할 수 있는 구체적인 방법들이다. '불필요한 물건에 대한 지출 줄이기, 매달 일정한 금액으로 신용카드 잔액 갚기, 매 급여 기간에 한 번씩 추가 근무하기.'

이 연습들은 쉬워 보이지만, 막상 목록을 작성하려면 생각보다 쉽지 않을 것이다. 왜냐하면 이것들은 삶의 가치를 바꾸는 행동들이기 때문이다. 가만히 돌이켜 보면 삶에서 중요한 가치에 대해 생각할 시간을 가져본 적이 별로 없을 것이다. 그래서 가치를 명확하게 표현하기란 생각보다 쉽지 않다. 만약 목록들이 다른 사람과 관련되어 있다면 (파트너, 배우자, 자녀, 부모 등), 이 연습을 함께 하는 것이 도움이 된다.

만족할 만한 목록을 만들기 위해서는 몇 번의 수정이 필요할 수 있다. 마침내 목록을 완성하면 그것들을 이루기 위한 간단한 계획을 세울 수 있다. 축하한다. 당신은 앞으로의 새로운 서사의 기반이 되는 것들을 가지게 됐다.

완성된 목록을 보고 있노라면 실제로는 할 수 없다고 느낄 수 있다. 예를 들어, 당신은 행복하지 않은 관계를 맺고 있지만 그것에서 벗어나기가 어려울 수 있다. 이런 마음이 든다면, 당신의 머릿속에만 존재하는 가상의 복제인간에게 의지하라. 그들이 당신의 자리를 대신하고 당신을 자유롭게 해줄 것이다. 복제인간을 통한 미래 시뮬레이션은 당신의 머릿속에만 일어나는 일이므로, 당신의 선택은 다른 사람들(예를 들어, 아이들)에게 영향을 주지 않는다.

중요한 것은, 삶의 질에 관한 명제들과 그것들에 따르는 목표들이 앞으로 당신에게 일어나는 일들을 해석하는 또 다른 틀이 된다는 것이다. 두 가지 과정이 우리 머릿속의 서사들을 정의한다. 즉, 압축과 예측이다. 압축은 기저함수의 측면에서 기억을 저장하고 재생한다. 예측은 같은 기저함수를 사용하여 새로운 사건들을 해석하고, 그것들을 우리 머릿속 서사들의 집합에서 벗어난 것으로서 저장한다. 새로운 서사들을 만들기 위해서, 당신은 작성한 삶의 질에 관한 명제들과 목표들을 사용하여 뇌의 시스템이 현실을 해석하도록 밀어붙여야 한다.

지금까지 설명한 방법을 쓰면 마치 지킬 박사에서 하이드로 혹은 그 반대의 경우처럼, 본질적으로 분리를 통해 다른 자아를 만들 수 있다. 자아를 분리하는 제안을 비판하는 사람들이 있을 것이다. 목표는 다중 인격을 만드는 것이 아니다. 나는 이상적인 다른 자아를 만드는 것이 인식을 재구성하는 데에 유용한 도구라고 생각한다. 좋은 소설은 독자가 주인공의 입장이 되어보게 할 수 있는 것처럼, 사람은 자신이 되고 싶은 사람의 입장이 되어보는 능력이 있다.

평탄한 여정을 기대하지 마라. 내부적으로도 외부적으로도 상당한 장애물이 있을 것이다. 내부적으로는 다른 시나리오를 상상해야 한다. 복제인간을 떠올리는 것은 상상력을 자극하는 서사적 장치이다. '만약에?'로 시작하는 것도 마찬가지다. 예를 들어, '만약에 내가 직장을 그만두면 어떻게 될까?' '만약에 내가 다시 학교에 다니면 어떻게 될까?' 잠깐, 여기에는 분명한 반사실적 상황인 '만약에 내가 복권에 당첨되면 어떻게 될까?'는 포함되지 않는다. 이는 통제할 수 없는 조건이다.

'만약에' 문장은 당신이 주체성을 유지할 때 가장 잘 작동한다. 직장에서 계속 일할지 아니면 다른 일을 할지는 당신만이 결정할 수 있다. 관계에 남아 있을지 떠날지는 당신이 결정할 수 있다. 다른 도시로 이사할지는 당신이 결정할 수 있다. 물론, 어떤 선택에도 비용이 따르겠지만, 예상되는 후회에 대하여 즉, 한 일과 하지 않은 일 모두에 대해 미래를 주시하라는 이전 장의 교훈을 기억하라.

외부적으로는 이러한 대안적인 서사들이 당신 주변의 사람들에게 영향을 준다. '만약에' 연습의 일부는 이러한 선택들이 어떻게 파급되는지 상상하는 것이다. 이상적으로는, 당신의 삶에서 중요한 사람들도 이 게임에 포함할 수 있다. '만약 내가 직장을 그만두면 어떻게 될까?'는 '만약 직장을 그만두면 우리 가족은 어떻게 될까?'로 바꿀 수 있다.

———

이 장을 마무리하면서 격려의 말씀을 드리고 싶다. 변화는 가능하다. 그러나 실천하기는 어렵다. 왜냐하면 당신을 붙잡고 있는 것은 두려움이기 때문이다. 가진 것을 잃을까 봐 두렵고, 알수 없는 것들을 두려워하기 때문이다. 하지만 두려움이 당신의 서사를 바꾸는 것을 막지는 않는다. 인생은 일련의 사건들의 연속이지만, 당신은 나만의 서사를 통해 그것들을 재배치하고, 의미를 부여할 수 있다. 당신은 일련의 사건들을 통제할 수 없을지도 모르지만, 어떻게 이야기할지를 선택할 수는 있다.

18장
미래 방정식

이 책의 출발점에서, 나는 우리 모두에게는 자신의 세 가지 버전이 있다고 말했다. 과거의 당신, 현재의 당신, 그리고 미래의 당신이다. 시간이 흐르면서, 현재의 당신은 과거로 미끄러지고, 미래의 당신이 등장한다. 기차를 타는 것과 비슷하다. 현재의 당신은 승객 칸에 앉아 있고, 기차는 시간의 선로를 따라 질주한다. 당신의 관점에서 당신은 고정되어 있고, 움직이는 것은 창밖의 모든 것이다. 그래서 현재의 당신은 여기와 지금에 뿌리내린 것처럼 느낀다. 하지만 아인슈타인이 말했듯이, 그 모든 것은 관찰자의 위치에 따라 달라진다. 철길 건널목에서 차를 정차시켜 놓고 기다리는 사람의 눈에는, 움직이고 있는 것은 당신이다. 세상이 변하는 것이 아니라, 당신이 변하는 것이다.

이 책에서, 나는 과거의 당신, 현재의 당신, 그리고 미래의 당신이 전혀 다른 사람들이라고 주장했다. 물리적 수준에서 보더라도 몸의 분자 구성은 분마다, 날마다 바뀐다. 당신은 어제의 당신과 같은 사람이 아니다. 그럼에도 자신이 같은 사람이라는 망상을 유지할 수 있는 것은 오로지 우리 뇌가 만들어낸 서사를 통해서일뿐이다.

이런 가정을 받아들인다면, 서사는 단순히 뇌가 수행하는 계산의 한 종류라는 결론에 도달한다. 이러한 서사는 대부분 자동적으로 만들어진다. 일상에서 우리는 우리가 어제의 우리와 같은 사람인지 신경 쓰지 않는다. 이 책을 통해, 우리는 이런 자동화 과정이 작동하는 인지 과정들을 알아보았다. 뇌는 디지털 기록 장치가 아니기 때문에, 우리의 기억들은 압축된 형식으로 저장된다. 최초의 경험과 최초의 이야기는 모든 기억의 원형이 되며, 이후의 경험들은 이 원형을 기반으로 해석되고, 저장된다. 마찬가지로, 미래의 기대들은 현재로부터의 벗어남을 예측하기 위해 비슷한 뇌 메커니즘에 의존한다.

미래의 당신은 단일한 존재가 아니다. 미래를 정확히 알 수 있는 사람은 없다. 미래의 당신은 가능성의 집합이자 여러 궤적을 가진 가능성의 존재다. 우리는 압축, 예측, 해리라는 과정을 통해 어떤 미래를 선택할지 결정할 수 있다. 우리는 이미 머릿속에 인생의 가치에 상응하는 서사의 기본 함수들을 가지고 있다. 그러나 서사의 교체 과정은 반드시 느리고 신중해야 한다. 당신은 오래된 서사들을 새로운 것들로 대체하고, 오래된 것들이 상기되는 빈도를 줄일 수 있지만, 여기에는 노력과 시간이 필요하다. 그래서 이 마지막 장에서는, 그 방법에 대해 논의하고 싶다.

뇌 과학자가 제안하는 미래 설계법

미래를 생각하는 데는 한 가지 제약 사항이 있다. 미래도 우리의 기억에 의존한다. 2장에서, 나는 의미론적 기억(사실에 대한 지식)과 에피소드 기억(사건에 대한 지식)에 대해 말했다. 에피소드 기억은 종종 자기 전기적autobiographical이다. 앞에서 나는 다양한 실험 결과를 인용하며, 인간이 미래의 자신에 대해 생각하는 방식은 과거의 자신에 대해 생각하는 방식과 같은 '상상적인 관점'을 따른다고 설명했다. 연구자들은 이것을 에피소드 미래 사고episodic future thinking라고 부른다.[1] 에피소드 회상과 미래 시뮬레이션은 측두엽과 전전두엽 피질의 여러 신경 구조를 활성화한다. 미래가 어떻게 보일지 상상하는 것만으로도 시각 피질이 활성화된다.[2]

미래 시뮬레이션이 과거의 기억에 의존한다면, 우리는 이 과정을 통제할 수 있다. 지난 장에서, 나는 가능한 미래 서사를 구성하기 위한 광범위한 지침을 제시했다. 이 연습을 해보면 알겠지만 생각보다 쉽지 않다. 창의적인 사람도 과거의 경험에 의존하여 미래를 구성한다. 그러나 과거의 기억은 제한이 아니라 미래를 상상하는 데에 지렛대가 될 수 있다. 하버드대학교 기억 과학자 다니엘 샤크터는 에피소드 특이성 유도Episodic Specificity Induction, ESI라고 부르는 접근법을 주장했다. 반 정형 인터뷰semistructured interview를 사용하여, ESI는 사람들이 과거 경험의 구체적인 세부 사항을 상기하도록 안내한다. 그다음, 그들은 미래에 대해 무언가를 상상하도록 요청받는다. 유도 과정은 그들이 상상하는 것이 무엇이든 더 풍부한 설명을 끌어낸다.[3] 다시 말해서, 미래는 과거로부터 시작한다. 미래의 당신을 상상하려면, 과거의 기억 속으로 내려가야 한다.

과거에 완전히 자신감 있게 행동할 수 있었던 상황을 떠올려 보라. 그 상황이란 사람들의 평가도 없고, 자신을 의심하는 내면의 대화도 없는, 자신의 삶에 만족했던 순간이다. 내 경우에는, 젊은 성인기의 기억들을 떠올릴 수 있다. 나는 대학원 시절, 해부학 건물의 지하에서 열심히 연구했다. 매일매일이 과로의 연속이었던 박사과정 학생이었지만, 인체의 생체역학을 탐구하기 위해 로봇 장치를 만드는 데에 완전히 몰두했었다. 이처럼 내가 완전히 빠져들었던 모든 기억은 과학적인 질문에 대한 답을 찾기 위해 호기심을 자유롭게 풀어둔 활동과 관련되어 있다. 호기심이 나의 본질이었다.

이때, 단순히 추억에 잠겨서는 안 된다. 샤크터의 연구에 따르면, 특정한 기억들을 활성화함으로써 매우 세부적으로 미래의 궤적을 상상할 준비를 할 수 있다. 다시 말해서, 미래를 바라보고 안갯속에 가려진 것만 보는 것보다, 과거의 기억들의 버전을 미래의 당신에게 이식해야 한다.

여기에 더해 당신은 가능한 미래의 후회들을 고려해야 한다. 이것은 결코 선형적인 과정이 아니다. 최고의 자신을 대표하는 기억을 떠올리려고 노력해야 한다. 그러나 아직 미래를 만드는 것을 강요하지 마라. 그것은 강요한다고 떠오르는 것이 아니라 어느 순간 찾아올 것이다. 이때 운동이 도움이 된다. 운동은 일상적인 잡물들로부터 마음을 비우는 좋은 방법이다. 그래서 우리는 종종 운동하면서 최고의 아이디어를 얻는다. 운동화를 끈으로 묶기 전에 생각할 주제를 준비하는 것만으로도 충분하다. 나머지는 당신의 마음이 비워질 때 찾아올 것이다.

갑자기 찾아온 아이디어를 기억하는 것은 언제나 쉽지 않은 일이다. 운동을 마치자마자, 머리는 현재로 돌아오고 창의적인 생각들은 피부에서 땀처럼 떨어져 나간다. 달리는 동안은 가장 훌륭한 통찰력이 발휘되는 것 같은데, 샤워를 끝내자마자 그 생각들은 배수구로 사라져 버린다. 그래서 내 경우에는 스마트폰을 들고 다닌다. 달리는 중에 아이디어가 떠오르면, 멈추고 음성 메모를 한다. 대부분은 어리석은 아이디어들이지만, 적어도 샤워와 함께 사라지지는 않는다.

창의적인 사고를 자극하기 위한 방편으로 운동을 열렬히 지지하지만, 둘 사이의 분명한 연관성을 밝힌 연구는 별로 없다.[4] 운동이 당신에게 도움이 된다면 좋다. 그렇지 않다면, 신경 쓰지 마라. 물론, 약물을 쓸 수도 있지만, 분명한 위험성 때문에 권장하기 어렵다.[5]

미래 방정식

목표가 예술 작품이 아니라 미래의 자신을 상상하는 것이란 점을 기억하자. 과정은 이렇다. 먼저 좋은 기억을 선택적으로 회상한다. 운동이나 다른 방법으로 마음을 비우고 머릿속에 떠오르는 아이디어를 메모 형태로 기록한다. 이 과정은 미래의 자신'들'에 대해 만화경처럼 다양한 모습을 보여줄 것이다.

미래는 알 수 없기 때문에, 미래의 나는 시각적 단편 조각, 즉 희미한 이미지의 콜라주와 크게 다르지 않을 것이다. 괜찮다. 그 이미지 중 하나를 잡아서 머릿속에 그려보자. 이때 눈에 띄는 것이 무엇인지 주목하자. 당신은 어디에 있나? 혼자인가 아니면 누군가와 함께인가? 무엇을 하고 있나? 이것은 내가 지난 장에서 설명한 서사 브레인스토밍이다. 줄거리를 만드는 대신, 이 과정은 선택적인 기억의 회상에 기반하여 미래 이미지를 만들어 낸다. 충분히 오래 기억할 수 있다면, 거기에 도달하는 방법에 대해 생각할 수 있다.

현재의 당신과 미래의 당신들은 어쩌면 그 차이가 매우 클 수 있다. 그래서 목표로 한 미래의 당신을 머릿속에 확정하면, 온 몸으로 공포를 느낄 수 있다. 그러나 이는 제대로 가고 있다는 증거다. 이 때, 이야기를 나눌 누군가가 있다면 공포를 극복하는데 도움이 된다. 알 수 없는 것에 대한 두려움은 우리를 마비시키는 힘이 있다. 경제학자들은 이것을 모호성 회피ambiguity aversion라고 부르는데, 인간은 불완전한 정보에 대해 태생적 혐오감을 가지고 있다.

알 수 없는 것에 대한 두려움을 극복할 수 있는 유일한 방법은 포커 토너먼트에서 우승한 인공지능의 알고리즘을 따르는 것이다. 즉, 반사실적 후회 최소화counterfactual regret minimization, CFR가 필요하다. 16장에서 소개한 이 알고리즘은 가능한 한 많은 미래의 가능성을 모델링하고 후회할 가능성을 최소화하는 행동 방식을 선택한다.

미래 버전에 대해 생각할 때, 두 가지 가능성을 고려해야 한다. 즉, 현재의 삶의 궤도를 유지하거나 상상한 미래의 자신에게 가까워지는 것. 이를 구체적으로 나누면, 그림 9의 의사결정 행렬decision-making matrix을 만들 수 있다.

이 행렬에는 두 가지 차원이 있다. 첫 번째는 '행동의 선택'이다. 현재의 삶의 궤도를 유지하거나 상상한 것으로 바꾸는 것이다. 두 번째 차원은 '세상의 상태'이다. 이것은 미래의 어느 시점에서 세계가 어떻게 될지를 나타낸다. 여기에는 무한한 수의 가능성이 있다. 극단적으로 소행성이 인류를 멸망시킬 수도 있다.

행동의 선택		세상의 상태	
		A	B
	유지한다	더 좋다(유지한다)	더 나쁘다(유지한다)
	바꾼다	더 나쁘다(바꾼다)	더 좋다(바꾼다)

그림 9. 의사결정 행렬

그렇다면 이 연습은 아무 의미가 없다. 하지만 단순화하기 위해, 나는 A와 B라고 표시한 세상의 두 가지 버전을 고려해 보겠다.

A 버전에서는 현재의 궤도를 유지하는 것이 더 낫다. B 버전에서는 바꾸는 것이 더 낫다. 두 세계가 발생할 가능성이 같다면, 우리는 더 나쁜 가능성만 피하면 된다. 만약 당신이 길을 바꾸기로 하고, 결국 A 세계에 놓이게 되면, 당신은 현재의 길을 유지했던 것보다 나쁠 결과를 얻게 된다. 마찬가지로 만약 당신이 현재 상태를 유지하기로 결정했는데, 세계가 B로 끝나게 되면, 이 역시 나쁜 결과로 이어진다. CFR은 우리에게 가장 나쁘지 않은 가능성을 선택하라고 말한다. 이것이 후회할 확률을 최소화하는 방법이다. 물론 이 방법이 최선의 결과를 보장하지는 않는다. 그저 '당신의 선택을 후회할 확률'이 줄어든다는 것을 의미한다.

이는 역설적으로 들린다. 나는 더 나은 미래로 가는 길을 머릿속에 떠올리면서 미래 자신들의 다중 우주를 상상하라고 말하고 싶다. 그러나 내가 방금 설명한 알고리즘은 최악의 결과에 중심을 두고 있으며, 그것을 회피하는 결정을 내리는 것이 목표다. 후회에는 행한 것과 행하지 않은 것, 두 가지 종류가 있다. 어떤 것이 더 나쁜지는 오직 당신만이 결정할 수 있다. 평균적으로, 행위의 후회는 즉각적이고 단기적이다. 행하지 않은 것의 후회는 천천히 나타나지만 시간이 지날수록 커진다.

나는 의사결정 수업에서 대학생들에게 후회 최소화 전략을 가르치고 있다. 많은 학생이 삶의 갈림길에 서 있고, 직업 선택에 몰두한다. 개 중에는 잘못된 선택을 할까 봐 무서워 그만 마비된 학생들도 있다. 후회 최소화는 이 마비 상태에 대한 치료제를 제공한다. 나는 학생들에게 4년 후의 자신이 지금 순간을 돌아보는 것을 상상하게 한다. 그리고 미래의 자산이 후회하지 않을 길을 택해라고 조언한다.

———

드디어 여정의 끝에 다다랐다. 내가 당신에게 여러 가지 버전의 자신이 있고, 그들이 항상 거기에 있었다는 것을 설득했기를 바란다. 이 문장의 힘을 깨닫게 되면, 새로운 서사를 창조할 수 있는 능력이 당신 앞에 열린다.

당신이 말하는 서사가 곧 당신이다.

당신이 이야기꾼이라는 것을 기억하는 한, 당신은 줄거리를 통제할 수 있다. 당신은 부지런해야 한다. 오래된 서사를 지울 수는

없지만, 당신이 원하는 것과 더 밀접하게 일치하는 다른 서사를
소비함으로써 그것들을 대체할 수 있다.

당신이 먹는 것이 곧 당신이다.

셰익스피어의 연극 〈템페스트The Tempest〉의 마지막을 인용하며
글을 마무리한다. 프로스페로는 딸과 함께 12년 동안 섬에 갇혀
있었다. 그는 자신과 딸을 구해준 알론소에게 자신이 어떻게 살
아왔는지 말해주겠다고 약속한다. 알론소는 대답한다.

"당신 삶의 이야기를 듣고 싶습니다. 그게 내 귀에 이상하게
들려야만 해요."

당신의 삶을 살아가라. 이상한 이야기를 말하라.

나는
기차에서 내리기로 했다

이제 헤어져야 할 시간이다. 여정을 함께 해줘서 고맙다. 나와 함께 보낸 시간이 값진 경험이었기를 바란다. 그러나 저자와 독자는 책에 대해 매우 다른 시간적 관계를 맺고 있다.

당신이 책을 훑어보았다면, 이 책과 한 시간이나 두 시간 정도 보냈을 것이고, 처음부터 끝까지 읽었다면, 아마 여섯 시간 정도 걸렸을 것이다. 아마 며칠이나 몇 주에 걸쳐 이 책을 탐독한 이들도 있을 수 있다. 그러나 그 시간들은 모두 삶의 한순간일 뿐이다. 하지만 내 관점에서는, 나는 이 책과 두 해 이상을 함께 살았다. 2019년 중반에 책 작업을 시작했고, 2020년과 2021년에 연구를 병행하며 글을 썼다. 그 사이에 코로나 팬데믹이 찾아왔다.

미래의 역사가들은 코로나 시대를 1918년 스페인 독감 유행과 마찬가지로, 특별한 시간대의 사건으로 기록할 지도 모르겠다. 그러나 그 시간을 보낸 우리에게는 그렇지 않았다. 코로나는 여러 해에 걸쳐(2019년, 2020년, 2021년, 2022년) 진행된 연속된 사건이다. 이 시기를 지나온 이들이라면, 시간 감각이 혼란스러워진 경험을 했을 것이다. 나는 때때로 사실은 두 해 전에 일어난 일이었는데 작년에 일어난 일이라고 말하다가 자신을 꾸짖곤 했다. 마치 시간 자체가 붕괴한 것처럼 말이다.

왜 그런지 알 것 같다. 이 책의 제1부에서 나는 우리의 기억이 사건들의 연속으로 구분되어 인코딩 된다는 연구를 인용했다. 사건들 사이의 공백, 즉 아무 일도 일어나지 않는 시간은 압축 과정에서 붕괴한다. 나를 포함한 많은 사람이 코로나 시대를 컴퓨터 앞에서, 집에서 일하면서 보냈다. 거기서는 아무 일도 일어나지 않았다. 환경은 변하지 않았다. 그래서 시간이 붕괴한 것 같은 느낌은 놀라운 일이 아니다. 서지 않는 기차에 탄 것과 같았다.

코로나가 안정되고 1년이 지나고 나서야 나는 기차에서 내려야 한다는 것을 깨달았다. 나와 아내는 자식들이 독립시키고, 집을 팔아 농장을 사서 시골로 이사했다. 우리는 우리의 서사를 한순간에 바꿨다. 우리는 다른 사람이 되기로 선택했다. 어떻게 오늘은 최고의 라면을 어디서 먹을지 고민하던 사람이 닭과 소를 기르고 비가 올지 걱정하는 농부가 될 수 있었을까? 그 답은 이 책에 담겨 있다.

나는 미래의 자신을 상상했다. 내가 가던 길을 계속 가면, 결국 진짜 후회할 가능성이 있다고 예견했다. 우리 부부는 농업에 대해 아는 것이 거의 없었지만, 늘 해왔던 일을 계속하는 것이 새로운 일에 도전하다 극적으로 실패하는 것보다 훨씬 더 두려웠다.

이 책을 쓰기 시작한 사람과 맺음말을 쓰는 사람은 전혀 다른 사람이다. 그렇다면 이 책은 여러 명의 저자가 쓴 것인가? 여기까지 읽었다면 답은 '그렇다'임을 알고 있을 것이다. 그들은 우연히 같은 이름을 가지고 있고, 약간의 주름과 백발을 빼고는 똑같아 보인다. 이 책이 서점에 나올 때쯤, 저자는 또 다른 사람이 되어 있을 것이다. 그래서 공항에서 저자와 닮은 사람을 만난다면, 그는 이 책을 설명하는 데에 힘들어 할 수 있다. 결국 그에게는 과거의 일이고, 그는 아마 자신의 미래에 대해 생각하고 있을 것이다.

주석

머리말

1 David J. Chalmers, *The Conscious Mind: In Search of a Fundamental Theory* (New York: Oxford University Press, 1996).

2 Stephen King, *On Writing: A Memoir of the Craft* (New York: Scribner, 2000).

3 Untitled section written by "The Editor's Editor," *The Editor: The Journal of Information for Literary Workers 45, no. 4* (February 24, 1917): 175, 176. Edited by William R. Kane, published by The Editor Company, Ridgewood, NJ.

4 H. Porter Abbott, *The Cambridge Introduction to Narrative*, 3rd ed. (Cambridge: Cambridge University Press, 2021).

1장

1 Roger Brown and James Kulik, "Flashbulb Memories," *Cognition 5*, no. 1 (1977): 73-99.

2 William Hirst, Elizabeth A. Phelps, Robert Meksin, Chandan J. Vaidya, Marcia K. Johnson, Karen J. Mitchell, Randy L. Buckner, et al., "A TenYear Follow-Up of a Study of Memory for the Attack of September 11, 2001: Flashbulb Memories and Memories for Flashbulb Events," *Journal of Experimental Psychology: General* 144, no. 3 (2015): 604-623.

2장

1 Larry R. Squire and Stuart Zola-Morgan, "Memory: Brain Systems and Behavior," *Trends in Neurosciences* 11, no. 4 (1988): 170-175; Larry R. Squire, "Memory Systems of the Brain: A Brief History and Current Perspective,"

Neurobiology of Learning and Memory 82, no. 3 (2004): 171–177.

2 Michael D. Rugg, Jeffrey D. Johnson, Heekyeong Park, and Melina R. Uncapher, "Encoding-Retrieval Overlap in Human Episodic Memory: A Functional Neuroimaging Perspective," *Progress in Brain Research* 169 (2008): 339–352.

3 Catherine Lebel and Christian Beaulieu, "Longitudinal Development of Human Brain Wiring Continues from Childhood into Adulthood," Journal of Neuroscience 31, no. 30 (2011): 10937–10947; Jessica Dubois, Ghislaine Dehaene-Lambertz, Muriel Perrin, Jean-François Mangin, Yann Cointepas, Edouard Duchesnay, Denis Le Bihan, and Lucie Hertz-Pannier, "Asynchrony of the Early Maturation of White Matter Bundles in Healthy Infants: Quantitative Landmarks Revealed Noninvasively by Diffusion Tensor Imaging," *Human Brain Mapping* 29, no. 1 (2008): 14–27.

4 Robyn Fivush and Nina R. Hamond, "Autobiographical Memory Across the Preschool Years: Toward Reconceptualizing Childhood Amnesia," in *Knowing and Remembering in Young Children*, ed. Robyn Fivush and Judith A. Hudson (Cambridge: Cambridge University Press, 1990), 223–248.

5 JoNell A. Usher and Ulric Neisser, "Childhood Amnesia and the Beginnings of Memory for Four Early Life Events," *Journal of Experimental Psychology: General* 122, no. 2 (1993): 155–165.

6 Emily Sutcliffe Cleveland and Elaine Reese, "Children Remember Early Childhood: Long-Term Recall Across the Offset of Childhood Amnesia," *Applied Cognitive Psychology* 22, no. 1 (2008): 127–142; Elaine Reese, Fiona Jack, and Naomi White, "Origins of Adolescents' Autobiographical Memories," *Cognitive Development* 25, no. 4 (2010): 352–367.

7 Reese, Jack, and White, "Origins of Adolescents' Autobiographical Memories," 364.

8 Susan Engel, *The Stories Children Tell: Making Sense of the Narratives of Childhood* (New York: Henry Holt and Company, 1995).

9 Engel, *Stories Children Tell*, 92.

10 Ernest Hemingway, *The Sun Also Rises* (New York: Scribner, 1926), 198.

3장

1 If technology ever allows consciousness to be downloaded into a computer, it will be, at best, a lo-fi facsimile of the person. Maybe it will be better than the memories we hold of each other or the stories that have been told through millennia, or maybe it will be just as compressed and artificial as a pixilated bitmap.

2 Frederic C. Bartlett, Remembering: *A Study in Experimental and Social Psychology* (Cambridge: Cambridge University Press, 1932).

3 Asaf Gilboa and Hannah Marlatte, "Neurobiology of Schemas and Schema-Mediated Memory," *Trends in Cognitive Sciences* 21, no. 8 (2017): 618 – 631.

4 Asaf Gilboa and Morris Moscovitch, "Ventromedial Prefrontal Cortex Generates Pre-Stimulus Theta Coherence Desynchronization: A Schema Instantiation Hypothesis," *Cortex* 87 (2017): 16 – 30.

5 Olivier Jeunehomme and Arnaud D'Argembeau, "Event Segmentation and the Temporal Compression of Experience in Episodic Memory," *Psychological Research* 84, no. 2 (2020): 481 – 490

4장

1 Daniel Kersten, Pascal Mamassian, and Alan Yuille, "Object Perception as Bayesian Inference," *Annual Review of Psychology* 55 (2004): 271 – 304; C. Alejandro Parraga, Tom Troscianko, and David J. Tolhurst, "The Human Visual System Is Optimised for Processing the Spatial Information in Natural Visual Images," *Current Biology* 10, no. 1 (2000): 35 – 38.

2 Gergő Orbán, Pietro Berkes, József Fiser, and Máté Lengyel, "Neural Variability and Sampling-Based Probabilistic Representations in the Visual Cortex," *Neuron* 92, no. 2 (2016): 530 – 543; Robbe L. T. Goris, J. Anthony Movshon, and Eero P. Simoncelli, "Partitioning Neuronal Variability," *Nature Neuroscience* 17, no. 6 (2014): 858 – 865; A. Aldo Faisal, Luc P. J. Selen, and Daniel M. Wolpert, "Noise in the Nervous System," *Nature Reviews Neuroscience* 9, no. 4 (2008): 292 – 303.

3 Adam N. Sanborn and Nick Chater, "Bayesian Brains Without Probabilities,"

Trends in Cognitive Sciences 20, no. 12 (2016): 883 –893.

4 Vincent Hayward, "A Brief Taxonomy of Tactile Illusions and Demonstrations That Can Be Done in a Hardware Store," *Brain Research Bulletin* 75, no. 6 (2008): 742 –752.

5 Rebecca Boehme, Steven Hauser, Gregory J. Gerling, Markus Heilig, and Håkan Olausson, "Distinction of Self-Produced Touch and Social Touch at Cortical and Spinal Cord Levels," *Proceedings of the National Academy of Sciences* 116, no. 6 (2019): 2290 –2299.

5장

1 Franco Bertossa, Marco Besa, Roberto Ferrari, and Francesca Ferri, "Point Zero: A Phenomenological Inquiry into the Seat of Consciousness," *Perceptual and Motor Skills* 107, no. 2 (2008): 323 –335; Jakub Limanowski and Heiko Hecht, "Where Do We Stand on Locating the Self?" *Psychology* 2, no. 4 (2011): 312; Christina Starmans and Paul Bloom, "Windows to the Soul: Children and Adults See the Eyes as the Location of the Self," *Cognition* 123, no. 2 (2012): 313 –318.

2 Lauri Nummenmaa, Riitta Hari, Jari K. Hietanen, and Enrico Glerean, "Maps of Subjective Feelings," *Proceedings of the National Academy of Sciences* 115, no. 37 (2018): 9198 –9203.

3 Hadley Cantril and William A. Hunt, "Emotional Effects Produced by Injection of Adrenalin," *American Journal of Psychology* 44 (1932): 300 –307.

4 Lisa Feldman Barrett, *How Emotions Are Made: The Secret Life of the Brain* (New York: Houghton Mifflin Harcourt, 2017).

5 Jaak Panksepp, *Affective Neuroscience: The Foundations of Human and Animal Emotions* (New York: Oxford University Press, 2004).

6 Jaak Panksepp, "The Basic Emotional Circuits of Mammalian Brains: Do Animals Have Affective Lives?" *Neuroscience & Biobehavioral Reviews* 35, no. 9 (2011): 1791 –1804.

7 Charles Darwin, *The Expression of the Emotions in Man and Animals* (London: John Murray, 1872).

8   Ralph Adolphs, "How Should Neuroscience Study Emotions? By Distinguishing Emotion States, Concepts, and Experiences," *Social Cognitive and Affective Neuroscience* 12, no. 1 (2017): 24–31.

9   Shaun Gallagher, "Philosophical Conceptions of the Self: Implications for Cognitive Science," *Trends in Cognitive Sciences* 4, no. 1 (2000): 14–21; Jakob Hohwy, "The Sense of Self in the Phenomenology of Agency and Perception," *Psyche* 13, no. 1 (2007): 1–20.

10 Matthew Botvinick and Jonathan Cohen, "Rubber Hands 'Feel' Touch That Eyes See," *Nature* 391, no. 6669 (1998): 756.

11 Sandra Blakeslee and Matthew Blakeslee, *The Body Has a Mind of Its Own: How Body Maps in Your Brain Help You Do (Almost) Everything Better* (New York: Random House, 2007).

12 Daniel C. Dennett, *Consciousness Explained* (Boston: Little, Brown, 1991).

13 Georg Northoff, Alexander Heinzel, Moritz De Greck, Felix Bermpohl, Henrik Dobrowolny, and Jaak Panksepp, "Self-Referential Processing in Our Brain—a Meta-Analysis of Imaging Studies on the Self," Neuroimage 31, no. 1 (2006): 440–457; Jie Sui and Glyn W. Humphreys, "The Integrative Self: How Self-Reference Integrates Perception and Memory," *Trends in Cognitive Sciences* 19, no. 12 (2015): 719–728.

14 Marcus E. Raichle, "The Brain's Default Mode Network," *Annual Review of Neuroscience* 38 (2015): 433–447.

15 Michael D. Greicius, Vesa Kiviniemi, Osmo Tervonen, Vilho Vainionpää, Seppo Alahuhta, Allan L. Reiss, and Vinod Menon, "Persistent Default–Mode Network Connectivity During Light Sedation," *Human Brain Mapping* 29, no. 7 (2008): 839–847

16 Mihaly Csikszentmihalyi, Flow: *The Psychology of Optimal Experience* (New York: Harper & Row, 1990).

17 Anil K. Seth and Karl J. Friston, "Active Interoceptive Inference and the Emotional Brain," *Philosophical Transactions of the Royal Society B: Biological Sciences* 371, no. 1708 (2016): 20160007.

18 Rosa Lafer-Sousa, Katherine L. Hermann, and Bevil R. Conway, "Striking Individual Differences in Color Perception Uncovered by 'the Dress'

Photograph," *Current Biology* 25, no. 13 (2015): R545 – R546.

6장.

1 Morton Prince, *The Dissociation of a Personality. A Biographical Study in Abnormal Psychology* (New York: Longmans, Green, 1906).

2 Pierre Janet, *The Major Symptoms of Hysteria. Fifteen Lectures Given in the Medical School of Harvard University* (New York: Macmillan Company, 1907).

3 Henri Frédéric Ellenberger, "The Story of 'Anna O': A Critical Review with New Data," *Journal of the History of the Behavioral Sciences* (1972).

4 Ellenberger cites Jung, "Notes on the Seminar in Analytical Psychology Conducted by C. G. Jung" (unpublished typescript, Zurich, March 23 – July 6, 1925). Arranged by Members of the Class, Zurich, 1926.

5 Ernest Jones, *The Life and Work of Sigmund Freud*, Vol. I (New York: Basic Books, 1953). The pseudonym was made by shifting the initials of the patient from B. P. to A. O.

6 Corbett H. Thigpen and Hervey Cleckley, "A Case of Multiple Personality," *Journal of Abnormal and Social Psychology* 49, no. 1 (1954): 135.

7 Debbie Nathan, *Sybil Exposed: The Extraordinary Story Behind the Famous Multiple Personality Case* (New York: Simon & Schuster, 2011).

8 Nathan, *Sybil Exposed*, 88.

9 Nathan, *Sybil Exposed*, Introduction.

10 Y. A. Aderibigbe, R. M. Bloch, and W. R. Walker, "Prevalence of Depersonalization and Derealization Experiences in a Rural Population," *Social Psychiatry and Psychiatric Epidemiology* 36, no. 2 (2001): 63 – 69.

11 Steven Jay Lynn, Scott O. Lilienfeld, Harald Merckelbach, Timo Giesbrecht, and Dalena van der Kloet, "Dissociation and Dissociative Disorders: Challenging Conventional Wisdom," *Current Directions in Psychological Science* 21, no. 1 (2012): 48 – 53.

7장.

1 Gregory Berns, *How Dogs Love Us: A Neuroscientist and His Adopted Dog Decode the Canine Brain* (New York: Houghton Mifflin Harcourt, 2013); Gregory Berns, *What It's Like to Be a Dog: And Other Adventures in Animal Neuroscience* (New York: Basic Books, 2017).

2 Stuart A. Vyse, *Believing in Magic: The Psychology of Superstition*, updated ed. (Oxford: Oxford University Press, 2013), 81.

3 J. L. Evenden and T. W. Robbins, "Win-Stay Behaviour in the Rat," *Quarterly Journal of Experimental Psychology Section B* 36, no. 1b (1984): 1–26.

4 Burrhus Frederic Skinner, "'Superstition' in the Pigeon," *Journal of Experimental Psychology* 38, no. 2 (1948): 168.

5 Gregory A. Wagner and Edward K. Morris, "'Superstitious' Behavior in Children," *Psychological Record* 37, no. 4 (1987): 471–488.

6 Koichi Ono, "Superstitious Behavior in Humans," *Journal of the Experimental Analysis of Behavior* 47, no. 3 (1987): 261–271.

7 Vyse, *Believing in Magic*, 135.

8 Events reconstructed from the following sources: "Nun's 1960 Recovery May Answer Prayers for Serra's Sainthood," by Mark I. Pinsky, *Los Angeles Times*, August 4, 1987; "Focus Now Shifts to Canonization of Serra," by Mark I. Pinsky, Los Angeles Times, October 1, 1988; "Catholic Down to the Bootstraps," by Anne Knight, Los Angeles Lay Catholic Mission, 1998.

9 Sue Ellen Wilcox, "Behind Every Saint Sister Boniface Meets with Pope John Paul II in Rome," *Chicago Heights Star*, November 12, 1987.

10 "Serra's Miracle Nun" (interview with Sister Boniface Dyrda), filmed by KGO-TV (ABC7), September 15, 1988, YouTube video, 4:30, www.youtube.com/watch?v=aRBSc7mL6cU (10/24/2019).

11 Francisco Palóu, *Life of Fray Junípero Serra*, Vol. 3 (Washington, DC: Academy of American Franciscan History, 1955).

12 M. I. Pinksy, "Focus Now Shifts to Canonization of Serra," *Los Angeles Times*, October 1, 1988.

8장.

1　Vladimir Iakovlevich Propp, *Morphology of the Folktale*, trans. Laurence Scott. Vol. 9 (Austin: University of Texas Press, 1968).

2　Joseph Campbell, *The Hero with a Thousand Faces*, Vol. 17 (Novato, CA: New World Library, 2008). Because Propp's book wasn't translated into English until 1958, Campbell's work had been out for almost a decade before most people learned of Propp.

3　Gerald I. Davis, *Gilgamesh: The New Translation* (Bridgeport, CT: Insignia Publishing, 2014).

4　Andrew J. Reagan, Lewis Mitchell, Dilan Kiley, Christopher M. Danforth, and Peter Sheridan Dodds, "The Emotional Arcs of Stories Are Dominated by Six Basic Shapes," *EPJ Data Science* 5, no. 1 (2016): 1–12.

5　Rahav Gabay, Boaz Hameiri, Tammy Rubel-Lifschitz, and Arie Nadler, "The Tendency for Interpersonal Victimhood: The Personality Construct and Its Consequences," *Personality and Individual Differences* 165 (2020): 110134.

6　Jeffrey A. Bridge, Joel B. Greenhouse, Donna Ruch, Jack Stevens, John Ackerman, Arielle H. Sheftall, Lisa M. Horowitz, Kelly J. Kelleher, and John V. Campo, "Association Between the Release of Netflix's 13 Reasons Why and Suicide Rates in the United States: An Interrupted Time Series Analysis," *Journal of the American Academy of Child & Adolescent Psychiatry* 59, no. 2 (2020): 236–243.

7　Daniel Romer, "Reanalysis of the Bridge et al. Study of Suicide Following Release of *13 Reasons Why*," *PLoS One* 15, no. 1 (2020): e0227545.

9장.

1　Jean-Jacques Rousseau, *A Discourse on Inequality* (London: Penguin, 1985). But also see: Adam Smith, *The Theory of Moral Sentiments*, Vol. 1 (London: J. Richardson, 1822).

2　David Hume, *A Treatise of Human Nature* (Mineola, NY: Dover Publications, 2003). Also: Brian Skyrms, *The Stag Hunt and the Evolution of Social Structure* (Cambridge: Cambridge University Press, 2004).

3   Daniel C. Dennett, "The Self as the Center of Narrative Gravity," in *Self and Consciousness: Multiple Perspectives*, ed. Frank S. Kessel, Pamela M. Cole, Dale L. Johnson, and Milton D. Hakel (Hillsdale, NJ: Lawrence Erlbaum, 1992), 103-115; Simon Baron-Cohen, "The Autistic Child's Theory of Mind: A Case of Specific Developmental Delay," *Journal of Child Psychology and Psychiatry* 30, no. 2 (1989): 285-297.

4   Helen L. Gallagher and Christopher D. Frith, "Functional Imaging of 'Theory of Mind,'" *Trends in Cognitive Sciences* 7, no. 2 (2003): 77-83; Sara M. Schaafsma, Donald W. Pfaff, Robert P. Spunt, and Ralph Adolphs, "Deconstructing and Reconstructing Theory of Mind," *Trends in Cognitive Sciences* 19, no. 2 (2015): 65-72.

5   W. Gavin Ekins, Ricardo Caceda, C. Monica Capra, and Gregory S. Berns, "You Cannot Gamble on Others: Dissociable Systems for Strategic Uncertainty and Risk in the Brain," *Journal of Economic Behavior & Organization* 94 (2013): 222-233.

6   Birgit A. Völlm, Alexander N. W. Taylor, Paul Richardson, Rhiannon Corcoran, John Stirling, Shane McKie, John F. W. Deakin, and Rebecca Elliott, "Neuronal Correlates of Theory of Mind and Empathy: A Functional Magnetic Resonance Imaging Study in a Nonverbal Task," *NeuroImage* 29, no. 1 (2006): 90-98

10장.

1   Solomon E. Asch, "Effects of Group Pressure Upon the Modification and Distortion of Judgments," in *Groups, Leadership and Men: Research in Human Relations*, ed. Harold Guetzkow (Pittsburgh, PA: Carnegie Press, 1951).

2   Gregory S. Berns, Jonathan Chappelow, Caroline F. Zink, Giuseppe Pagnoni, Megan E. Martin-Skurski, and Jim Richards, "Neurobiological Correlates of Social Conformity and Independence During Mental Rotation," *Biological Psychiatry* 58, no. 3 (2005): 245-253.

3   Stanley Milgram, "Behavioral Study of Obedience," *Journal of Abnormal and Social Psychology* 67, no. 4 (1963): 371-378.

4 The experiments were replicated in the modern era in Poland. Dariusz Dolin ´ ski, Tomasz Grzyb, Michał Folwarczny, Patrycja Grzybała, Karolina Krzyszycha, Karolina Martynowska, and Jakub Trojanowski, "Would You Deliver an Electric Shock in 2015? Obedience in the Experimental Paradigm Developed by Stanley Milgram in the 50 Years Following the Original Studies," *Social Psychological and Personality Science* 8, no. 8 (2017): 927 – 933.

5 Daniel Kahneman and Amos Tversky, "Prospect Theory: An Analysis of Decision Under Risk," *Econometrica* 47, no. 2 (1979): 263 – 292.

6 Jan B. Engelmann, C. Monica Capra, Charles Noussair, and Gregory S. Berns, "Expert Financial Advice Neurobiologically 'Offloads' Financial Decision-Making Under Risk," *PLoS One* 4, no. 3 (2009): e4957.

7 The strategy is called "satisficing." Herbert A. Simon, "Rational Choice and the Structure of the Environment," *Psychological Review* 63, no. 2 (1956): 129 – 138.

8 James Surowiecki, *The Wisdom of Crowds: Why the Many Are Smarter Than the Few and How Collective Wisdom Shapes Business, Economies, Societies and Nations* (New York: Doubleday, 2004).

9 Francis Galton, "Vox Populi (the Wisdom of Crowds)," *Nature* 75, no. 7 (1907): 450 – 451.

10 Guido Biele, Jörg Rieskamp, Lea K. Krugel, and Hauke R. Heekeren, "The Neural Basis of Following Advice," *PLoS Biology* 9, no. 6 (2011): e1001089.

11 Morton Deutsch and Harold B. Gerard, "A Study of Normative and Informational Social Influences upon Individual Judgment," *Journal of Abnormal and Social Psychology* 51, no. 3 (1955): 629 – 636; Robert B. Cialdini and Noah J. Goldstein, "Social Influence: Compliance and Conformity," *Annual Review of Psychology* 55 (2004): 591 – 621.

12 Not all researchers agree with this logic. The weakness in my argument is its presumed dependence on identifying a specific cognitive process from the pattern of brain activity. Russ Poldrack, a professor at Stanford and one of the early pioneers in brain imaging, wrote an influential paper about the difficulty in deducing mental processes from brain activity (Russell A.

Poldrack, "Can Cognitive Processes Be Inferred from Neuroimaging Data?" *Trends in Cognitive Sciences* 10, no. 2 [2006]: 59–63). He argued that because the brain is so interconnected, individual parts may have more than one function. So, what an individual region is doing at any one time depends not only on its own activity but also on what other connected regions are doing. Because of this interconnectedness, Poldrack said one can't infer a mental process from activity in a single region by itself. He called the problem "reverse inference." Poldrack, though, created a potential solution by collecting thousands of fMRI experiments into a database called Neurosynth. We can now search the database by cognitive process to see which brain regions are associated with specific psychological terms. And we can search it in reverse inference mode to see the probability that a particular region is associated with a particular psychological term.

13 Gregory S. Berns, C. Monica Capra, Sara Moore, and Charles Noussair, "Neural Mechanisms of the Influence of Popularity on Adolescent Ratings of Music," *NeuroImage* 49, no. 3 (2010): 2687–2696.

14 Daniel K. Campbell-Meiklejohn, Dominik R. Bach, Andreas Roepstorff, Raymond J. Dolan, and Chris D. Frith, "How the Opinion of Others Affects Our Valuation of Objects," *Current Biology* 20, no. 13 (2010): 1165–1170.

15 Jamil Zaki, Jessica Schirmer, and Jason P Mitchell, "Social Influence Modulates the Neural Computation of Value," *Psychological Science* 22, no. 7 (2011): 894–900; Vasily Klucharev, Kaisa Hytönen, Mark Rijpkema, Ale Smidts, and Guillén Fernández, "Reinforcement Learning Signal Predicts Social Conformity," *Neuron* 61, no. 1 (2009): 140–151.

16 Hilke Plassmann, John O'Doherty, Baba Shiv, and Antonio Rangel, "Marketing Actions Can Modulate Neural Representations of Experienced Pleasantness," *Proceedings of the National Academy of Sciences* 105, no. 3 (2008): 1050–1054; Mirre Stallen, Nicholas Borg, and Brian Knutson, "Brain Activity Foreshadows Stock Price Dynamics," *Journal of Neuroscience* 41, no. 14 (2021): 3266–3274.

17 Technically, log(sales).

18 Sharad Goel, Jake M. Hofman, Sébastien Lahaie, David M. Pennock, and

Duncan J. Watts, "Predicting Consumer Behavior with Web Search," *Proceedings of the National Academy of Sciences* 107, no. 41 (2010): 17486 – 174.

11장.

1 Moin Syed and Kate C. McLean, "Erikson's Theory of Psychosocial Development," in *The Sage Encyclopedia of Intellectual and Developmental Disorders*, ed. Ellen Braaten (Los Angeles: SAGE Publications, 2018), 577 – 581.

2 Jesse Graham and Jonathan Haidt, "Sacred Values and Evil Adversaries: A Moral Foundations Approach," in *The Social Psychology of Morality: Exploring the Causes of Good and Evil*, ed. Mario Mikulincer and Phillip R. Shaver (Washington, DC: American Psychological Association, 2012), 11 – 31.

3 William D. Casebeer, "Moral Cognition and Its Neural Constituents," *Nature Reviews Neuroscience* 4, no. 10 (2003): 840 – 846.

4 Jeremy Bentham, *The Principles of Morals and Legislation* (1780; repr., Amherst, NY: Prometheus Books, 1988); John Stuart Mill, Utilitarianism, 4th ed. (London: Longmans, Green, Reader, and Dyer, 1871).

5 Immanuel Kant, *Groundwork of the Metaphysics of Morals* (1785; repr., Toronto: Broadview Press, 2005).

6 Gordon M. Becker, Morris H. DeGroot, and Jacob Marschak, "Measuring Utility by a Single-Response Sequential Method," *Behavioral Science* 9, no. 3 (1964): 226 – 232.

7 The full list of statements can be found in the supplementary information of our paper: Gregory S. Berns, Emily Bell, C. Monica Capra, Michael J. Prietula, Sara Moore, Brittany Anderson, Jeremy Ginges, and Scott Atran, "The Price of Your Soul: Neural Evidence for the Non-Utilitarian Representation of Sacred Values," *Philosophical Transactions of the Royal Society* B: Biological Sciences 367, no. 1589 (2012): 754 – 762.

8 Jamil P. Bhanji, Jennifer S. Beer, and Silvia A. Bunge, "Taking a Gamble or Playing by the Rules: Dissociable Prefrontal Systems Implicated in Probabilistic Versus Deterministic Rule-Based Decisions," *NeuroImage* 49,

no. 2 (2010): 1810−1819; Jonathan D. Wallis, Kathleen C. Anderson, and Earl K. Miller, "Single Neurons in Prefrontal Cortex Encode Abstract Rules," *Nature* 411, no. 6840 (2001): 953−956.

9   Liane Young, Joan Albert Camprodon, Marc Hauser, Alvaro PascualLeone, and Rebecca Saxe, "Disruption of the Right Temporoparietal Junction with Transcranial Magnetic Stimulation Reduces the Role of Beliefs in Moral Judgments," *Proceedings of the National Academy of Sciences* 107, no. 15 (2010): 6753−6758.

10 Melanie Pincus, Lisa LaViers, Michael J. Prietula, and Gregory Berns, "The Conforming Brain and Deontological Resolve," *PLoS One* 9, no. 8 (2014): e106061.

12장.

1   "Assault or Homicide," Centers for Disease Control and Prevention, www. cdc.gov/nchs/fastats/homicide.htm, updated January 5, 2022, accessed January 6, 2022. This figure does not include killings by police.

2   Deborah W. Denno, "Revisiting the Legal Link Between Genetics and Crime," *Law and Contemporary Problems* 69, nos. 1/2 (2006): 209−257.

3   Han G. Brunner, M. Nelen, X. O. Breakefield, H. H. Ropers, and B. A. Van Oost, "Abnormal Behavior Associated with a Point Mutation in the Structural Gene for Monoamine Oxidase A," *Science* 262, no. 5133 (1993): 578−580.

4   Nigel Eastman and Colin Campbell, "Neuroscience and Legal Determination of Criminal Responsibility," *Nature Reviews Neuroscience* 7, no. 4 (2006): 311−318.

5   Charles Darwin, *The Expression of the Emotions in Man and Animals* (London: John Murray, 1872).

6   More recently, some researchers have questioned the universality of emotional expression. See: Lisa Feldman Barrett, *How Emotions Are Made: The Secret Life of the Brain* (New York: Houghton Mifflin Harcourt, 2017).

7   Paul Ekman, Wallace V. Friesen, Maureen O'Sullivan, Anthony Chan, Irene Diacoyanni-Tarlatzis, Karl Heider, Rainer Krause, et al., "Universals and

Cultural Differences in the Judgments of Facial Expressions of Emotion," *Journal of Personality and Social Psychology* 53, no. 4 (1987): 712 – 717.

8 Nancy Kanwisher, Josh McDermott, and Marvin M. Chun, "The Fusiform Face Area: A Module in Human Extrastriate Cortex Specialized for Face Perception," *Journal of Neuroscience* 17, no. 11 (1997): 4302 – 4311.

9 Paul J. Whalen, Scott L. Rauch, Nancy L. Etcoff, Sean C. McInerney, Michael B. Lee, and Michael A. Jenike, "Masked Presentations of Emotional Facial Expressions Modulate Amygdala Activity Without Explicit Knowledge," *Journal of Neuroscience* 18, no. 1 (1998): 411 – 418.

10 Adrian Raine, Monte S. Buchsbaum, Jill Stanley, Steven Lottenberg, Leonard Abel, and Jacqueline Stoddard, "Selective Reductions in Prefrontal Glucose Metabolism in Murderers," *Biological Psychiatry* 36, no. 6 (1994): 365 – 373.

11 Peter F. Liddle, Kent A. Kiehl, and Andra M. Smith, "Event-Related fMRI Study of Response Inhibition," *Human Brain Mapping* 12, no. 2 (2001): 100 – 109.

12 Eyal Aharoni, Gina M. Vincent, Carla L. Harenski, Vince D. Calhoun, Walter Sinnott-Armstrong, Michael S. Gazzaniga, and Kent A. Kiehl, "Neuroprediction of Future Rearrest," *Proceedings of the National Academy of Sciences* 110, no. 15 (2013): 6223 – 6228.

13 Hannah Arendt, *Eichmann in Jerusalem: A Report on the Banality of Evil* (New York: Viking Press, 1963).

13장.

1 Karl Jaspers, *General Psychopathology*, trans. J. Hoenig and Marian W. Hamilton (Manchester, UK: Manchester University Press, 1963); Hugh Jones, Philippe Delespaul, and Jim van Os, "Jaspers Was Right After All — Delusions Are Distinct from Normal Beliefs," *British Journal of Psychiatry* 183, no. 4 (2003): 285 – 286.

2 Herbert Y. Meltzer and Stephen M. Stahl, "The Dopamine Hypothesis of Schizophrenia: A Review," *Schizophrenia Bulletin* 2, no. 1 (1976): 19 – 76; Philip Seeman, "Dopamine Receptors and the Dopamine Hypothesis of

Schizophrenia," *Synapse* 1, no. 2 (1987): 133 – 152; Stephen M. Stahl, "Beyond the Dopamine Hypothesis of Schizophrenia to Three Neural Networks of Psychosis: Dopamine, Serotonin, and Glutamate," *CNS Spectrums* 23, no. 3 (2018): 187 – 191.

3 Heavensgate.com.

4 Kenneth S. Kendler, Timothy J. Gallagher, Jamie M. Abelson, and Ronald C. Kessler, "Lifetime Prevalence, Demographic Risk Factors, and Diagnostic Validity of Nonaffective Psychosis as Assessed in a US Community Sample: The National Comorbidity Survey," *Archives of General Psychiatry* 53, no. 11 (1996): 1022 – 1031.

5 Mark Shevlin, Jamie Murphy, Martin J. Dorahy, and Gary Adamson, "The Distribution of Positive Psychosis–Like Symptoms in the Population: A Latent Class Analysis of the National Comorbidity Survey," *Schizophrenia Research* 89, nos. 1 – 3 (2007): 101 – 109.

6 Emmanuelle Peters, Samantha Day, Jacqueline McKenna, and Gilli Orbach, "Delusional Ideation in Religious and Psychotic Populations," *British Journal of Clinical Psychology* 38, no. 1 (1999): 83 – 96.

7 Louise C. Johns and Jim van Os, "The Continuity of Psychotic Experiences in the General Population," *Clinical Psychology Review* 21, no. 8 (2001): 1125 – 1141.

8 I explored this in depth in Gregory Berns, *Iconoclast: A Neuroscientist Reveals How to Think Differently* (Cambridge, MA: Harvard Business Press, 2008).

14장.

1 Stephen King, Introduction, in *Lord of the Flies*, Centenary ed. (London: Penguin, 2011).

2 Marcus E. Raichle, "The Brain's Default Mode Network," *Annual Review of Neuroscience* 38 (2015): 433 – 447.

3 Jessica R. Andrews–Hanna, Jay S. Reidler, Christine Huang, and Randy L. Buckner, "Evidence for the Default Network's Role in Spontaneous Cognition," *Journal of Neurophysiology* 104, no. 1 (2010): 322 – 335;

Kalina Christoff, Alan M. Gordon, Jonathan Smallwood, Rachelle Smith, and Jonathan W. Schooler, "Experience Sampling During fMRI Reveals Default Network and Executive System Contributions to Mind Wandering," *Proceedings of the National Academy of Sciences* 106, no. 21 (2009): 8719 – 8724.

4 Michael D. Greicius, Vesa Kiviniemi, Osmo Tervonen, Vilho Vainionpää, Seppo Alahuhta, Allan L. Reiss, and Vinod Menon, "Persistent Default Mode Network Connectivity During Light Sedation," *Human Brain Mapping* 29, no. 7 (2008): 839 – 847.

5 Uri Hasson, Howard C. Nusbaum, and Steven L. Small, "Task Dependent Organization of Brain Regions Active During Rest," *Proceedings of the National Academy of Sciences* 106, no. 26 (2009): 10841 – 10846.

6 Allyson P. Mackey, Alison T. Miller Singley, and Silvia A. Bunge, "Intensive Reasoning Training Alters Patterns of Brain Connectivity at Rest," *Journal of Neuroscience* 33, no. 11 (2013): 4796 – 4803.

7 Gregory S. Berns, Kristina Blaine, Michael J. Prietula, and Brandon E. Pye, "Short- and Long-Term Effects of a Novel on Connectivity in the Brain," *Brain Connectivity* 3, no. 6 (2013): 590 – 600.

8 Robert Harris, *Pompeii: A Novel* (New York: Random House, 2003).

9 Gustavo Deco, Viktor K. Jirsa, and Anthony R. McIntosh, "Emerging Concepts for the Dynamical Organization of Resting-State Activity in the Brain," *Nature Reviews Neuroscience* 12, no. 1 (2011): 43 – 56.

10 Lisa Aziz-Zadeh and Antonio Damasio, "Embodied Semantics for Actions: Findings from Functional Brain Imaging," *Journal of Physiology-Paris* 102, nos. 1 – 3 (2008): 35 – 39.

11 Simon Lacey, Randall Stilla, and Krish Sathian, "Metaphorically Feeling: Comprehending Textural Metaphors Activates Somatosensory Cortex," *Brain and Language* 120, no. 3 (2012): 416 – 421.

12 Robert Stickgold, "Sleep-Dependent Memory Consolidation," *Nature* 437, no. 7063 (2005): 1272 – 1278.

13 The stereotype of a teenage boy, playing games in his room into the early morning hours, is not true. In 2019, 65 percent of American adults played video games, and the average age was thirty-three ("2019 Essential Facts About the Computer and Video Game Industry," Entertainment Software Association, 2019, www.theesa.com/resource/essential-facts-about-the-computer-and-video-game-industry-2019/). Fifty-four percent were male and 46 percent were female. Video games are also a source of social connection, with 63 percent playing with others. Millennial males preferred shooter and sports games, like *Call of Duty and Fortnite and Madden NFL*. Millennial females preferred casual and action games, like *Candy Crush and Tomb Raider*. Boomers of both genders tended to play puzzle games, like *Solitaire* and *Scrabble*.

14 Wei Pan, Xuemei Gao, Shuo Shi, Fuqu Liu, and Chao Li, "Spontaneous Brain Activity Did Not Show the Effect of Violent Video Games on Aggression: A Resting-State fMRI Study," *Frontiers in Psychology* 8 (2018): 2219.

15장.

1 Jessica McBride, "'Plandemic' Movie: Fact-Checking the New COVID-19 Video," Heavy, May 8, 2020, https://heavy.com/news/2020/05/plandemic-video-fact-checking-true-false/.

2 "Mikki Willis Biography," IMDb, www.imdb.com/name/nm0932413/bio?ref_=nm_ov_bio_sm.

3 Martin Enserink and Jon Cohen, "Fact-Checking Judy Mikovits, the Controversial Virologist Attacking Anthony Fauci in a Viral Conspiracy Video," *Science* 8 (2020).

4 Josh Rottenberg and Stacy Perman, "Meet the Ojai Dad Who Made the Most Notorious Piece of Coronavirus Disinformation Yet," *Los Angeles Times*, May 13, 2020, www.latimes.com/entertainment-arts/movies/story/2020-05-13/plandemic-coronavirus-documentary-director-mikki-willis-mikovits.

5 Jim Carrey (@JimCarrey), "California Gov says yes to poisoning more children⋯," Twitter, June 30, 2015, 7:03 p.m., https://twitter.com/JimCarrey/status/616049450243338240.

6 Josh Hafenbrack, "Trump: Autism Linked to Child Vaccinations," *South Florida Sun Sentinel*, December 28, 2007, www.sun-sentinel.com/sflmtblog-2007-12-trump_autism_linked_to_child_v-story.html.

7 "Data & Statistics on Autism Spectrum Disorder," Centers for Disease Control and Prevention, updated December 21, 2021, www.cdc.gov/ncbddd/autism/data.html.

8 Nadja Durbach, "'They Might as Well Brand Us': Working-Class Resistance to Compulsory Vaccination in Victorian England," *Social History of Medicine* 13, no. 1 (2000): 45–63, www.historyofvaccines.org/index.php/content/articles/history-anti-vaccination-movements.

9 Robert M. Wolfe and Lisa K. Sharp, "Anti-Vaccinationists Past and Present," *BMJ* 325, no. 7361 (2002): 430–432.

10 Jeffrey P. Baker, "The Pertussis Vaccine Controversy in Great Britain, 1974–1986," *Vaccine* 21, nos. 25–26 (2003): 4003–4010.

11 Anna Kata, "A Postmodern Pandora's Box: Anti-Vaccination Misinformation on the Internet," Vaccine 28, no. 7 (2010): 1709–1716.

12 Karen M. Douglas, Robbie M. Sutton, and Aleksandra Cichocka, "The Psychology of Conspiracy Theories," *Current Directions in Psychological Science* 26, no. 6 (2017): 538–542.

13 Russell Hardin, "The Crippled Epistemology of Extremism," in *Political Extremism and Rationality*, ed. Albert Breton, Gianluigi Galeotti, Pierre Salmon, and Ronald Wintrobe (Cambridge: Cambridge University Press, 2002), 3–22.

14 Cornelius Adrian Vermeule and Cass Robert Sunstein, "Conspiracy Theories: Causes and Cures," *Journal of Political Philosophy* (2009): 202–227.

15 Chip Heath, Chris Bell, and Emily Sternberg, "Emotional Selection in Memes: The Case of Urban Legends," *Journal of Personality and Social Psychology* 81, no. 6 (2001): 1028.

16 Aleksandra Cichocka, Marta Marchlewska, and Agnieszka Golec de Zavala, "Does Self-Love or Self-Hate Predict Conspiracy Beliefs? Narcissism, Self-Esteem, and the Endorsement of Conspiracy Theories," *Social Psychological and Personality Science* 7, no. 2 (2016): 157–166.

17 Vincent C. Lombardi, Francis W. Ruscetti, Jaydip Das Gupta, Max A. Pfost, Kathryn S. Hagen, Daniel L. Peterson, Sandra K. Ruscetti, et al., "Detection of an Infectious Retrovirus, XMRV, in Blood Cells of Patients with Chronic Fatigue Syndrome," Science 326, no. 5952 (2009): 585−589; Graham Simmons, Simone A. Glynn, Anthony L. Komaroff, Judy A. Mikovits, Leslie H. Tobler, John Hackett, Ning Tang, et al., "Failure to Confirm XMRV/MLVs in the Blood of Patients with Chronic Fatigue Syndrome: A Multi-Laboratory Study," Science 334, no. 6057 (2011): 814−817; Robert H. Silverman, Jaydip Das Gupta, Vincent C. Lombardi, Francis W. Ruscetti, Max A. Pfost, Kathryn S. Hagen, Daniel L. Peterson, et al., "Partial Retraction," Science 334, no. 6053 (2011): 176.

18 Jon Cohen and Martin Enserink, "False Positive," Science 333 (2011): 1694−1701.

19 Jocelyn J. Bélanger, Julie Caouette, Keren Sharvit, and Michelle Dugas, "The Psychology of Martyrdom: Making the Ultimate Sacrifice in the Name of a Cause," Journal of Personality and Social Psychology 107, no. 3 (2014): 494−515.

16장.

1 Ruth M. J. Byrne, "Counterfactual Thought," Annual Review of Psychology 67 (2016): 135−157.

2 Graham Loomes and Robert Sugden, "Regret Theory: An Alternative Theory of Rational Choice Under Uncertainty," Economic Journal 92, no. 368 (1982): 805−824; Barbara Mellers, Alan Schwartz, and Ilana Ritov, "Emotion-Based Choice," Journal of Experimental Psychology: General 128, no. 3 (1999): 332−345.

3 Nathalie Camille, Giorgio Coricelli, Jerome Sallet, Pascale Pradat Diehl, Jean-René Duhamel, and Angela Sirigu, "The Involvement of the Orbitofrontal Cortex in the Experience of Regret," Science 304, no. 5674 (2004): 1167−1170.

4 Giorgio Coricelli, Hugo D. Critchley, Mateus Joffily, John P. O'Doherty, Angela Sirigu, and Raymond J. Dolan, "Regret and Its Avoidance: A Neuroimaging Study of Choice Behavior," Nature Neuroscience 8, no. 9

(2005): 1255 – 1262.

5   Terry Lohrenz, Kevin McCabe, Colin F. Camerer, and P. Read Montague, "Neural Signature of Fictive Learning Signals in a Sequential Investment Task," *Proceedings of the National Academy of Sciences* 104, no. 22 (2007): 9493 – 9498.

6   Adam P. Steiner and A. David Redish, "Behavioral and Neurophysiological Correlates of Regret in Rat Decision-Making on a Neuroeconomic Task," *Nature Neuroscience* 17, no. 7 (2014): 995 – 1002.

7   For more details, see Gregory Berns, *What It's Like to Be a Dog: And Other Adventures in Animal Neuroscience* (New York: Basic Books, 2017).

8   Martin Zinkevich, Michael Johanson, Michael Bowling, and Carmelo Piccione, "Regret Minimization in Games with Incomplete Information," *Advances in Neural Information Processing Systems* 20 (2007): 1729 – 1736.

9   Michael Bowling, Neil Burch, Michael Johanson, and Oskari Tammelin, "Heads-Up Limit Hold'em Poker Is Solved," *Science* 347, no. 6218 (2015): 145 – 149.

10 Thomas Gilovich and Victoria Husted Medvec, "The Experience of Regret: What, When, and Why," *Psychological Review* 102, no. 2 (1995): 379 – 395.

11 Keith D. Markman, Matthew N. McMullen, and Ronald A. Elizaga, "Counterfactual Thinking, Persistence, and Performance: A Test of the Reflection and Evaluation Model," *Journal of Experimental Social Psychology* 44, no. 2 (2008): 421 – 428.

12 Byrne, "Counterfactual Thought," 135 – 157.

17장.

1   Robert McKee, *Story: Substance, Structure, Style, and the Principles of Screenwriting* (New York: HarperCollins, 1997).

2   Jiyuan Yu, *The Ethics of Confucius and Aristotle: Mirrors of Virtue* (New York: Routledge, 2007).

3   Viktor E. Frankl, *Man's Search for Meaning: An Introduction to Logotherapy*, 3rd ed. (Boston: Beacon Press, 2016).

4 Lisa Cron, *Story Genius: How to Use Brain Science to Go Beyond Outlining and Write a Riveting Novel* (Berkeley, CA: Ten Speed Press, 2016).

5 Holistic Management International, http://holisticmanagement.org.

18장.

1 Daniel L. Schacter, Roland G. Benoit, and Karl K. Szpunar, "Episodic Future Thinking: Mechanisms and Functions," *Current Opinion in Behavioral Sciences* 17 (2017): 41 – 50.

2 Daniel L. Schacter, Donna Rose Addis, and Randy L. Buckner, "Remembering the Past to Imagine the Future: The Prospective Brain," *Nature Reviews Neuroscience* 8, no. 9 (2007): 657 – 661; Peter Zeidman and Eleanor A. Maguire, "Anterior Hippocampus: The Anatomy of Perception, Imagination and Episodic Memory," *Nature Reviews Neuroscience* 17, no. 3 (2016): 173 – 182.

3 Kevin P. Madore, Brendan Gaesser, and Daniel L. Schacter, "Constructive Episodic Simulation: Dissociable Effects of a Specificity Induction on Remembering, Imagining, and Describing in Young and Older Adults," *Journal of Experimental Psychology: Learning, Memory, and Cognition* 40, no. 3 (2014): 609 – 622.

4 Emily Frith, Seungho Ryu, Minsoo Kang, and Paul D. Loprinzi, "Systematic Review of the Proposed Associations Between Physical Exercise and Creative Thinking," *Europe's Journal of Psychology* 15, no. 4 (2019): 858 – 877.

5 Michael Pollan, *How to Change Your Mind: What the New Science of Psychedelics Teaches Us About Consciousness, Dying, Addiction, Depression, and Transcendence* (New York: Penguin, 2018).

The *Self* Delusion

나라는 착각

초판 1쇄 발행 2024년 3월 4일
초판 6쇄 발행 2024년 10월 21일

지은이 그레고리 번스
옮긴이 홍우진
펴낸이 유정연

이사 김귀분
책임편집 신성식 **기획편집** 조현주 유리슬아 서옥수 황서연 정유진 **디자인** 안수진 기경란
마케팅 반지영 박중혁 하유정 **제작** 임정호 **경영지원** 박소영

펴낸곳 흐름출판(주) **출판등록** 제313-2003-199호(2003년 5월 28일)
주소 서울시 마포구 월드컵북로5길 48-9(서교동)
전화 (02)325-4944 **팩스** (02)325-4945 **이메일** book@hbooks.co.kr
홈페이지 http://www.hbooks.co.kr **블로그** blog.naver.com/nextwave7
출력·인쇄·제본 삼광프린팅(주) **용지** 월드페이퍼(주) **후가공** (주)이지앤비(특허 제10-1081185호)

ISBN 978-89-6596-619-7 03470